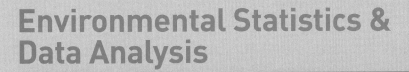

Environmental Statistics &
Data Analysis

SPSS와 MATLAB을 활용한

환경통계 및
데이터 분석

김준하 · 이승원 · 차성민 지음

한나래
아카데미

환경통계 및 데이터 분석

지은이 | 김준하 · 이승원 · 차성민
펴낸이 | 한기철

2016년 2월 5일 1판 1쇄 박음
2016년 2월 15일 1판 1쇄 펴냄

펴낸곳 | 한나래출판사
등록 | 1991. 2. 25 제22-80호
주소 | 서울시 마포구 월드컵로3길 39, 2층 (합정동)
전화 | 02-738-5637 · 팩스 | 02-363-5637 · e-mail | hannarae91@naver.com
www.hannarae.net

ⓒ 2016 김준하 · 이승원 · 차성민
published by Hannarae Publishing Co.
Printed in Seoul

ISBN 978-89-5566-190-3 93530

* 이 도서의 국립중앙도서관 출판예정도서목록(CIP)은 서지정보유통지원시스템 홈페이지(http://seoji.nl.go.kr)
와 국가자료공동목록시스템(http://www.nl.go.kr/kolisnet)에서 이용하실 수 있습니다.
(CIP제어번호: CIP2016001139)

머리말

필자는 그간 환경데이터 해석 연구와 교육에 전념해오면서 환경데이터를 체계적으로 다룬 통계 교재나 방법을 다룬 매뉴얼을 찾아왔다. 하지만 지구환경 현장에 특화되어 있는 데이터를 체계적으로 분석하고, 그 결과를 해석할 수 있는 교재를 찾아보기 어려워 용기를 내어 이 책을 집필하게 되었다.

이 책은 환경공학, 지구과학, 환경학, 대기학, 해양학 등 지구 환경의 현장에서 모니터링 데이터를 수집·분석·해석하는 학생과 연구원들이 통계의 기초적인 배경지식과 함께 SPSS와 MATLAB을 활용하여 데이터를 분석하고 그 결과를 해석하는 일련의 과정을 스스로 습득할 수 있도록 실습을 포함하여 구성하였다. 환경 관련 데이터뿐만 아니라 데이터를 많이 생성하는 어떠한 실험이나 현장 데이터 연구 분야에도 적용할 수 있도록 통계의 기초, 평균 비교 분석, 상관성 활용 분석, 시공간 분석, 다차원 해석, 불확정성 정량화, 기계학습 등의 내용을 담아 알기 쉽게 설명하였다.

이 책은 크게 7부로 나누어 구성하였다.

1부에서는 통계분석을 위한 기본 용어, 환경 데이터의 속성과 특성, 환경 데이터의 분석 시 고려해야 할 사항과 실습에 활용되는 소프트웨어들을 소개한다.

2부에서는 수집한 환경변수 데이터를 정규분포를 따른다는 가정 아래 여러 집단으로 분류한 경우 각 집단 간 평균을 비교 분석하고 해석하는 방법과, 환경변수가 복잡해지거나 또는 정규분포를 따르지 않을 경우 집단 간의 평균 또는 중간값을 비교 분석하는 방법을 다룬다.

3부에서는 두 개의 환경변수 데이터가 상관성을 가지고 있을 경우 해석할 수 있는 방법론을 여러 가지 관점에서 설명한다. 이를 위해 상관분석과 회귀분석, 그리고 곡선일치분석의 차이점에 대해 기술한다.

4부에서는 지구환경 현장에서 모니터링되고 있는 데이터의 시공간적 속성을 가시화하고 해석할 수 있는 방법에 대해 설명한다.

5부에서는 복잡한 데이터에 대한 1차원적인 해석(one-dimensional interpretation)이 불가능할 경우, 주성분분석 및 군집분석을 통해 다차원적 관계를 찾고 해석하는 방법에 대해 기술한다.

6부에서는 환경변수의 속성에 따라 발생하는 모니터링 데이터의 불확정성, 또는 그 데이터를 해석하는 과정에서 발생하는 불확정성을 정량화하고 해석하는 방법에 대해 알아본다.

7부에서는 규모와 속도면에서 방대해진 환경 빅데이터를 기계학습을 통해 해석할 수 있는 실습에 중점을 두고 설명한다.

이 책은 필자가 처음으로 집필한 교재로, 심혈을 기울여 엮었으나 부족한 부분이 많을 것이다. 독자 여러분의 소중한 의견을 기대하며, 환경통계 및 데이터 분석을 공부하는 이들에게 조금이나마 도움이 되었으면 하는 바람을 가져본다.

이 책을 집필하는 데는 많은 주변 분들의 도움을 받았다. 많은 연구자들의 도움이 없었더라면 아마 빛을 보기 어려웠을 것이다. 우선 전반적인 책 구성에 도움을 아끼지 않았던 이승원 박사, 차성민 박사, 그리고 각 장별로 도움을 준 박용은 박사, 김영미 박사, 정관호 박사, 김지혜 박사, 전동진 연구원, 차민지 연구원, 홍국(Hong Guo) 연구원, 아미르 알라우딘(Aamir Alaud-din) 연구원, 한나 에브로(Hannah Ebro) 연구원에게 진심으로 감사의 마음을 전한다. 아울러 이 책이 나오기까지 격려를 아끼지 않으신 강주현 교수, 조경화 교수, 몬루디 문캄(Monruedee Moonkhum) 교수, 차윤경 교수, 기서진 교수에게 감사드린다.
끝으로 필자의 곁에서 믿어주고 걱정해주며 항상 어느 곳에서든 나의 희망이 되어주는 내 인생의 동반자 이수진 박사와 딸 가영, 아들 민규에게 고마움과 사랑하는 마음을 전한다.

2016년 1월 지스트에서
김 준 하

5부
다차원
해석

부록

Matlab 예제코드

1부에서는 통계분석을 위한 기본 용어, 환경 데이터의 속성과 특성, 환경 데이터 분석 시 고려해야 할 사항과 실습에 활용되는 소프트웨어들을 소개한다.

- 1장 환경 데이터 속성 및 통계 기초
- 2장 환경 데이터 분석 소프트웨어

1부

통계의 기초

1장

환경 데이터 속성 및 통계 기초

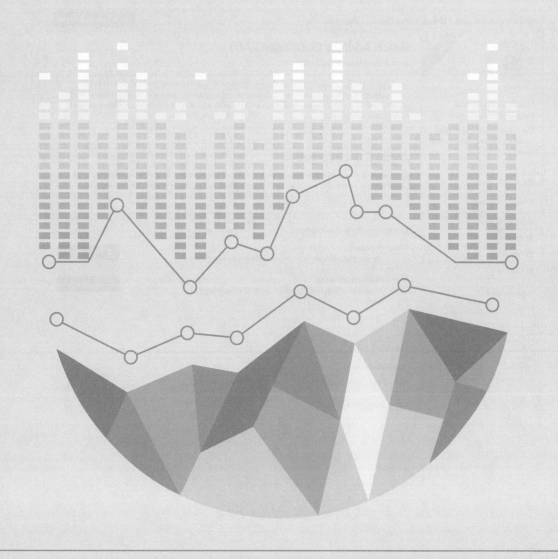

1 환경 데이터의 특성

1-1 시공간 데이터

환경 데이터는 수많은 시계열 데이터(temporal data)와 공간 데이터(spatial data)로 구성되어 있다. 미국 환경보호국(United States Environmental Protection Agency, US EPA)이나 미국 지질조사소(United States Geological Survey, USGS)와 같은 환경 관련 연구기관은 이러한 환경 데이터를 정기적으로 모니터링하고 있으며, 이를 환경모델 구동에 필요한 파일 형태로 웹상에서 제공하고 있다.

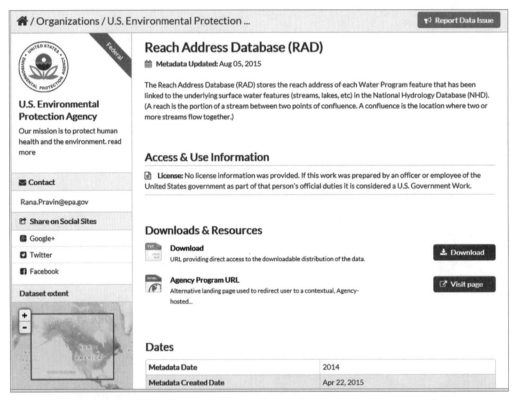

(a) 미국 환경보호국(US EPA)의 하천수리정보 제공 페이지

(b) 미국 지질조사소(USGS)의 범용 데이터(하천 수리·수질·시계열 정보 등) 제공 페이지

그림 1-1 환경 데이터를 제공하는 환경 관련 국제연구기관 웹페이지

이들 데이터는 위치에 해당하는 공간 데이터와 분 단위, 시 단위, 일 단위, 월 단위 등의 시계열 데이터를 갖고 있다. 또한 계절별 강우의 특성이나 계절 변화에 따른 철새의 이동에 의한 일부 수질항목의 변화 패턴 특성 등과 같은 데이터는 계절적 주기성(seasonal periodicity)을 보여준다. 즉, 시공간 분석(spatial and temporal analysis), 시계열 분석(time-series analysis), 주기성 분석(periodicity analysis) 등이 가능할 수 있다. 주기성이 있다는 것, 그리고 시계열이나 시공간에 대한 분석이 가능하다는 것은 관련 데이터를 활용하여 식을 정립할 수 있고, 이를 바탕으로 여러 모델링 기법을 적용하여 환경현상을 예측할 수 있는 기반을 마련할 수 있음을 의미한다. 이와 같이 환경 데이터는 통계적으로 분석 가능한 기술 및 응용 범위가 매우 광범위하며, 가공할 수 있는 잠재력이 높은 데이터 형태라 할 수 있다.

1-2 불확실성

환경 데이터는 표본의 채취, 운반, 보관 및 분석과정을 거치면서 수많은 불확실성(uncertainty)에 노출된다. 따라서 이러한 환경 데이터의 참(true)값은 오로지 신(神)만이 알고 있다고 할 수 있을 정도로 불확실성에 의한 영향을 받기 때문에 데이터를 표현함에 있어서 오차의 가능성을 언급해야 한다. 환경 데이터의 경우 대부분 전체 모집단(population)에 대한 분석이 아닌, 표본(sample)을 분석하여 얻은 데이터를 기반으로 한다. 예를 들어 하천수를 분석한다고 가정할 때, 하천수 전체를 분석할 수 없기 때문에 수질 시료를 분석한 결과를 환경 데이터로 활용하고 있다.

표본은 채취하는 순간부터 불확실성을 갖게 된다. 예를 들어 강 중류 지점에서 표본을 채취한다고 가정할 때, 하천의 좌/중/우 또는 상/중/하에 따라 데이터는 다르게 생산된다. 표본 채취자가 기준에 따라 채취한다 하더라도 일정 부분 불확실성이 발생한다. 표본의 분석과정에서도 불확실성은 발생하는데, 분석장비의 검/보정(validation/calibration) 여부, 분석 시 사용된 시약의 순도, 분석자의 집중력 등 여러 가지 불확실성이 데이터 생산과정에서 발생할 수 있다. 심지어 동일한 표본을 동일 분석자가 동일 분석법을 사용하여 반복 측정하여도 같은 결과가 나오지 않는다. 환경 데이터는 이러한 불확실성을 내포하고 있기 때문에 데이터 생산 단계에서부터 불확실성에 대한 정보를 기록하고 제공해야 한다.

표 1-1 하천수 수질 데이터에서 발생 가능한 불확실성의 원인(Rode & Suhr, 2007)

현장 측정기기	• 측정기기 오작동 • 측정기기 보정 오류
관측지점	• 큰 지류들의 합류 • 점오염원 유입과 오염사고 발생 • 관측 사각지대 발생 등
관측결과의 대표성	• 관측구간 내 대규모 공간적 변화 발생 • 모니터링 간격에 의한 영향 • 시료채취량과 시료채취 기간
실험분석	• 시료의 보존 • 시료의 운송 • 실험기기 오작동 또는 검보정 오류 • 실험실 내 불확실성 여부
부하량 산정	• 시료채취 빈도와 시료채취 기간 • 부하량 산정방법 선정(예: 수위유량곡선)

1-3 목적 기반 데이터(data based on the special purpose)

환경 데이터는 특정 오염현상을 분석하여 이를 해결하기 위한 방안을 제공하기 위해 생성되는 데이터다. 따라서 해결방안에 필요한 데이터를 수집하기 위해 분석 대상 목표를 설정해야 한다. 그러나 대부분의 경우 연구 대상 지역의 특성을 알지 못하는 경우가 많기 때문에, 이용 가능한 자원의 활용 범위 내에서 다양한 항목에 대한 사전 실험을 수행하거나, 문헌조사를 통한 조사를 선행하는 것이 바람직하다.

분석 대상 목표가 정해지면 그에 맞는 현장 또는 실험실에서 실험을 진행한다. 예를 들어, 강우 유출 실험에서 강우사상에 따른 SS(부유물질)의 총발생부하량 특성을 분석한다고 가정할 때, 총발생부하량이라는 목표를 위해 기본적으로 시간별 유량 데이터와 동 시간대의 SS 농도값을 측정하는 것이다(데이터 생성단계). 이렇게 데이터를 수집하여 부하량이 산정되면 각 강우사상에 따른 다른 부하량이 산정될 것이고, 그렇다면 강우사상에 계급을 주었을 때(예를 들어, LV1: 1-10 mm, LV2: 11-20 mm, LV3: 21 mm 이상) 강우 계급이 SS 발생 부하에 미치는 영향의 분석이 가능해진다(데이터 분석단계).

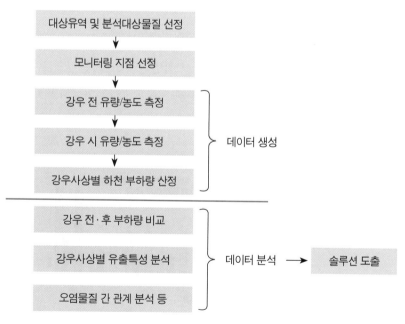

그림 1-2 유역 환경 데이터 획득 및 분석 개념도

② 환경 데이터 분석

환경 데이터를 분석하는 데는 여러 단계에 걸친 데이터 분석과정이 필요하다. 어떤 데이터가 주어졌을 때 무작정 모든 통계기술을 적용하는 것이 아니라, 데이터가 어떤 데이터인지에 대한 1차적인 분석이 필요하다. 데이터가 시계열만으로 구성되어 있는지, 공간 데이터만으로 이루어져 있는지 또는 시공간적 데이터인지에 대해 분석해야 한다. 어떤 것도 확인할 수 없는, 배경 정보가 없는 무정보 상태의 데이터일 경우에는 어떻게 접근해서 해석해야 하는지에 대한 분석도 필요하다. 어떤 데이터 형태이든 우리가 데이터의 전반적인 구조를 알고자 할 때 먼저 하는 것은 평균 및 표준편차와 같은 기초 통계분석과 데이터의 도표화일 것이다. 데이터를 도표화하는 방법은 데이터의 특성에 따라 다양한 방법을 적용할 수 있다.

2-1 도표화(visualization)

1) 막대그래프(bar graph)

막대그래프는 데이터를 표현할 때 가장 일반적으로 이용되는 그래프이다. 수직 또는 수평으로 표현할 수 있으며, 어떤 범주 또는 그룹 내에서 복잡한 비교를 목적으로 할 때 이용된다(Kelley & Donnelly, 2009). 이때 각 범주 또는 그룹에는 둘 또는 그 이상의 막대그래프가 그려지며, 개별 범주 또는 그룹을 표현하기 위해 다른 색으로 표현되기도 한다.

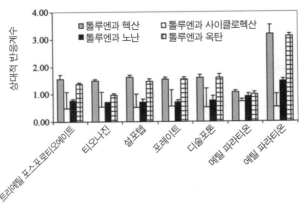

그림 1-3 다양한 이중 용제를 이용한 액상 미세추출 기술(Binary-Liquid Phase MicroExtraction, BN-LPME)의 폐수 내 유기인계 살충제 추출 효율에 따른 비교 막대그래프(Basheer et al., 2007)

2) 선 그래프(line graph)

선 그래프는 막대그래프와 함께 일반적으로 많이 사용되는 그래프이다. 연속적인 시간에 따른 데이터나 연속된 거리에 따른 데이터를 표현하는 데 적절하며, 두 변수를 비교하는 데 사용된다(Townend, 2001).

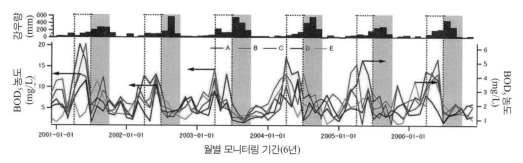

그림 1-4 시간의 변화에 따른 BOD 농도 변화 분석(Cha et al., 2009)

3) 분산 그래프(scatter graph)

분산 그래프는 데카르트 좌표(Cartesian coordinate)를 사용하여 동일한 그룹 내에서 측정된 두 변수 사이의 관계를 보여주는 데 사용된다. scatter chart, scatter gram 또는 scatter diagram 등으로 불리며(Jarrell, 1994), 두 변수와의 관계는 10장에서 다루게 되는 곡선일치분석(curve fitting analysis)에서와 같이 선형적으로 표현이 가능하다. 만약 두 변수 사이의 관계가 선형적일 때, 8장에서 다루게 되는 상관분석을 통해 정량적인 상관관계를 도출할 수 있다.

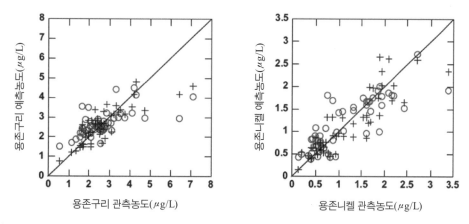

그림 1-5 중금속 항목의 측정값과 예측값 간의 관계를 표현한 분산 그래프(Kang et al., 2010)

위에 언급한 그래프 형식 외에도 데이터를 표현할 수 있는 다양한 그래프 형식이 있다(box plot, pie chart, polar graph 등). 이들 그래프는 상용화된 다양한 그래프 툴과 소프트웨어를 사용하여 쉽게 작성할 수 있으며, 자세한 방법은 각 소프트웨어 또는 툴의 매뉴얼을 참조할 수 있다. 그래프는 궁극적으로 데이터를 표현해 주는 시각화 도구이기 때문에 보다 객관적인 지표를 활용하여 데이터에 대한 정량적 정보를 제공할 필요가 있다. 또한 정량적 정보를 생산하고 해석하기 위해서는 기본적인 통계 용어에 대한 이해와 결과 해석을 학습해야 한다.

2-2 데이터 변환

데이터 변환(data transformation)은 각각의 측정값 또는 관측값을 적절한 방법을 사용하여 변환하고 새로운 데이터값을 생산하여 이를 바탕으로 통계적으로 분석하는 과정을 말한다(Townend, 2001; 김영주, 김희갑, 2007). 이 과정은 분석하고자 하는 데이터가 정규분포 및 등분산을 갖지 않을 때 비모수 검정(7장)과 함께 사용된다.

만약 원하는 통계분석을 위해 데이터 변환이 필요할 경우, 적절한 데이터 변환방법을 선택할 필요가 있다. 데이터 변환방법의 선택은 데이터 종류에 따라 결정되며, 유사한 데이터에 대한 문헌조사를 통해 적절한 방법을 선택하는 것이 바람직하다(Townend, 2001). 일반적으로 사용되는 데이터 변환방법은 다음과 같다.

1) 로그 변환(log transformation)

로그 변환은 일반적으로 가장 많이 이용되는 변환법이며, (+)영역에서 왜곡된 분포(positively skewed distribution)의 데이터에 대해 사용될 수 있다.

$$y' = \log_{10}(y+1) \tag{1.1}$$

여기서, y' : 변환 후 데이터 세트
y : 변환 전 데이터 세트

2) 제곱근 변환(square root transformation)

제곱근 변환은 이론적으로 분석 대상 데이터의 모집단이 포아송 분포(Poisson distribution)를 따를 경우 사용되며, 다음과 같이 표현할 수 있다.

$$y' = \sqrt{y} \tag{1.2}$$

여기서, y': 변환 후 데이터 세트
  y : 변환 전 데이터 세트

3) 각변환 또는 역사인 변환(angular or arcsine transformation)

각변환 또는 역사인 변환은 분석 대상 데이터의 각 값이 전체의 한 부분일 때 다른 삼각함수 식을 이용하여 변환하는 방법이다. 이 방법은 최소값과 최대값이 각각 0과 1일 때만(또는 0%와 100%) 적용이 가능하다.

$$y' = \sin^{-1}\sqrt{y} \quad \text{or} \quad y' = \arcsin\sqrt{y} \tag{1.3}$$

여기서, y': 변환 후 데이터 세트
  y : 변환 전 데이터 세트

4) 박스-콕스 변환(Box-Cox transformation)

1964년에 개발된 박스-콕스 변환은(Sakia, 1992) 분석 대상 데이터의 등분산성(homoscedasticity), 정규성(normality), 선형성(linearity)의 가정을 충족할 때 적용할 수 있는 변환방법으로, 다음과 같이 표현할 수 있다.

$$y' = (y^\lambda - 1)/\lambda \quad (\text{if } \lambda \neq 0) \tag{1.4}$$
$$y' = \ln y \quad\quad\quad (\text{if } \lambda = 0)$$

여기서, y': 변환 후 데이터 세트
  y : 변환 전 데이터 세트

기초 통계(basic statistics)

3-1 모집단(population)과 표본집단(sample)

환경 데이터는 기본적으로 전수조사(complete enumeration)가 불가능하다. 그 이유는 전수조사를 할 경우, 대기의 경우에는 진공상태가 될 것이고, 물의 경우에는 지구상의 모든 물이 사라지며, 토양의 경우에는 지구의 기본 구성입자가 사라지기 때문이다. 따라서 환경 데이터는 표본집단을 대상으로 하여 모집단에 대한 추정 분석을 한다. 모집단의 평균과 기타 통계적 분석은 실질적으로 환경이 대상일 경우 불가능하기 때문에, 이를 추정하기 위하여 표본집단을 대상으로 평균 및 통계적 분석을 실시한다. 모집단(population)의 통계적 의미는 조사 대상이 되는 전체 집단을 의미하며, 표본집단(sample)은 모집단에서 무작위로 뽑은 일부분을 의미한다. 모집단과 표본집단의 개념을 그림으로 나타내면 다음과 같다.

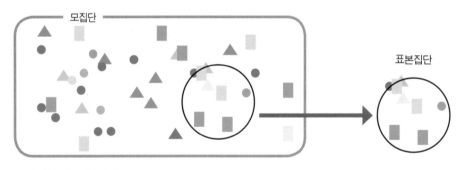

그림 1-6 모집단과 표본집단의 개념

3-2 평균, 분산, 표준편차, 변동계수 또는 변이계수

1) 평균(mean)

평균은 중심 경향(central tendency)의 측도로서 가장 많이 사용된다. 그러나 데이터가 한쪽으로 편향될(skewed) 경우, 중심 경향에서 벗어날 수 있다. 평균은 크게 산술평균(arithmetic mean)과 기하평균(geometric mean)으로 분류된다.

(1) 산술평균

n개의 변수로 이루어진 집합 $[a_1, a_2, a_3, \cdots, a_n]$이 있을 때 원소의 총합을 원소의 개수 n으로 나눈 값을 의미하며, 다음과 같이 표현할 수 있다.

$$A = \frac{1}{n} \sum_{i=1}^{n} a_i \tag{1.5}$$

(2) 기하평균

n개의 변수로 이루어진 집합 $[a_1, a_2, a_3, \cdots, a_n]$이 있을 때 모든 원소값을 곱하여 원소의 수 n에 대한 제곱근을 구한 것을 의미하며, 다음과 같이 표현할 수 있다.

$$G = \sqrt[n]{a_1, a_2, \cdots, a_n} \tag{1.6}$$

2) 분산(variance)

분산은 각 관측값들이 평균에서 얼마나 떨어져 있는지를 보여주는 값이다. 관측값과 평균값의 차이를 제곱하여 관측값의 수 n으로 나누며, 다음과 같이 표현할 수 있다.

$$\sigma^2 = \frac{\sum_{i=1}^{n} (a_i - \mu)^2}{n} \tag{1.7}$$

여기서, μ: 관측값들의 평균

$\quad\quad\quad a_i$: i번째 실제 관측값

$\quad\quad\quad n$: 전체 관측값의 수

3) 표준편차(standard deviation)

표준편차 또한 관측값이 평균에서 얼마나 떨어져 있는가를 보여주는 값이며, 분산의 제곱근으로 표현된다.

4) 변동계수 또는 변이계수(coefficient of variation)

변동계수는 확률분포의 분산 정도를 일반화한 값이다. 평균에 대한 표준편차의 비율이며, 다음과 같이 표현할 수 있다.

$$C_V = \frac{\sigma}{\mu} \tag{1.8}$$

여기서, σ: 표준편차
μ: 평균

위에 설명한 4개의 통계지표는 환경 데이터를 기반으로 하는 연구 논문 및 기술 보고서 등에서 기본적으로 제시되고 있으며, 해당 데이터를 분석하고 해석하는 데 필수적이라 할 수 있다.

표 1-2는 도시 연안 유역에서 강우 시 발생하는 빗물(storm water) 내 분원성 오염(fecal pollution)과 SS의 관계를 통계적인 접근방법을 통해 해석한 연구 내용이다. 평균, 표준편차 및 변동계수를 제시하고 있으며, 연구에 사용된 데이터를 정리하여 각 오염물질과 빗물의 유출 특성을 통계적으로 간략하게 추정해 볼 수 있다. 예를 들어 MCF(Storm 1)의 경우, 하천유량(stream flow) 변동계수는 1.0이고 나머지 *E. coli*, enterococci 및 TSS는 1.0보다 작은 값을 보이고 있다. 이는 이들 오염물질의 변화폭이 하천유량의 변화보다 작다는 것을 의미하며, 이러한 특징들은 이런 종류의 오염 발생에서 하나의 고유한 지역적 특이성 또는 계절적 특이성을 대변한다고 말할 수 있다.

표 1-2 평균, 표준편차 및 변동계수를 통한 분원성 오염과 SS 간 관계 분석(Surbeck et al., 2006)

유출특성	변동항목[a]	산술평균[b]± 표준편차	변동계수
MCF(Storm 1)	하천 유량	$(3.00 \pm 3.16) \times 10^1$	1.0
	E. coli	$(1.87 \pm 0.59) \times 10^4$	0.32
	enterococci	$(4.70 \pm 1.66) \times 10^4$	0.35
	TSS	$(2.51 \pm 2.28) \times 10^3$	0.91
MCF(Storm 2)	하천 유량	$(2.18 \pm 2.48) \times 10^1$	1.1
	총대장균군	$(2.29 \pm 2.12) \times 10^5$	0.92
	E. coli	$(7.81 \pm 3.76) \times 10^3$	0.48
	enterococci	$(1.55 \pm 0.99) \times 10^4$	0.64
	TSS	$(4.60 \pm 4.40) \times 10^3$	0.96
MCF(Storm 3)	하천 유량	$(1.38 \pm 1.61) \times 10^1$	1.2
	총대장균군	$(1.56 \pm 0.66) \times 10^5$	0.42
	E. coli	$(5.26 \pm 1.84) \times 10^3$	0.35
	enterococci	$(7.73 \pm 2.92) \times 10^3$	0.38
	TSS	$(5.28 \pm 9.37) \times 10^2$	1.8
	F$^+$coliphage	$(5.64 \pm 6.25) \times 10^2$	1.1
IMP(Storm 2)	하천 유량	$(1.44 \pm 0.79) \times 10^1$	0.55
	총대장균군	$(3.59 \pm 2.02) \times 10^4$	0.56
	E. coli	$(2.86 \pm 1.96) \times 10^3$	0.69
	enterococci	$(4.21 \pm 3.19) \times 10^3$	0.76
	TSS	$(6.91 \pm 7.91) \times 10^2$	1.2
CUC(Storm 3)	하천 유량	$(3.34 \pm 4.90) \times 10^1$	1.5
	총대장균군	$(8.06 \pm 4.14) \times 10^4$	0.51
	E. coli	$(5.37 \pm 4.27) \times 10^3$	0.80
	enterococci	$(1.35 \pm 0.79) \times 10^4$	0.58
	TSS	$(9.88 \pm 12.9) \times 10^2$	1.3

[a] 각 항목의 단위. 하천 유량: m³/s, 총대장균군, E. coli, enterococci: MPN/100 mL, TSS: mg/L, F$^+$ coliphage: PFU/100 mL
[b] 산술평균은 변동항목 간 비교를 위해 이용.

3-3 모집단 평균, 표본평균, 오차한계 및 표준오차

1) 모집단 평균(population mean)과 표본평균(sample mean)

모집단은 앞서 설명한 바와 같이 조사 또는 분석 대상이 되는 전체 집단이다. 모집단 평균은 분석 대상 전체 데이터의 평균을 계산한 것이며, 표본평균은 모집단 중 무작위로 선정된 표본을 대상으로 한 평균값이다.

표 1-3 한반도의 일평균 기온(2015. 10. 1) [단위: ℃]

16	13.8	15.4	14.7	13.1	15.8	15.7	17.1	17.6	18.6
16.3	16.8	17.6	19.5	16.9	15.9	17.3	17.9	19.7	17.6
18.1	16.5	16.3	16.7	20.3	18.6	18.4	18.4	20.8	20.3
18.9	21.7	21.4	19.9	20.2	19.8	20.8	19.1	18.3	
17.4	23.6	22.2	23.1	22.5	19	15.8	16	15.5	
14.4	15.6	15.9	15.8	15.3	16.6	17.4	19.2	17.6	
17.8	19.1	16.7	19.5	17.8	17.1	19.6	19	21.2	
17.5	19.8	21.2	19.5	19.5	19.6	20.1	19.8	18.2	
17.1	19.5	21.1	14.6	16.1	15.5	17.9	19	17.3	
18.6	18.9	20.1	16.9	18.4	19.9	17.6	21.6	20.6	

모집단의 평균: 18.22, 표준편차: 2.15
표본집단 기온의 평균: 18.01, 표준편차: 2.77

표 1-3은 우리나라 전역에 설치된 AWS(자동기상관측시스템) 지점 중 93개 지점에서 2015년 10월 1일에 관측된 일평균 기온을 나타낸 것으로, 표에서 알 수 있는 바와 같이 다양한 기온 분포를 보여주고 있다. 이 데이터에 대한 모집단의 평균은 18.22, 표준편차는 2.15이며, 무작위로 1회 선택된(음영 부분) 표본집단 기온의 평균은 18.01, 표준편차는 2.77이다. 두 결과값을 비교해 보면 약간의 차이가 있음을 알 수 있다.

(1) 모평균(population mean)

N개의 원소들로 구성된 모집단에 대하여 관측 및 조사한 결과값이 $x_1, x_2, x_3, \cdots, x_n$일 때 모평균($\mu$)은 식 (1.9)와 같다.

$$\mu = \frac{\sum\limits_{i=1}^{N} x_i}{N} \tag{1.9}$$

(2) 표본평균(sample mean)

모집단으로부터 n개의 원소를 무작위로 추출하여 조사한 결과의 값이 $x_1, x_2, x_3, \cdots, x_n$일 때 표본평균($\bar{x}$)은 아래와 같다(김상익 외, 2005).

$$\bar{x} = \frac{\sum\limits_{i=1}^{n} x_i}{n} \tag{1.10}$$

2) 오차한계(margin of error)

만약 여러 번 반복하여 무작위로 선택된 표본의 평균을 계산한다고 할 때, 표본평균은 모평균에 근접하여 나타날 것이다. 물론 모평균과 정확하게 일치하지는 않는다. 50회 반복한 결과를 놓고 보았을 때, 표본평균은 오차한계 내에서 모평균 주변에 존재한다고 말할 수 있다. 따라서 우리가 어떤 표본을 설계하거나 선택할 때 특정 신뢰구간에서 표본 추정량이 모집단과 오차한계 이상의 차이가 나지 않도록 해야 한다. 모평균이 μ이고 분산이 σ이며 유의수준이 a일 때, 오차한계는 식 (1.11)과 같이 계산할 수 있다(김상익 외, 2005).

$$오차한계 = z_{\frac{a}{2}} \frac{\sigma}{\sqrt{n}} \tag{1.11}$$

3) 표준오차(standard error)

가장 일반적으로 사용되는 오차한계를 표준오차라 부르는데, 모평균에 표본평균이 위치할 확률이 약 68% 정도 될 수 있음을 의미한다. 다시 말해 표준오차는 표본평균의 표준편차이며, 다음과 같이 표현할 수 있다.

표준오차(SE) = (표본집단의 표준편차) / (표본 수의 제곱근)

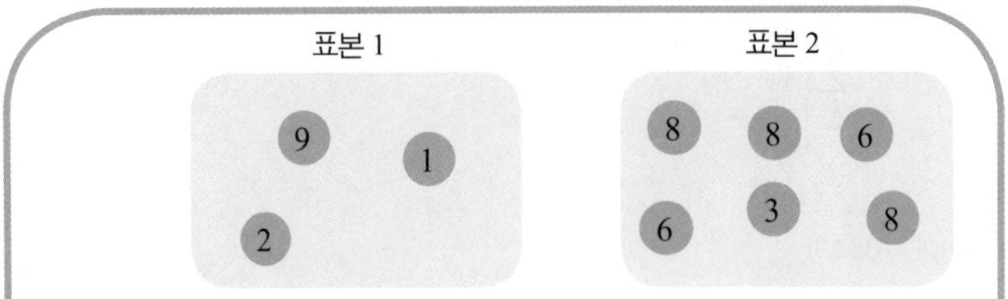

	표본 1	표본 2
평균	4.00	6.50
표준편차	4.36	1.97
표본 수	3	6
표본 수의 제곱근	1.73	2.45
표준오차	2.52	0.81

그림 1-7 두 개의 다른 표본 간의 표준오차를 비교하기 위한 예

표준오차는 표본이 얼마나 모집단을 표현하는지 또는 대표하는지에 대한 척도로 사용되며, 그 값이 작을수록 표본은 대표성을 띤다고 말할 수 있다. 예를 들어 다음과 같은 두 개의 표본에 대한 결과를 비교할 때, 표본 1의 표준오차는 2.52, 표본 2의 표준오차는 0.81이다. 표준오차는 표본의 크기(sample size)에 영향을 받는다. 즉, 표본이 많을수록(n이 증가할수록) 모집단에 근접하게 되고, 따라서 표준오차는 작아지게 된다. 두 개를 비교했을 때 표본 2가 표본 1보다 모집단에 더 가깝다고 할 수 있다.

만약 표준오차를 알고 있을 경우 모평균은 다음과 같은 범위에 들어 있다.

$$표본오차 - SE \leq 모평균 \leq 표본오차 + SE$$

3-4 신뢰구간(confidence interval)

현실적으로 모집단을 대상으로 전체를 분석하는 것은 불가능에 가깝기 때문에, 점추정(point estimation)은 모집단에서 정의되는 n개의 확률변수 $X_1, X_2, \cdots, X_n$을 정하고 이것의 특정된 표본값 $x_1, x_2, \cdots, x_n$을 얻은 후 이를 통계량에 대입하여 모수의 값에 대하여 추정하는 것을 의미한다(김상익, 2005). 점추정에서 추정값이 모수의 참값과 일치하는 경우는 매우 드문데, 이는 표집오차(sampling error)가 존재할 수 있기 때문이다. 그러나 점추정량으로 무작위 표본을 추출할 때, 추출된 표본에 실제 모수가 존재하고 있는지를 알아야만 추출한 표본값의 신뢰성 여부를 알 수 있다. 따라서 추정량의 전 표집분포(sampling distribution)를 고려하여 주어진 추정량에 포함될 가능성이 있는 오차를 산정하는 방법을 사용하는데, 이를 구간 추정(interval estimation)이라고 한다. 구간 추정은 주어진 추정량의 표준오차를 고려하여 모수값이 포함될 추정 구간을 확률적으로 진술하는 절차이다. 표본값들의 신뢰성 여부는 신뢰구간을 사용하여 판단하며, 신뢰구간을 정의하면 다음과 같다.

1) 정의

모수를 θ로 하고 밀도함수가 $f(x:\theta)$인 모집단으로부터 크기가 n인 확률표본을 $x_1, x_2, \cdots, x_n$이라고 하면, 주어진 유의수준값 $0 < a < 1$에 대해 신뢰하한(lower endpoint) $\theta_L = \widehat{\phi_L}(X_1, X_2, \cdots, X_n)$과 신뢰상한(upper endpoint) $\theta_H = \widehat{\phi_H}(X_1, X_2, \cdots, X_n)$은 $P(\widehat{\theta_L} < \theta < \widehat{\theta_H}) = 1 - a$를 만족하고, $\theta_L < \theta_H$일 때 구간 $\theta_L < \theta_H$는 모수 θ에 대한 $(1-a)100\%$ 신뢰구간이라고 하며, $1-a$를 신뢰수준(confident level)이라고 한다.

만약 구하고자 하는 데이터들의 분포가 정규분포를 따른다면, 신뢰구간은 식 (1.12)와 같이 나타낼 수 있다.

$$P\left(-z_{\frac{a}{2}} < \frac{\overline{X} - \mu}{\sigma/\sqrt{n}} < z_{\frac{a}{2}}\right) = 1 - a \tag{1.12}$$

여기서, $\overline{X}$: 표본평균

$\quad\quad \rho$: 분산

$\quad\quad a$: 유의수준

신뢰하한과 신뢰상한은 다음과 같이 정의된다(이종성 외, 2010).

$$\theta_L = \overline{X} - z_{\frac{a}{2}}\frac{\sigma}{\sqrt{n}}, \quad \theta_H = \overline{X} + z_{\frac{a}{2}}\frac{\sigma}{\sqrt{n}} \tag{1.13}$$

여기서 주의할 점은 신뢰수준 95%의 의미는 신뢰구간을 사용하여 모평균에 대한 구간을 추정할 때 95%에 해당하는 신뢰구간이 모수값을 포함하고 있다는 것이다. 즉, 신뢰구간에 대하여 모수가 이 구간에 포함될 확률이 95%라는 것은 정확하지 않은 표현이라는 것이다(Field, 2013).

■ 참고문헌

1. Cha, S. M., Seo, J. K., Cho, K. H., Choi, H. & Kim, J. H. (2009). Effect of environmental flow management on river water quality: A case study at Yeongsan River, Korea. *Water Science and Technology*, 59(12), 2437-2446.

2. Field, A. (2013). *Discovering Statistics Using SPSS*. London, UK: SAGE Publications Ltd.

3. Jarrell, S. B. (1994). *Basic Statistics*(Special pre-publication ed.). Dubuque, Iowa: Wm. C. Brown Pub. p. 492.

4. Kato, T., Kuroda, H. & Nakasone, H. (2009). Runoff characteristics of nutrients from an agricultural watershed with intensive livestock production. *Journal of Hydrology*, 368, 79-87.

5. Kelley, W. M. & Donnelly, R. A. (2009). *The Humongous Book of Statistics Problems*. New York, NY: Alpha Books.

6. Rode, M. & Suhr, U. (2007). Uncertainties in selected river water quality data. *Hydrology and Earth System Sciences*, 11, 863–874.

7. Sakia, R. M. (1992). The Box-Cox transformation technique: a review. *The Statistician*, 41, 169-178.

8. Surbeck, C. Q., Jiang, S. C., Ahn, J. H. & Grant, S. B. (2006). Flow fingerprinting fecal pollution and suspended solids in stormwater runoff from an urban coastal watershed. *Environmental Science and Technology*, 40, 4435-4441.

9. Tao, W., Hall, K. J. & Duff, S. J .B. (2006). Performance evaluation and effects of hydraulic retention time and mass loading rate on treatment of woodwaste leachate in surface-flow constructed wetlands. *Ecological Engineering*, 26, 252-265.

10. Towncnd, J. (2001). *Practical Statistics for Environmental and Biological Scientists*. West Sussex, England, John Wiley & Sons Ltd.

11. 김상익, 서한손, 안병진, 여성철, 이석구, 이윤동(2005). 통계학개론. 진성사.

12. 김영주, 김희갑(2007). 환경통계학. 동화기술.

13. 이종성, 김양분, 강상진(2010). 사회과학 연구를 위한 통계방법(제4판). 박영사.

2장
환경 데이터 분석 소프트웨어

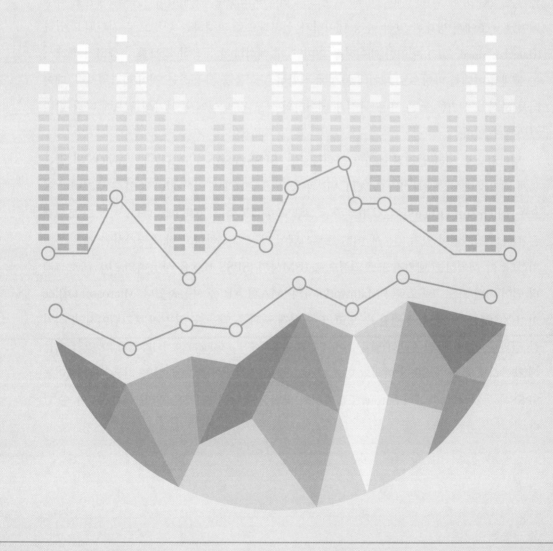

환경 데이터는 1장에서 언급한 바와 같이 특정 목적을 갖고 생산되며, 비교적 데이터 규모가 크지 않은 계획적인 데이터로, 통계적 데이터 분석을 통해 충분히 의미 있는 결과를 도출할 수 있다. 이에 반해 데이터마이닝에서 활용하는 데이터는 비계획적으로 축적된 대용량의 데이터를 대상으로 이해하기 쉬운 예측 모형을 도출하는 것을 목적으로 한다(정용찬, 2012b). 데이터마이닝(data mining)이란 대규모 데이터에서 가치 있는 정보를 자동 또는 반자동화 도구를 사용하여 추출하는 것을 의미한다(Linoff & Berry, 2011). 정보의 추출과정에서 두 방법 모두 로지스틱 회귀분석(logistic regression), 주성분분석(principal component analysis), 판별분석(discriminant analysis), 군집분석(clustering analysis)과 같은 분석방법을 사용하고 있기 때문에 데이터마이닝과 통계적 데이터 분석은 데이터로부터 유용한 정보를 얻어낸다는 공통분모가 있다고 할 수 있다(정용찬, 2012a).

환경 분야를 포함한 다른 여러 공학 분야도 각종 분석/측정 센서와 클라우드 컴퓨팅 기술의 발달을 통해 빅데이터(big data) 환경으로 변화하고 있다. 이에 따라 기존의 제한된 측정 데이터 구조에서 방대한 양의 측정 데이터가 실시간으로 발생하는 환경으로 전환되고 있다 (Halevi & Moed, 2012). 이러한 데이터를 의미 있게 해석하여 유용한 정보를 추출하기 위해서는 통계적 이해를 바탕으로 데이터 특성에 적합한 분석툴을 사용하는 것이 바람직하다. 데이터를 분석하기 위한 툴은 사용 목적과 데이터의 규모 및 데이터 분석자의 필요에 따라 달리 선택될 수 있다.

일반적으로 널리 알려진 데이터 분석툴로는 'SPSS', 'SAS', 'SYSTAT', 'AMOS'와 같은 통계 패키지 프로그램과 'R', 'MATLAB'과 같은 프로그래밍 언어 기반 분석 프로그램이 있으며, Microsoft Office의 'EXCEL' 프로그램도 통계분석 기능을 제공한다. 이들 프로그램은 각각의 장단점이 있기 때문에 어떤 프로그램이 가장 우수하다고 비교 평가하는 것은 무의미하다. 이 책에서는 패키지 프로그램으로 IBM사의 'SPSS 17.0'을 사용하였으며, 프로그래밍 언어 기반 프로그램으로는 Mathworks사의 'MATLAB'을 사용하였다. Microsoft Office의 'EXCEL'은 가장 쉽게 접할 수 있고 또한 쉽게 결과를 얻을 수 있는 프로그램이지만, 정밀한 결과를 얻는 데 일부 한계(예를 들어, 상관관계 결과에서 p-value가 제시되지 않음)가 있기 때문에 생략하도록 한다. SPSS 이외의 다른 프로그램도 분석에서 필요로 하는 기본 식과 원리는 SPSS와 동일하다. 따라서 output 도출까지의 방법론만 다를 뿐 기본 원리는 같다고 할 수 있다.

SPSS는 통계분석을 위한 소프트웨어 패키지다. 현재 공식 명칭은 IBM SPSS Statistics이며 IBM사가 2010년에 인수하였다. 1983년에 처음 출시된 이래 2015년 SPSS 23.0까지 지속적으로 새로운 버전이 출시되고 있다. 이 책에서는 SPSS 17.0을 이용하여 데이터 입력부터 분석 결과 출력 및 해석까지 전 과정을 설명한다.

SPSS 17.0은 대부분의 형태의 데이터를 불러올 수 있다. 표나 차트 형태의 보고서를 출력하며, 기술 통계치 및 복잡한 통계분석을 수행할 수 있다. 또한 단순한 메뉴와 dialog box selection은 복잡한 분석을 특별한 명령어 입력 없이 GUI(Graphic User Interface) 환경에서 수행할 수 있게 해준다. SPSS를 포함하여 소프트웨어를 통한 모든 데이터 분석은 데이터를 불러오는 것에서 시작한다.

1-1 데이터 입력(data loading)

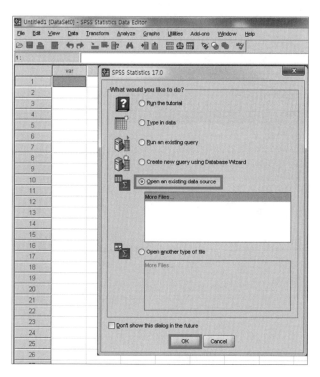

그림 2-1 SPSS 실행 시 첫 화면 및 데이터 입력 선택 옵션

SPSS를 처음 실행하면 그림 2-1과 같이 어떤 작업을 수행할 것인지 묻는 창이 자동적으로 열린다. 기존 데이터를 불러오기 위해 'Open an existing data source'를 선택한 후 'OK' 버튼을 누르면 그림 2-3과 같은 창이 열린다. 데이터를 불러오는 방법은 ① SPSS 실행 시 자동으로 열리는 창에서 선택하는 방법, ② 메뉴 선택창(File → New → Data)(그림 2-2)을 선택하는 방법, ③ 아이콘을 클릭하여 데이터를 불러오는 창을 선택하는 방법이 있다. 이 세 가지 중 한 가지를 선택하면 그림 2-3과 같은 창이 열린다.

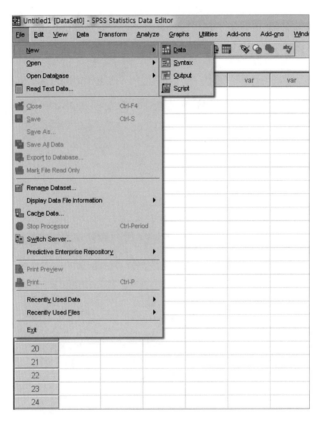

그림 2-2 데이터를 불러오기 위한 경로

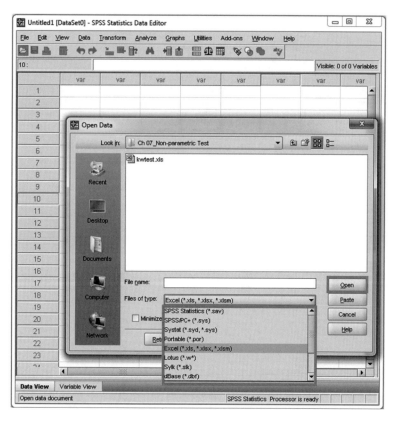

그림 2-3 SPSS Data Open 설정창

그림 2-3과 같은 창이 열리면 데이터가 위치한 폴더로 이동한 후, 'Files of type'에서 분석할 데이터의 파일 형태를 선택한다. 기본값 설정은 SPSS Statistics data file(*.sav)이며, 파일 형태를 선택하면 선택한 확장자에 해당하는 파일이 목록에 나타난다. 그중에서 분석하고자 하는 파일을 선택하고 'Open' 버튼을 누른다.

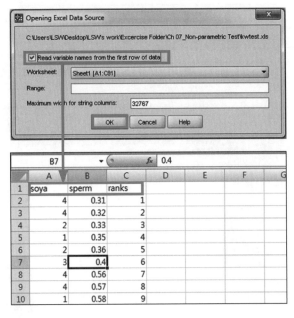

그림 2-4 SPSS 실행 시 첫 화면

'Open' 버튼을 누르면 그림 2-4와 같은 창이 열린다. 일반적으로 실험 데이터를 정리할 때 각 행의 첫 번째 셀(cell)에는 변수(variable) 이름을 기록한다. 그림 2-4의 'Opening Excel Data Source' 대화상자에서 'Read variable names from the first row of data' 옵션은 정리된 파일의 첫 번째 열을 SPSS가 변수 이름으로 인식하게 하는 옵션이다. 체크 박스에 체크한 후 'OK' 버튼을 누르면 SPSS 'Output' 창이 새롭게 열리면서 열린 데이터 파일의 종류와 경로 같은 기본 정보가 출력되며, 'Data Editor' 창에 데이터가 입력된 것을 확인할 수 있다.

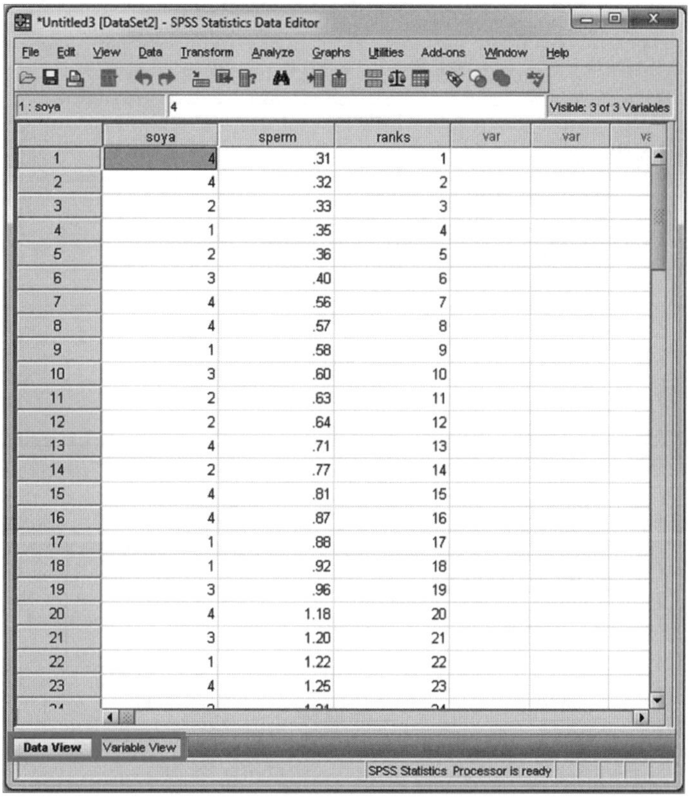

그림 2-5 데이터가 입력된 SPSS Statistics Data Editor 창

만약 입력한 변수의 속성정보를 알고 싶다면 'Data Editor' 창 하단에 위치한 'Variable View' 탭을 클릭한다. 'Variable View' 탭에서는 현재 입력된 데이터의 속성에 대한 정보가 나열되어 있으며, 각 항목별로 수정이 가능하다. 다시 'Data View' 탭을 클릭하면, 입력된 데이터가 보이는 창이 열린다. 여기까지가 정리된 데이터 파일을 SPSS로 불러오는 과정이다.

1-2 결과 출력(output)

원자료로부터 불러온 데이터를 바탕으로 어떤 분석을 수행하면 'Output' 창에 분석 결과가 나타난다. 7장에서 다루게 되는 비모수 검정(Kruskal-Wallis test)을 예로 들어 수행을 해보면, 그림 2-6과 같은 결과를 얻을 수 있다.

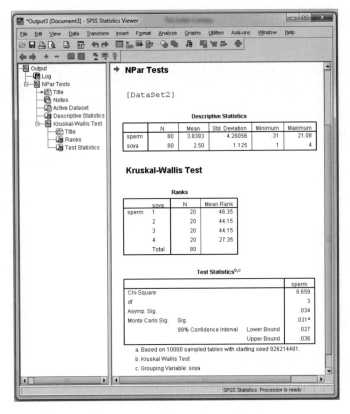

그림 2-6 데이터 분석이 수행된 Output 창

　　SPSS에서 결과는 선택하는 옵션에 따라 표와 그래프로 쉽게 얻을 수 있으나, 중요한 것은 결과를 얻는 것이 아니라 결과를 해석하는 것이다. 또한 원하는 결과를 얻기 위해 데이터를 목적에 맞게 정리하는 것이 무엇보다 중요하다. 결과에 대한 해석은 4장부터 SPSS에서 제공하는 각 분석방법에 따라 출력된 결과에 대해 *p*-value와 귀무가설(null hypothesis)을 중심으로 한다. 2장에서 설명한 SPSS의 데이터 입력방법은 4장부터 설명하는 예제에서 데이터를 불러오는 방법으로 설명한다. 또, 데이터를 불러오는 방법에는 2장에서 설명한 스프레드시트(spreadsheet) 형식의 파일을 입력하는 방법 이외에도 여러 확장자 형태의 데이터 파일을 입력하는 방법이 있으며, 'Variable View' 탭에서 다양한 옵션을 통해 변수의 특성을 설정할 수 있다. 이와 관련하여 자세한 내용은 'SPSS Statistics 17.0 Brief Guide'를 포함한 많은 참고문헌에서 확인할 수 있다.

2 MATLAB

MATLAB(MATrix LABoratory)은 미국 MathWorks사가 C++로 작성한 프로그래밍 환경의 공학용 소프트웨어로, 전 세계에서 수백 만 명의 엔지니어와 과학자가 이용하는 고급언어이자 대화식 환경이다(MathWorks, 2015). MATLAB은 기본적으로 수치 연산을 목적으로 하고 있으나, 여러 toolbox를 통해 추가적으로 다양한 연산을 수행할 수 있다. 통계분석을 위한 toolbox 폴더는 [Program Files] → [MATLAB] → [R2009b(설치한 MATLAB version에 따라 폴더명은 달라짐)] → [toolbox] → [stats]에 위치한다.

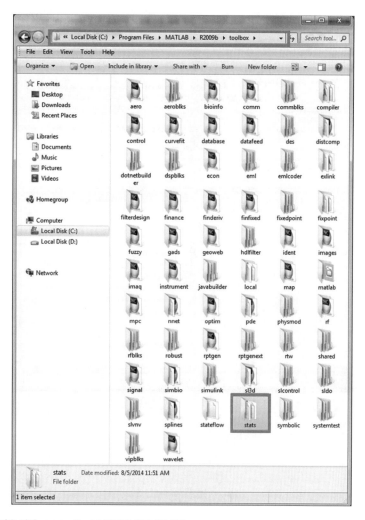

그림 2-7 통계분석을 위한 stats toolbox가 위치한 폴더 내 경로

2-1 기본 구성

MATLAB을 처음 구동하면 버전마다 약간씩 다르지만 일반적으로 그림 2-8과 같은 창이 열린다. 창의 구성은 정중앙에 명령어를 직접 입력할 수 있는 'Command Window', 중앙 좌측에 'Current Folder'(현재 작업 중인 폴더), 그 아래쪽에 현재 생성된 변수들의 정보를 보여주는 'Workspace'와, 과거에 작업한 이력을 보여주는 'Command History' 창으로 이루어져 있다.

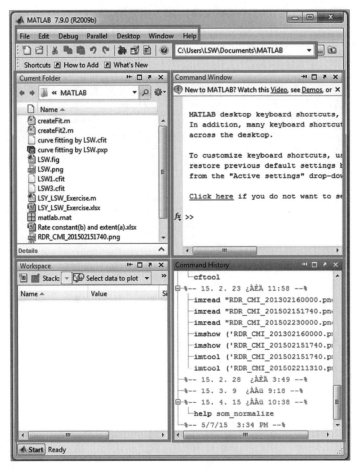

그림 2-8 MATLAB 시작 초기 화면

첫 화면 구성은 기본적으로 'Command Window', 'Command History', 'Current Folder', 'Workspace'로 구성되어 있으며, 이는 [Menu] → [Desktop]을 선택하면 그림 2-9와 같이 현재 설정된 상황을 확인할 수 있다. 여기서 체크를 추가하거나 해제하면 새롭게 시작하는 MATLAB에서는 변경된 내용으로 창이 열린다.

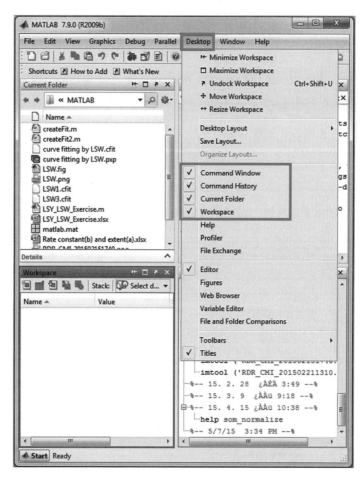

그림 2-9 MATLAB 초기 화면 변경을 위한 경로

2-2 m-file

1) 왜 m-file을 사용하는가?

MATLAB 프로그램에서 명령어를 가장 빠르게 효율적으로 입력하는 방법은 MATLAB 프로그램의 'command window'에 직접 입력하는 것이다. 그러나 명령어의 수가 늘어나고 여러 작업과정에서 발생할 수 있는 시행착오(trial and error)로 인해 변수 또는 입력값을 계속해서 변경해야 한다. 이때 'command window'에서 작업할 경우 동일한 작업을 계속 반복해야 하는 난처한 상황에 처하게 된다. m-file은 이러한 상황에서 변수 및 명령어 수정을 쉽게 할 수 있기 때문에, 기본적으로 명령어와 관련된 작업은 'command window'가 아닌 'm-file'에서 명령어들의 조합을 작성한 후 수행해야 한다. m-file은 simple text file로서 m-file을 실행하면 MATLAB 프로그램은 MATLAB prompt에서 순차적으로 m-file 내의 명령어를 읽고 실행한다. 모든 m-file 확장자는 '.m'이다(예: kwtest.m).

그림 2-10 MATLAB에서 m-file을 생성하는 경로

2) 어떻게 m-file을 만들고 저장하는가?

m-file을 만들기 위해서는 [Menu] → [File] → [New] → [Blank m-file]의 경로를 설정하거나 단축키 'Ctrl + N'을 누르면 m-file을 작성하기 위한 창이 열린다. m-file을 저장하기 위해서는 [Menu] → [File] → [Save] 또는 단축키 'Ctrl + S'를 누르면 저장을 위한 창이 열린다. 이때 확장자는 '.m'으로 설정해야 한다.

그림 2-11 MATLAB에서 m-file을 작성하기 위한 Editor 창

2-3 데이터 입력

MATLAB 프로그램을 활용하여 통계적 데이터를 분석하기 위해서는 분석하고자 하는 데이터 파일이 위치한 폴더 위치를 먼저 'Current Folder'에 설정해야 한다. 설정방법은 'Current Folder'에서 ◀◀를 클릭하거나 'Command Window' 위에 있는 ▦를 클릭하여 경로를 설정해 주어야 한다. 단, 기존에 저장된 m-file을 수정하여 실행할 경우에는 경로를 설정하지 않아도 MATLAB 프로그램 자체에서 경로를 변경할 것인지의 여부를 묻기 때문에 별도로 경로 변경을 하지 않아도 된다.

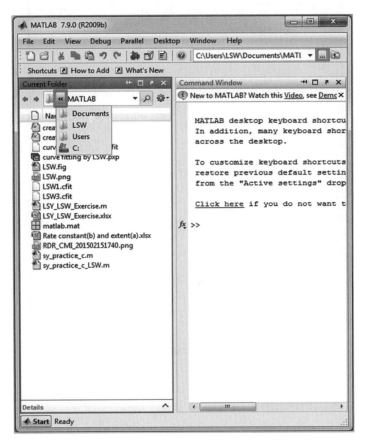

그림 2-12 **작업 폴더 경로 변경 설정**

경로가 설정되면 'Blank m-file' 창을 연다. 본 예제에서는 EXCEL 스프레드시트 파일을 불러오는 것을 기반으로 하여 진행한다. 데이터를 불러오기 위해서는 기본 코드를 'm-file editor' 창에서 작성해야 한다.

```
close all; clear all; clc;


% Load variables
A=xlsread('kwtest.xlsx','A:A'); % Load variable - Group
B=xlsread('kwtest.xlsx','B:B'); % Load variable - Data
```

EXCEL 스프레드시트 파일을 불러오기 위한 기본 명령어는 'xlsread'이다. 'xlsread'는 스프레드시트 내 특정 시트의 특정 영역에 있는 데이터만 별도로 불러올 수 있다. 이와 관련된 자세한 정보는 MATLAB 구동화면의 'Commnd Window'에서 'help xlsread'를 입력하면 얻을 수 있다. 위의 예제에서 A=xlsread('kwtest.xlsx','A:A');는 변수 A에 'kwtest.xlsx'라는 EXCEL 스프레드시트 파일의 'A' column 전체를 불러온다는 뜻이다. 마찬가지로 B=xlsread('kwtest.xlsx','B:B');는 변수 B에 'kwtest.xlsx'라는 EXCEL 스프레드시트 파일의 'B' column 전체를 불러온다는 뜻이다.

2-4 명령 실행 및 결과 출력

7장에서 다룰 비모수 검정의 예제파일을 예로 들면, 불러온 데이터 다음 행에 실행하고자 하는 명령어를 입력한다. 비모수 검정을 실행하기 위한 기본 코드는 다음과 같다.

```
%% Nonparametric test(Kruskal-Wallis test) Example
close all; clear all; clc;


% Load variables
A=xlsread('kwtest.xlsx','A:A');    % Load variable - Group
B=xlsread('kwtest.xlsx','B:B');    % Load variable - Data


% Do Kruskal-Wallis test
[p, table, stats]=kruskalwallis(B,A)
```

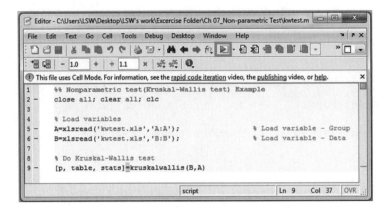

그림 2-13 데이터 입력 및 실행을 위한 m-file 코드 작성 화면

모든 코드의 입력이 마무리된 후 그림 2-13과 같이 Editor 창 중앙에 위치한 ▶ 을 클릭하면 m-file에서 작성된 명령어 순서대로 MATLAB 프로그램이 실행된다.

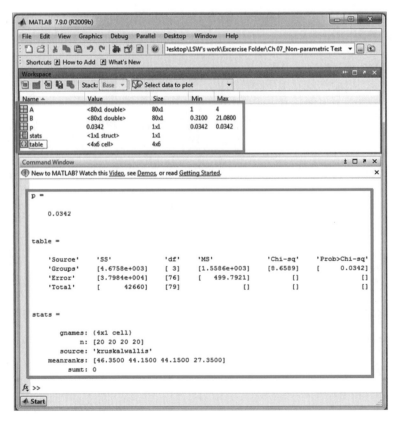

그림 2-14 m-file 실행에 따른 결과 출력

그림 2-14는 비모수 검정을 위해 m-file을 실행한 결과로, 결과값은 'Command Window'에 나타나며 우측에 위치한 'Workspace'에 입력변수 A, B와 출력된 변수들이 저장되어 있음을 확인할 수 있다. 4장부터 적용되는 MATLAB 프로그램 활용 예제는 2장에서 설명한 내용을 기반으로 하고 있기 때문에 간략한 설명이지만 위의 내용을 숙지하고 실습해야 한다.

MATLAB 프로그램은 공학을 포함한 금융, 심리학 및 경제학 등 매우 다양한 분야에서 사용되며(장영재, 2010), 각종 연산을 통해 얻어진 데이터는 2D, 3D 구현 및 시뮬레이션이 가능하다. 이 책에서는 통계분석에 앞서 기본적으로 MATLAB 프로그램의 구동에 필요한 내용에 대해서만 간략하게 언급하였다. MATLAB 프로그램의 보다 상세한 기능적인 부분에 대해서는 여러 관련 교재 및 Mathworks 웹페이지 또는 MATLAB help menu를 참고하기 바란다.

■ 참고문헌

1. Halevi, G. & Moed, H. (2012). Research trends. Section 1: *The Evolution of Big Data as a Research and Scientific Topic*, 30, 3-6.

2. Linoff, G. S. & Berry, M. J. A. (2011). *Data Mining Techniques: for Marketing, Sales, and Customer Relationship Management.* Indianapolis, IN: Wiley.

3. MathWorks (2015). http://kr.mathworks.com/products/matlab

4. SPSS Statistics 17.0 Brief Guide.

5. 장영재(2010). 경영학 콘서트 – 복잡한 세상을 지배하는 경영학의 힘. 비즈니스북스.

6. 정용찬(2012a). 빅데이터. 커뮤니케이션북스.

7. 한국언론학회 엮음(2012). 융합과 통섭-다중매체 환경에서의 언론학 연구방법. 제4장 수량적 데이터마이닝 기법(정용찬). 나남.

2부에서는 수집한 환경변수 데이터를 정규분포를 따른다는 가정 아래 여러 집단으로 분류한 경우 각 집단 간 평균을 비교 분석하고 해석하는 방법과, 환경변수가 복잡해지거나 또는 정규분포를 따르지 않을 경우 집단 간의 평균 또는 중간값을 비교 분석하는 방법을 다룬다.

- 3장 가설검정(hypothesis testing)
- 4장 t-검정(t-test)
- 5장 분산분석(ANOVA)
- 6장 다변량 분산분석(MANOVA)
- 7장 비모수 검정(non-parametric test)

2부

평균 비교분석

3장

가설검정
hypothesis testing

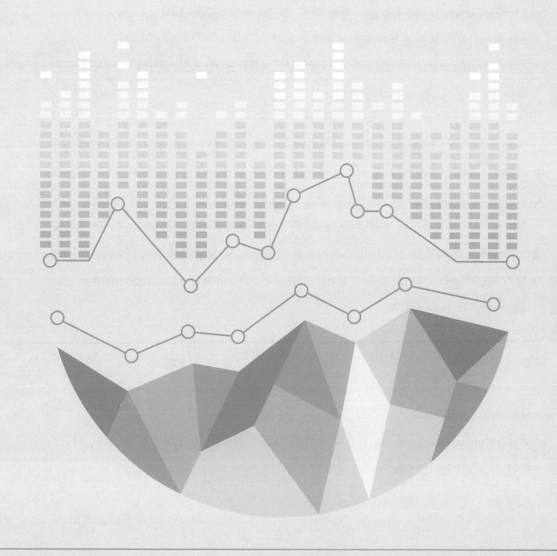

1 가설검정이란?

1-1 정의

확률론을 이용하여 모집단으로부터 추출된 표본을 표본자료로 설정한 후, 이를 근거로 모집단에 대해 통계적 추론을 하는 방법을 의미한다(김상익 외, 2005).

1-2 이해의 예

- 새로 개발한 총인(total phosphorus) 저감시설이 현재 시설과 같은 양의 알럼(alum)과 음이온 폴리머(anion polymer)를 시제로 주입할 경우, 총인의 저감효율(removal efficiency)이 90% 이상이 되는지의 여부를 표본자료를 이용하여 검증
- 강의 본류(main stream)와 지류(tributary) 중 어느 지점이 BOD 농도 증가에 더 영향을 주는지에 대해 표본자료를 이용하여 검증

    가설검정을 하기 위해 우선 합리적이고 구체적인 기준을 설정하고, 표본자료에 대한 검정을 이용하여 통계적 가설의 기각 여부를 결정해야 한다. 모집단에 대한 통계적 가설검정을 하지 않을 경우 가설의 기각 여부를 알 수 없다. 그러나 실제로 모집단에 대하여 모두 가설검정을 한다는 것은 현실적으로 불가능하므로 흔히 모집단에서 추출한 표본자료를 이용하여 통계적 가설의 기각 여부를 결정한다. 표본자료를 이용할 경우, 모집단의 전체 데이터를 이용하지 않기 때문에 어느 정도의 불확실성이 존재한다는 것에 유의할 필요가 있다(Arthur, 2012; Bulajic et al., 2012; Hong, 2005).

1-3 가설의 종류

(1) 귀납가설과 연역가설
- 귀납가설(inductive hypothesis): 관찰을 통하여 가설을 설정한 후 개개의 존재, 사실, 관찰로부터 일반적인 원리를 이끌어내는 방법이다.

- 연역가설(deductive hypothesis): 학설이나 선행 실험을 통해 얻은 일반 원리에서 필연적인 결론을 얻어내는 방법이다.

(2) 방향성 가설과 비방향성 가설

- 방향성 가설(directional hypothesis): 연구자의 의도와 주장이 어느 정도 반영된 연구가설로, 데이터 간의 상관관계나 차이가 존재한다고 가정한다.
- 비방향성 가설(non-directional hypothesis): 연구자가 기존의 연구들과 비교 분석하여 연구 결과의 차이에 영향을 미치는 요인을 발견하지 못했을 때 사용되는 가설로, 이미 존재하고 있는 데이터 간의 상관관계나 차이점을 규명해야 한다고 가정한다.

(3) 단순가설과 복합가설

- 단순가설(simple hypothesis): 모집단의 분포를 하나로 지정하는 가설을 말한다.
- 복합가설(composite hypothesis): 모집단의 분포를 둘 이상으로 지정하는 가설을 말한다.

(4) 모수가설과 비모수가설

- 모수가설(parametric hypothesis): 모집단을 구성하고 있는 모수에 대한 가정으로, 평균과 분산을 가설에 사용하는 방법이다.
- 비모수가설(non-parametric hypothesis): 모수가설을 위한 가정들을 만족하지 못할 때, 특정 매개변수보다 모집단의 모양이나 위치를 참조하여 모집단의 가정이나 조건에 구애받지 않고 모집단의 확률분포를 서술하는 가설방법이다.

(5) 귀무가설과 대립가설

귀무가설과 대립가설은 실질적으로 여러 연구 분야에서 널리 쓰이고 있는 방법으로 ②에서 보다 상세하게 다루기로 한다.

　일반적으로 귀무가설이 기각될 경우 대립가설을 사용하여 검증하며, 이는 귀무가설과 대립가설의 설정은 한 가설이 참이면 다른 가설은 거짓임을 의미한다.

2   귀무가설과 대립가설

2-1 정의

(1) 귀무가설(null hypothesis)

귀무가설(H_0)은 어떤 알지 못하는 자연현상을 규명하기 위하여 '이것은 아니다'라는 가정에서 시작하며, 일반적으로 기각될 것을 예상하고 설정하는 가설이다. 예를 들어 '계절별 수온 차이는 없다'로 귀무가설을 설정할 때, 이 가설의 사실 여부를 분산분석을 통해 p-value<.05임을 보임으로써 계절별 차이가 존재하기 때문에 귀무가설은 기각되어 '모든 계절별 수온 차이는 없지 않다.'라는 결론을 내릴 수 있다.

(2) 대립가설(alternative hypothesis)

대립가설(H_1)은 귀무가설에 대립하여 모집단에서 독립변수와 종속변수 사이에 상관관계가 존재한다고 가정을 한 후, 통계학적으로 이를 증명한다. 흔히 검정자가 합리적인 근거를 들어 자신이 참이라고 주장하는 바의 반대의 상태를 귀무가설로 설정하여 이를 기각 혹은 채택함으로써 검정하고, 검정자가 자기가 참이라고 주장하는 바를 대립가설로 설정한다.

2-2 이해의 예

(1) 귀무가설
- 표본과 표본 이외의 모집단은 다른 점이 존재하지 않는다.
- 모집단 A와 모집단 B 사이에는 아무런 관계도 존재하지 않는다.

(2) 대립가설
- 박사의 생활 만족도와 석사의 생활 만족도는 차이가 있다
- 계약직의 임금 대우와 정규직의 임금 대우는 차이가 있다.

2-3 유의수준(significance level)에 의한 검정

통계학적 가설을 검증할 때 귀무가설의 채택 또는 기각은 유의수준을 바탕으로 결정된다. 유의수준의 절대적인 값은 정해져 있지 않으며, 이는 검증하는 사람이 결정한다. 일반적으로 .05로 정한다.

(1) 유의확률(*p*-value)

주어진 표본에 대한 해당 검정통계량의 값으로 계산된 확률이며, 귀무가설 H_0를 기각할 수 있는 최소의 유의수준을 의미한다(김상익 외, 2005). 대상이 되는 모집단의 자료들에 대한 관측 결과를 성공과 실패로 분류할 때, 성공비율을 *p*-value에 대해 $(1-a)\times100\%$로 설정할 수 있다. 만약 *p*-value가 $1-a$ 값보다 크면 귀무가설을 채택하고, *p*-value가 $1-a$ 값보다 작으면 귀무가설을 기각한 후 대립가설로 다시 검증한다. 즉 *p*-value는 귀납가설의 채택 여부를 알려준다.

① Low *p*-value($p<.05$)
이 조건은 귀납가설 설정의 실현 가능성이 낮음을 의미한다. 그러므로 비교되는 두 대상이 다르다고 할 수 있다.
➡ 두 대상은 유의한 수준에서 다르다.

② High *p*-value($p>.05$)
이 조건은 귀납가설 설정의 실현 가능성이 높음을 의미한다. 그러므로 비교되는 두 대상이 다르다고 할 수 없다.
➡ 두 대상은 유의한 수준에서 다르지 않다.

여기서 유의해야 할 점은 해석할 때 *p*-value가 .05보다 작은 값일 때 '유의하게'라는 표현을 사용할 수 있다는 것이다. 또 *p*-value가 .01 또는 .0001보다 작을 때는 매우 유의하게 (highly significant or very highly significant) 다르거나 다르지 않다고 할 수 있다.

한편, '두 대상이 유의한 수준에서 다르지 않을' 경우, 이는 두 대상이 확연할 정도로 명백히 다르지 않음을 의미할 뿐, 두 대상이 같다는 것을 의미하는 것은 아니라는 점도 주지해야 한다.

① 30개 데이터 세트 중 정규분포를 따르지 않는 데이터 세트가 28개이고, 가설검정의 결과가 p-value < .0001일 때 다음과 같이 해석한다.

➡ 30개 데이터 세트 중 28개의 데이터 세트는 유의한 수준에서 정규분포를 따르지 않는다 (p-value<.0001). (Jeon et al., 2008)

② 연 단위의 시간 변화와 지점의 변화가 TN 농도와 COD 농도 변화에 주는 영향에 대하여 가설검정한 결과가 p-value<.05일 때, 다음과 같이 해석한다.

➡ 연 단위의 시간 변화와 지점의 변화는 일반적으로 영양물질과 유기물의 농도에 영향을 주는데, TN 농도와 COD 농도에 대하여 유의한 수준에서 다르다(영향을 받는다.) (p-value<.05). (Lee et al., 2010)

③ A호수와 B호수의 TN(Total Nitrogen), TP(Total Phosphorus), COD(Chemical Oxygen Demand), DOC(Dissolved Organic Carbon) 농도를 비교할 때 t-검정을 사용하여 가설검정을 수행한 결과 p-value<.05 수준에서 A호수의 각 수치가 더 크다면 다음과 같이 해석한다.

➡ A호수의 TN, TP, COD, DO 농도는 유의한 수준에서 B호수보다 크다(p-value<.05). (Lee et al., 2010)

③ 제1종 오류와 제2종 오류

통계학에서 가설을 세울 때는 앞서 언급한 바와 같이 귀무가설과 대립가설을 세운 후, 귀무가설이 맞는지 틀리는지를 검정하게 된다. 검정과정에서 모집단 전체에 대해 분석하지 않고 무작위로 표본을 추출하기 때문에, 여기에는 필연적으로 오차가 발생한다. 이는 가설검정을 정상적으로 수행한다 하더라도, 오류가 발생할 가능성이 0% 이상 존재하는 것을 의미한다. 제1종 오류와 제2종 오류는 이러한 오류로 인해 발생하는 오류의 종류로, 기본 정의는 다음과 같다.

3-1 정의

① 제1종 오류

귀무가설(H_0)이 사실이지만 분석 결과를 통해 귀무가설이 기각되었을 때 발생하는 오류이다(David, 2004). 이 오류가 나타날 확률의 최대 허용치를 유의수준이라고 하며 α로 표기한다.

② 제2종 오류

귀무가설(H_0)이 거짓임에도 불구하고 분석 결과를 통해 귀무가설이 채택되었을 때 발생하는 오류이다(David, 2004). 이 오류가 나타날 확률을 β로 표기한다.

두 오류를 동시에 줄이는 것은 불가능하며, 한 가지 오류 유형을 감소시키면 다른 오류 유형은 증가하게 된다.

3-2 이해의 예

연구실에서 신입 연구원을 채용할 때 귀무가설은 "지원자 A는 연구 윤리가 없는 연구원이다."라고 할 수 있다. 제1종 오류는 지원자 A가 연구 윤리가 없음에도 불구하고 귀무가설이 기각되어 채용되는 경우이다. 반대로 제2종 오류는 지원자 A가 연구 윤리가 있음에도 불구하고 귀무가설이 채택되어 채용되지 않는 경우이다. 일반적으로 제1종 오류보다 제2종 오류가 더 심각한 상황을 초래한다. 그러나 데이터를 분석하는 사람의 입장에 따라 두 가지 오류에 모두 대응해야 한다.

만약 지원자 A를 제1종 오류에 따라 채용할 경우 연구 결과에 신빙성이 떨어지는 악영향이 초래될 수 있으나, 연구소 필수 인력 유지에는 도움이 된다. 반대로 지원자 A를 제2종 오류에 따라 채용하지 않을 경우 연구 결과에 악영향은 발생하지 않겠지만, 연구소 인력을 관리하는 입장에서는 추가로 채용 공고를 내야 하고, 또 추가로 채용될 때까지 연구 진행에 차질을 빚게 되는 문제가 발생한다. 이러한 두 오류 사이의 관계를 도표로 나타내면 다음과 같다.

표 3-1 통계 결과를 기반으로 한 가설검증 오류

가설검증 기준		귀무가설	
		채택 ($p > .05$)	기각 ($p < .05$)
가설검증 (가설은 참인가, 거짓인가?)	참	옳음	제1종 오류
	거짓	제2종 오류	옳음

■ 참고문헌

1. 김상익, 서한손, 안병진, 여성철, 이석구, 이윤동(2005). 통계학개론. 진성사.

2. Bulajic, A., Stamatovic, M. & Cvetanovic, S. (2012). The importance of defining the hypothesis in scientific research. *International Journal of Educational Administration and Policy Studies*, 4(8), 170-176.

3. David, S. (2004). *Handbook of Parametric and Nonparametric Statistical Procedures*. CRC Press.

4. Glenberg, A. M. (1996). *Learning from Data: An Introduction To Statistical Reasoning*(2nd ed.). Psychology Press.

5. Jeon, J., Kim, J. H., Lee, B. C. & Kim, S. D. (2008). Development of a new biomonitoring method to detect the abnormal activity of Daphnia magna using automated Grid Counter device. *Science of The Total Environment*, 389, 545-556.

6. Lee, Y. G., Kang, J. H., Ki, S. J., Cha, S. M., Cho, K. H., Lee, Y. S., Park, Y., Lee, S. W. & Kim, J. H. (2010). Factors dominating stratification cycle and seasonal water quality variation in a Korean estuarine reservoir. *Journal of Environmental Monitoring*, 12, 1072-1081.

4장

t-검정(t-test)

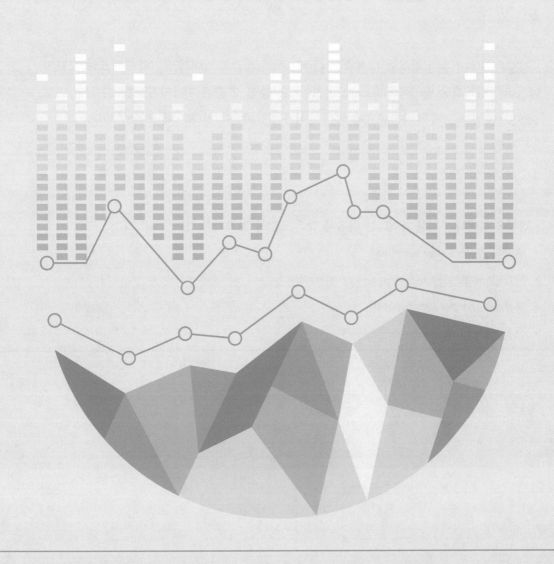

1 t-검정이란?

공학에서 실험, 시뮬레이션 및 모델링을 통해 얻어진 데이터를 분석할 때 기본적으로 가장 많이 수행하는 분석방법 중 하나가 평균분석이다. 빅데이터 시대의 도래에 따른 막대한 양의 데이터가 실시간으로 생산되고 있음에도 불구하고 평균분석은 거의 모든 고급 통계분석에서 기본적으로 쓰이고 있다. 4장에서 설명할 t-검정은 두 모집단에 대한 평균분석을 통해 이들이 통계적으로 유의한 수준에서 다르냐 다르지 않느냐를 검정하는 것이다. t-검정의 이해 정도에 따라 뒤이어 설명하는 분산분석 및 다변량 분산분석을 포함하여 본 교재 전체에 대한 이해의 수준이 결정되기 때문에 정확한 이해와 숙지가 요구된다.

1-1 정의

t-검정은 일종의 추정 검정으로, 두 데이터 세트에서 평균의 차이가 유의하게 다르냐, 다르지 않느냐를 결정하는 방법이다(Stdenick, 1991). 예를 들어 강 중류 지점의 SS 농도와 하류 지점의 SS 농도를 비교하여 유의한 수준에서 차이가 있는지를 결정하는 데 쓰일 수 있다.

1-2 제한 및 가정

t-검정을 수행하기 위한 데이터는 다음과 같은 조건을 만족해야 한다.

- 무작위 표본(random sampling)
- 독립성(independent measurements or observations)
- 정규분포(normal distributions)
- 등분산(equal variance)(t-검정만 해당)

1-3 이해의 예

만약 A지점과 B지점의 어떤 수질항목에 대해 평균을 비교해 보고자 할 때 A지점의 평균농도, 농도 범위 및 표준편차가 그림 4-1의 왼쪽과 같다면, 두 지역 간 평균에 차이가 있다고 말할 수 있을까? 차이가 있을 수도 있고 없을 수도 있기 때문에 이를 명확히 하기 위해 *t*-검정을 실시해야 한다.

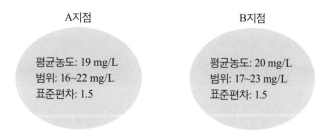

그림 4-1 A지점과 B지점 간 평균농도, 범위 및 표준편차

1-4 *t*-검정의 종류

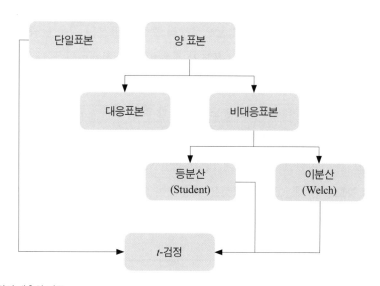

그림 4-2 *t*-검정의 계층화 지도

t-검정을 수행하기 위해서는 먼저 대상 데이터의 특성을 파악한다. 이때 단일표본 *t*-검정은 비교하고자 하는 두 개의 데이터 세트가 하나의 모집단으로부터 추출되었을 경우에 적용할 수 있으며, 양 표본 *t*-검정의 경우 비교하고자 하는 두 개의 데이터 세트가 각각 두 개의 모

집단으로부터 추출되었을 때 적용할 수 있다. 예를 들어, A강의 상류 구간과 B강의 상류 구간의 SS(Suspended Solids, 부유성 물질) 평균농도를 비교할 경우 양 표본 t-검정을 적용할 수 있으며, A강의 상류와 중류의 SS 평균농도를 비교할 때 단일표본 t-검정을 적용할 수 있다. 단일표본 t-검정을 위한 t-통계량의 계산은 다음과 같이 할 수 있다.

$$t = \sqrt{\frac{\bar{x} - \mu_0}{s / \sqrt{n}}} \tag{4.1}$$

여기서, $\bar{x}$는 데이터 세트의 평균, μ_0는 모집단의 평균, s는 해당 데이터 세트의 표준편차, n은 해당 데이터 세트의 표본 수이다.

양 표본 t-검정의 경우, 대응표본 t-검정과 비대응표본 t-검정으로 다시 분류할 수 있다. 대응표본 t-검정은 환경조건의 변화(different conditions or occasions)가 존재할 경우, 변화 전후의 값들에 대한 상관관계를 비교할 때 적용할 수 있으며, 이때 두 개의 데이터 세트의 표본 수가 같아야 한다(Mustapha & Aris, 2012a; Mustapha et al., 2012b).

대응표본 t-검정의 첫 번째 분류는 단측 t-검정과 양측 t-검정이다. 단측과 양측의 구분은 비교하고자 하는 두 대상이 하나의 모평균으로부터 추출된 표본일 경우 단측을 적용하고, 서로 다른 두 개의 모평균으로부터 생산된 표본일 경우 양측을 적용한다.

예를 들어 A강 상류 구간과 B강 상류 구간의 SS 평균농도를 비교할 때는 양측 t-검정을 사용하고, A강 상류와 중류의 SS 평균농도를 비교할 때는 단측 t-검정을 사용한다. 구체적으로 대구와 고령 사이에 건설된 보(weir)의 영향을 받는 A지점(그림 4-3)에서의 1년간 월별 SS 변화를 볼 때, 보 건설 이전 A지점에서의 1년간 월별 SS 농도값과 보 건설 이후 A지점에서의 1년간 월별 SS 농도값은 대응표본 t-검정을 적용하여 비교할 수 있다(1년간 월별 측정값은 동일한 샘플 크기를 의미한다). 대응표본 t-검정을 위한 t-통계량의 계산은 다음과 같이 할 수 있다.

$$t = \frac{\bar{d} - d_0}{s_d \sqrt{n}}$$
$$d_0 = \mu_1 - \mu_2 \tag{4.2}$$

여기서, $\bar{d}$는 관측값 간 차이의 평균, d_0는 첫 번째 데이터 세트와 두 번째 데이터 세트 사이의 평균 차이, μ_1은 첫 번째 데이터 세트의 평균, μ_2는 두 번째 데이터 세트의 평균, n은 해당 데

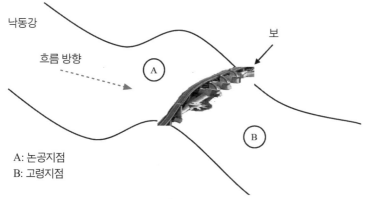

A: 논공지점
B: 고령지점

그림 4-3 대응표본 *t*-검정 이해를 위한 데이터 획득 위치도

이터 세트의 표본 수이다.

반면에, 비대응표본 *t*-검정은 표본의 크기가 같지 않고 동일 지점에 대한 비교가 아닐 때 적용할 수 있다(Rice, 2006). 즉, 두 표본이 서로 독립적이어야 한다(이런 이유로 비대응표본 *t*-검정을 독립표본 *t*-검정이라고도 부른다)(Brown & Berthouex, 2002). 예를 들어 A강 지점과 B강 지점의 SS의 변화를 비교할 때, 지점마다 모니터링 데이터의 수가 다를 경우 비대응표본 *t*-검정을 적용할 수 있으며, 심지어 A지점에서는 월별 모니터링 데이터가, B지점에서는 분기별 모니터링 데이터가 있을 경우에도 비대응표본 *t*-검정을 적용할 수 있다.

비대응표본 *t*-검정을 적용할 경우, 두 개의 데이터 세트가 등분산(equal variance)인지 아닌지에 대한 확인이 필요하다. 이는 데이터의 수가 다를 경우 분산에 큰 영향을 줄 수 있으므로, 데이터 수가 다를 경우 등분산과 이분산(unequal variance) 분석을 해야 하기 때문이다. 두 개의 데이터 세트가 등분산일 경우 적용되는 비대응표본 *t*-검정은 student's *t*-test라고 하며, 반면에 두 개의 데이터 세트가 등분산이 아닐 경우 적용되는 비대응표본 *t*-검정은 Welch's *t*-검정이라고 한다.

이러한 등분산 또는 이분산을 검정하는 데는 *F*-검정이 사용되며, *F*-검정은 두 모집단이 다른 분산을 갖고 있는지를 확인하기 위해 적용할 수 있다. 두 개의 데이터 세트가 등분산인지 아닌지를 규명할 수 있는 분산의 균일성을 확인할 수 있는 방법에는 Bartlett's test, Cochran's test, Levene's test, Brown Forsythe test, O'Brien test 등이 있다. 등분산일 경우의 *t*-통계량은 다음과 같이 계산할 수 있다.

$$t = \frac{(\overline{x}_1 - \overline{x}_2) - d_0}{SD_p \sqrt{1/n_1 + 1/n_2}} \tag{4.3}$$

$$여기서, \quad SD_p = \sqrt{\frac{s_1^2(n_1 - 1) + s_2^2(n_2 - 1)}{n_1 + n_2 - 2}}$$

여기서 $\overline{x}_1$는 첫 번째 데이터 세트의 평균, $\overline{x}_2$는 두 번째 데이터 세트의 평균, d_0는 두 개의 모집단 평균의 차이, SD_p는 표준편차에 대한 단일화 산정값, s_1은 첫 번째 데이터 세트의 표준편차, s_2는 두 번째 데이터 세트의 표준편차, n_1과 n_2는 각 데이터 세트의 표본 수이다.

한편, 등분산이 아닐 경우의 t-통계량은 다음과 같이 계산할 수 있다.

$$t = \frac{(\overline{x}_1 - \overline{x}_2) - d_0}{\sqrt{s_1^2/n_1 + s_2^2/n_2}} \tag{4.4}$$

여기서, $\overline{x}_1$는 첫 번째 데이터 세트의 평균, $\overline{x}_2$는 두 번째 데이터 세트의 평균, d_0는 두 개의 모집단 평균의 차이, s_1은 첫 번째 데이터 세트의 표준편차, s_2는 두 번째 데이터 세트의 표준편차, n_1과 n_2는 각 데이터 세트의 표본 수이다.

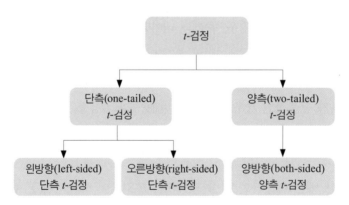

그림 4-4 가설의 기각 여부에 따른 t-검정의 분류

표 4-1 *t*-통계량의 분류

표본			*t*-통계값
단일표본(one-sample)			$t = \sqrt{\dfrac{\bar{x} - \mu_0}{s/\sqrt{n}}}$ $\nu = n - 1$
양표본 (two-sample)	대응표본(paired)		$t = \dfrac{\bar{d} - d_0}{s_d \sqrt{n}}$ $\nu = n - 1$
	비대응표본 (unpaired)	등분산 (equal variance)	$t = \dfrac{(\bar{x}_1 - \bar{x}_2) - d_0}{SD_p \sqrt{1/n_1 + 1/n_2}}$ $\nu = n_1 + n_2 - 2$
		이분산 (unequal variance)	$t = \dfrac{(\bar{x}_1 - \bar{x}_2) - d_0}{\sqrt{s_1^2/n_1 + s_2^2/n_2}}$ $\nu = \dfrac{\left(\dfrac{s_1^2}{n_1} + \dfrac{s_2^2}{n_2}\right)^2}{\dfrac{\left(\dfrac{s_1^2}{n_1}\right)^2}{n_1 - 1} + \dfrac{\left(\dfrac{s_2^2}{n_2}\right)^2}{n_2 - 1}}$

* ν 는 각 *t*-검정의 자유도(degree of freedom)

t-검정을 위한 전제조건을 고려하고 분석 결과를 바탕으로 하여 적용 가능한 *t*-검정의 종류를 가설의 기각 여부에 따라 단측 *t*-검정인지 양측 *t*-검정인지를 결정할 수 있다. 단측 *t*-검정은 단방향 *t*-검정으로 간주할 수 있으며, 왼방향(left-sided) *t*-검정 또는 오른방향(right-sided) *t*-검정으로 구분할 수 있다. 왼방향 *t*-검정은 표본의 평균이 고정값보다 작다는 가정하에 왼편에 위치한 *t*-검정값 밑에 있는 *p*-value를 산출한다. 반면에, 오른방향 *t*-검정의 경우, 표본의 평균이 고정값보다 크다는 가정하에 오른편에 위치한 *t*-검정값 위에 있는 *p*-value를 산출한다.

한편, 양측(two-tailed) *t*-검정은 양방향 *t*-검정으로 간주할 수 있으며, 표본의 평균이 고정값과 다르다는 가정하에 왼쪽의 *p*-value와 오른쪽의 *p*-value의 합을 *t*-검정의 *p*-value로 산출한다.

표 4-2 *t*-검정 방법론 및 가설 기각 여부에 따른 분류

표본(sample)			방향(tailed)	H_0	H_1
단일표본(one-sample)			왼방향(left)	$\bar{x} = \mu_0$ (가설: 차이가 없다)	$\bar{x} < \mu_0$
			오른방향(right)		$\bar{x} > \mu_0$
			양방향(both)		$\bar{x} \neq \mu_0$
양표본 (two-sample)	대응표본(paired)		왼방향	$\bar{d} = d_0$ (가설: 차이가 없다)	$\bar{d} < d_0$
			오른방향		$\bar{d} > d_0$
			양방향		$\bar{d} \neq d_0$
	비대응표본 (unpaired)	등분산 (equal variance)	왼방향	$(\bar{x}_1 - \bar{x}_2) = d_0$ (가설: 차이가 없다)	$(\bar{x}_1 - \bar{x}_2) < d_0$
			오른방향		$(\bar{x}_1 - \bar{x}_2) > d_0$
			양방향		$(\bar{x}_1 - \bar{x}_2) \neq d_0$
		이분산 (unequal variance)	왼방향	$(\bar{x}_1 - \bar{x}_2) = d_0$ (가설: 차이가 없다)	$(\bar{x}_1 - \bar{x}_2) < d_0$
			오른방향		$(\bar{x}_1 - \bar{x}_2) > d_0$
			양방향		$(\bar{x}_1 - \bar{x}_2) \neq d_0$

* d_0는 보통 0의 값을 가진다.

1-5 *t*-검정과 *F*-검정 산출방법

1) 비대응표본 *t*-검정

• 귀무가설(H_0)과 대립가설(H_1)

① H_0: 모집단 평균(mean) 사이에 차이가 없다.

② H_1: 모집단 평균 사이에 차이가 있다.

• 비대응표본 *t*-검정 과정

귀무가설을 검정하기 위하여 두 모집단 평균 μ_1과 μ_2는 같다고 가정한 후, SPSS를 이용하여 비대응표본 *t*-검정 결과가 어떻게 계산되는지 A강 지점과 B강 지점의 SS 농도 자료를 활용하여 검정과정을 설명한다.

• A강: 51.0, 37.8, 14.7, 17.8, 13.2, 12.4, 6.0, 11.8, 18.9, 12.7, 11.6, 6.6, 18.8, 39.3, 31.5, 12.7, 9.7, 6.0

• B강: 107.8, 8.1, 13.1, 16.3, 11.7, 8.1, 8.6, 32.3, 36.0, 36.1, 25.4, 48.7, 17.1

① 두 표본 평균의 차이(mean difference) 계산

$$\overline{x_1} - \overline{x_2} = 18.472 - 28.408 = -9.936 \tag{4.5}$$

② 통합 표준편차(pooled standard deviation) 계산

$$s_p = \sqrt{\frac{(n_1-1)s_1^2 + (n_2-1)s_2^2}{n_1 + n_2 - 2}} \tag{4.6}$$

$$= \sqrt{\frac{(18-1)12.8388^2 + (13-1)27.1738^2}{18+13-2}} = 20.0544$$

③ 평균 간 차이의 표준오차(standard error) 계산

$$SE(\overline{x_1} - \overline{x_2}) = s_p\sqrt{\frac{1}{n_1} + \frac{1}{n_2}} = 20.0544\sqrt{\frac{1}{18} + \frac{1}{13}} = 7.2993 \tag{4.7}$$

④ t-통계량(t-statistics) 계산

$$t = \frac{\overline{x_1} - \overline{x_2}}{SE(\overline{x_1} - \overline{x_2})} = \frac{-9.936}{7.2993} = -1.3612 \tag{4.8}$$

여기서 계산된 t-통계량과 자유도(degree of freedom)를 바탕으로 t-table에서 p-value를 찾을 수 있다. p-value는 .184이다.

⑤ 95% 신뢰구간 계산

95% 신뢰구간 계산에서 t^*는 t-table에서 자유도 $(n-2)$와 t-분산의 2.5%에 해당하는 값이다. 본 예제에서 t-table상의 자유도 29[31(전체 모니터링 데이터의 수, n)-2]와 t-분산의 2.5%에 해당하는 값은 2.045이다.

$$(\overline{x_1} - \overline{x_2}) \pm t^* \times SE(\overline{x_1} - \overline{x_2}) = -9.936 \pm 2.045 \times 7.2993 \tag{4.9}$$
$$= (4.992, -24.863)$$

표 4-3 SPSS를 활용한 비대응표본 *t*-검정 결과: Group Statistics

group	N	Mean	Std. Deviation	Std. Error Mean
1	18	18.472	12.8388	3.0261
2	13	28.408	27.1738	7.5367

표 4-4 SPSS를 활용한 비대응표본 *t*-검정 결과: Independent Samples Test

		Levene's Test for Equality of variance		*t*-test for Equality of Means						
		F	Sig.	t	df	Sig. (2-tailed)	Mean Differenc	Std. Error Difference	95% Confidence Interval of the Difference	
									Lower	Upper
SS	Equal variances assumed	2.916	.098	−1.361	29	.184	−9.9355	7.2993	−24.8643	4.9933
	Equal variances not assumed			−1.223	15.890	.239	−9.9355	8.1215	−27.1620	7.2911

2) 대응표본 *t*-검정

- 귀무가설(H_0)과 대립가설(H_1)(비대응표본 *t*-검정과 동일)

  ① H_0: 모집단 평균 사이에 차이가 없다.

  ② H_1: 보십난 평균 사이에 차이가 있다.

- 대응표본 *t*-검정 과정

귀무가설을 검정하기 위해 두 모집단의 평균 μ_1과 μ_2는 같다고 가정한 후 SPSS를 이용하여 대응표본 *t*-검정 결과가 어떻게 계산되는지 논공지점(그림 4-3)의 보 건설 이전과 이후의 SS 농도 자료를 활용하여 검정과정을 설명한다.

- 보 건설 전: 9.2, 14.3, 11.2, 21.9, 16.6, 14.5, 21.3, 21.4, 35.2, 17.2, 13.4,   6.9
- 보 건설 후: 6.0, 11.8, 18.9, 12.7, 11.6,   6.6, 18.8, 39.3, 31.5, 12.7,   9.7,   6.0
- 차이: 3.2,   2.5, −7.7,   9.2,   5.0,   7.9,   2.5, −17.9,   3.7,   4.5,   3.7,   0.9

① 각 쌍(each pair)에 대한 두 관측값의 차이 계산

$$d_i = y_i - x_i \tag{4.10}$$

② 쌍 관측값 차이 평균 계산($\bar{d}$: mean of pairwise differences)

$$\bar{d} = 1.458$$

③ $\bar{d}$에 대한 표준편차 계산 및 평균 차이에 대한 표준오차 계산

$$SE(\bar{d}) = \frac{s_d}{\sqrt{n}} = \frac{7.3695}{\sqrt{12}} = 2.127 \tag{4.11}$$

④ t-통계량 계산

$$t = \frac{\bar{d}}{SE(\bar{d})} = \frac{1.458}{2.127} = 0.686 \tag{4.12}$$

귀무가설하에서 t-통계량은 $n-1$ 자유도에 대한 t-분산을 따른다. 여기서 계산된 t-통계량과 자유도를 바탕으로 t-table에서 p-value를 찾을 수 있다. p-value는 약 .507이다.

⑤ 95% 신뢰구간 계산

95% 신뢰구간 계산에서 t^*는 t-table에서 자유도와 t-분산의 2.5%에 해당하는 값이다. 본 예제에서 t-table상의 자유도 29와 t-분산의 2.5%에 해당하는 값은 2.201이다.

$$\bar{d} \pm (t^* \times SE(\bar{d})) = 1.458 \pm (2.201 \times 2.127) = (6.141, -3.224) \tag{4.13}$$

표 4-5 SPSS를 활용한 대응표본 t-검정 결과: Paired Samples Statistics

		Mean	N	Std. Deviation	Std. Error Mean
Pair 1	BEFORE	16.925	12	7.4847	2.1606
	AFTER	15.466667	12	10.3695650	2.9934356

표 4-6 SPSS를 활용한 대응표본 t-검정 결과: Paired Samples Correlations

		N	Correlation	Sig.
Pair 1	BEFORE & AFTER	12	.704	.011

표 4-7 SPSS를 활용한 대응표본 t-검정 결과: Paired Samples Test

		Paired Differences					t	df	Sig. (2-tailed)
		Mean	Std. Deviation	Std. Error Mean	95% Confidence Interval of the Difference				
					Lower	Upper			
Pair 1	BEFORE-AFTER	1.4583333	7.3695267	2.1273991	−3.2240406	6.1407072	.686	11	.507

3) 단일표본 t-검정

단일표본(one sample) t-검정은 두 모집단 또는 두 표본집단 간의 평균 비교에 해당하는 양 표본(two sample) t-검정만큼 일반적으로 사용되는 검정방법은 아니다(Townend, 2001). 단일표본 t-검정은 한 개의 모집단 평균이 0 또는 특정한 고정값(fixed value)과 차이가 있는지를 검정한다.

• 귀무가설(H_0)과 대립가설(H_1)
① H_0: 모집단 평균과 고정값 사이에 차이가 없다.
② H_1: 모집단 평균과 고징값 사이에 차이가 있다.

• 단일표본 t-검정 과정
단일표본 t-검정은 한 개의 모집단 평균을 지정해 줄 수 있다. 만약 논공지점(그림 4-3)의 보 건설 이전과 이후의 SS 농도 차이를 한 개의 모집단으로 하고, 고정값을 0으로 할 경우 결과는 대응표본 t-검정과 같게 된다.

• 모집단: 3.2, 2.5, −7.7, 9.2, 5.0, 7.9, 2.5, −17.9, 3.7, 4.5, 3.7, 0.9
① 모집단 평균 계산($\bar{d}$: mean of a population)

$$\overline{d} = 1.458$$

② $\overline{d}$에 대한 표준편차 계산 및 평균 차이에 대한 표준오차 계산

$$SE(\overline{d}) = \frac{s_d}{\sqrt{n}} = \frac{7.3695}{\sqrt{12}} = 2.127 \tag{4.14}$$

③ t-통계량 계산(고정값 = 1일 때)

$$t = \frac{\overline{d} - 고정값}{SE(\overline{d})} = \frac{1.458 - 1}{2.127} = 0.215 \tag{4.15}$$

표 4-8 SPSS를 활용한 단일표본 t-검정 결과[고정값(μ_0)=1]: One-Sample Statistics

	N	Mean	Std. Deviation	Std. Error Mean
Diff	12	1.458333	7.3695267	2.1273991

표 4-9 SPSS를 활용한 단일표본 t-검정 결과[고정값(μ_0)=1]: One-Sample Test

	Test Value = 1					
	t	df	Sig. (2-tailed)	Mean Difference	95% Confidence Interval of the Difference	
					Lower	Upper
Diff	.215	11	.833	.4583333	−4.224041	5.140707

4) F-검정

F-검정과 t-검정의 가장 큰 차이점은 비교 대상이 분산이냐 평균이냐에 있다. 분산을 비교하면 F-검정, 평균을 비교하면 t-검정이다. t-검정은 기본적으로 등분산을 가정하고 있지만, 표본의 크기가 다른 표본 또는 모집단 평균을 비교하는 비대응표본 t-검정의 경우 F-검정 결과를 확인해야 한다(그림 4-2).

- 귀무가설(H_0)과 대립가설(H_1)

① H_0: 모집단 분산 사이에 차이가 없다.

② H_1: 모집단 분산 사이에 차이가 있다.

- F-검정 계산

F-검정은 두 개의 모집단 또는 표본집단에서 큰 분산값과 작은 분산값의 비율이며 식 (4.16)과 같이 계산된다. F-검정에서 p-value는 t-검정에서 t-table을 활용하듯, F-table을 활용한다.

$$F = \frac{\text{큰 분산값}}{\text{작은 분산값}} \tag{4.16}$$

2 어떤 데이터에 왜 사용하는가?

t-검정은 평균분석으로, 두 개의 데이터 세트가 있을 때 두 데이터 사이의 평균이 유의한 수준에서 차이를 보이느냐 보이지 않느냐를 결정하는 분석이다. 일반적으로 t-검정은 유역 환경 데이터에서 크게 네 가지 경우에 대해 수행되며, 다음과 같이 분류할 수 있다.

① 표본평균과 모평균의 비교
② 서로 다른 모평균 A와 모평균 B의 비교
③ 모집단 A의 표본평균과 모집단 B의 표본평균 간 비교
④ 한 모집단 내 두 표본 간 평균 비교

이때 유의할 점은 두 표본을 제외한 나머지 모집단 값들은 제거해야 한다는 것이다. 위의 네 가지 분류에 대한 예는 다음과 같다.

①의 경우, A강 전 구간의 연평균 SS값과 A강 중류에 위치한 보 지점의 연평균 SS값을 비교할 때,

②의 경우, A강 중류 구간의 연평균 SS값과 B강 중류 구간의 연평균 SS값을 비교할 때,

③의 경우, A강 중류에 위치한 보 지점의 SS 평균값과 B강 중류에 위치한 보 지점의 SS

평균값을 비교할 때,

④의 경우, A강 중류에 위치한 보 상류 지점과 보 하류 지점의 SS 평균값을 비교할 때에 해당한다.

t-검정을 이용하는 이유는 두 평균을 비교할 때 가장 객관적인 결과값을 보여주기 때문이다. 두 데이터의 평균과 표준편차로는 두 데이터가 통계적으로 차이가 있는지 없는지를 확인하는 데 한계가 있을 수 있지만, t-검정은 최종적으로 p-value를 제시해 준다. 제시된 p-value는 .05를 기준으로 통계적으로 유의한 수준에서 두 평균값에 차이가 있는지 없는지에 대한 판단 수단이며, 객관적인 판단의 기준이 된다고 할 수 있다.

3 어떻게 결과를 얻는가?

t-검정 결과는 여러 상용화된 통계 프로그램 및 통계 기능을 지원하는 프로그램을 사용하여 얻을 수 있다. 이 장에서는 SPSS 프로그램과 MATLAB 프로그램을 사용한다.

3-1 SPSS

1) 비대응표본 t-검정

(1) 데이터 입력
'Ch 04_t-test' 폴더에 있는 예제파일 'unpaired-ttest.xlsx'를 SPSS Statistics Data Editor 창으로 불러온다. 'unpaired-ttest.xlsx' 파일의 속성은 A강 지점과 B강 지점의 SS 농도에 대한 자료이며, 데이터의 수가 다른 경우이다.

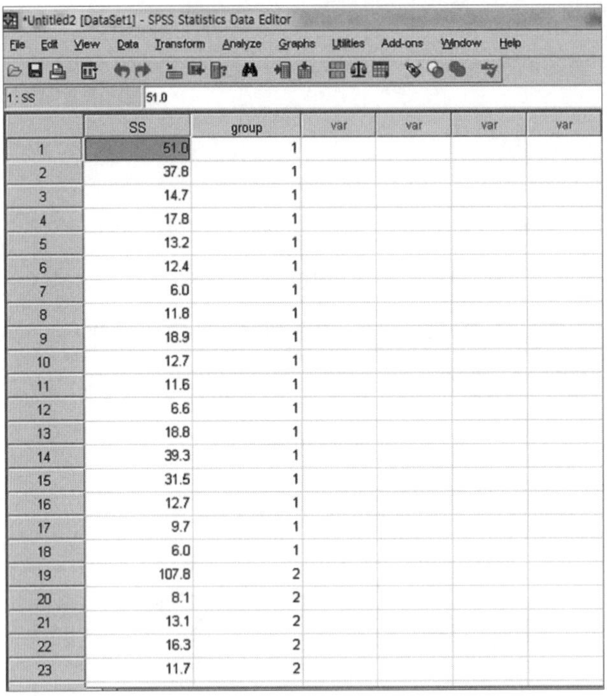

그림 4-5 데이터가 입력된 SPSS Statistics Data Editor 창의 화면

(2) 비대응표본 *t*-검정 수행

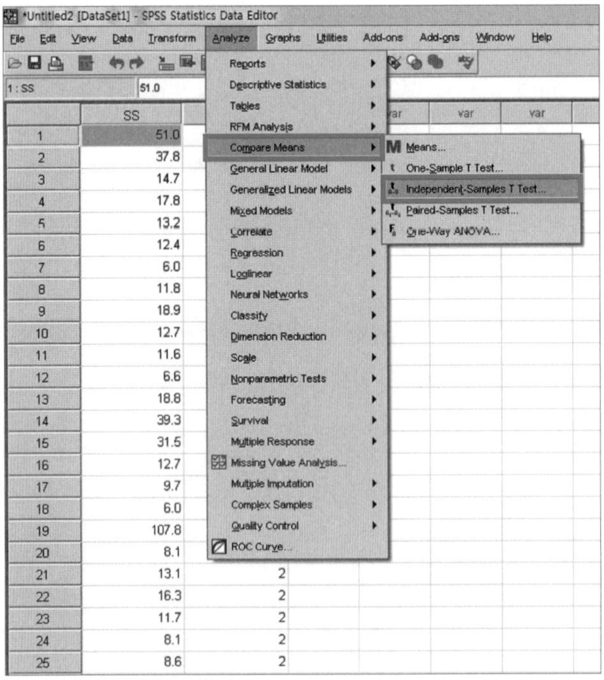

그림 4-6 비대응표본 *t*-검정을 수행하기 위한 경로

• 검정 순서

메뉴에서 [Analyze] → [Compare Means] → [Independent-Samples T Test](단축키 Alt + A, M, T) 순서로 진행하면 그림 4-7과 같은 창이 열린다.

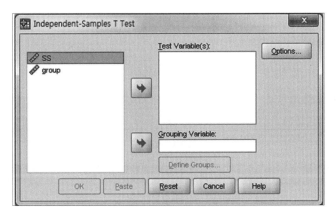

그림 4-7 비대응표본 *t*-검정 실행 첫 화면

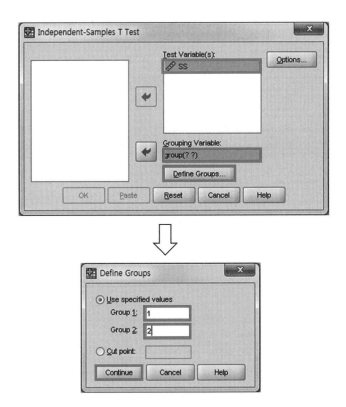

그림 4-8 Grouping Variable 설정

입력된 데이터의 변수 'SS'를 'Test Variable(s):' 칸에 입력하고, 변수 'group'을 'Grouping Variable:' 칸으로 옮긴다. grouping 변수는 'Independent-Samples T Test' 창의 'Define Groups..' 버튼을 눌러서 'Use specified values'의 'Group 1:'과 'Group 2:'에 각각 '1'과 '2'로 그룹을 정해준다. 물론 '1', '2'라는 숫자는 'unpaired-ttest.xlsx' 파일의 Column B에 있는 index 값이다. 따라서 이 값은 데이터를 분석하고자 하는 연구자의 필요에 따라 변할 수 있다. 그룹을 설정하고 'Continue' 버튼과 'OK' 버튼을 누르면 'Output' 창이 활성화되면서 비대응표본 t-검정 결과가 출력된다. 'Use specified values'에 'Group 1:'과 'Group 2:' 두 개만 존재하는 이유는 t-검정 자체가 두 개의 모평균 또는 표본평균 간의 비교이기 때문이다.

표 4-10 SPSS를 활용한 비대응표본 t-검정 결과: Group Statistics

	group	N	Mean	Std. Deviation	Std. Error Mean
SS	1	18	18.472	12.8388	3.0261
	2	13	28.408	27.1738	7.5367

표 4-11 SPSS를 활용한 비대응표본 t-검정 결과: Independent Samples Test

		Levene's Test for Equality of Variances		t-test for Equality of Means						95% Confidence Interval of the Difference	
		F	Sig.	t	df	Sig. (2-tailed)	Mean Difference	Std. Error Difference		Lower	Upper
SS	Equal variances assumed	2.916	.098	−1.361	29	.184	−9.9355	7.2993		−24.8643	4.9933
	Equal variances not assumed			−1.223	15.890	.239	−9.9355	8.1215		−27.1620	7.2911

검정 결과 'Output' 창에는 총 2개의 표가 나타나는데, 표 4-10은 Group Statistics로서 그룹별 데이터[A강(1), B강(2)]의 수, 평균, 표준편차 및 표준오차에 대한 정보가 포함되어 있으며, Group 1과 Group 2의 데이터 수가 서로 다르다는 것을 확인할 수 있다. 데이터 수가 다르고 데이터 획득 지점이 서로 다르기 때문에 비대응표본 조건이며, 이는 등분산 또는 이분산이기 때문에 이들의 분산 정도를 F-검정을 통해 확인해야 한다. 표 4-11은 Independent

Samples Test 결과로서 t-통계량, 자유도, p-value, 평균 차이, 표준오차 차이 및 95% 신뢰구간이 제시되어 있다.

결과 해석 t-검정 결과 p-value는 .184로 $p>.05$인 것으로 나타났다. 이를 통해 A강 지점과 B강 지점의 SS 농도는 통계적으로 유의한 수준에서 차이가 없다고 결론을 내릴 수 있다. 또한, F-검정 결과 p-value가 .098로 $p>.05$인 것으로 나타났기 때문에, 각 표본 모집단의 분산 사이에는 유의한 수준에서 차이가 없다는 것을 알 수 있다.

2) 대응표본 t-검정

(1) 데이터 입력

'Ch 04_t-test' 폴더에 있는 예제파일 'paired-ttest.xlsx'를 SPSS Statistics Data Editor 창으로 불러온다. 'paired-ttest.xlsx' 파일의 속성은 보 상류에 위치한 '논공' 지점에서 보 건설 이전의 SS 농도와 보 건설 이후의 SS 농도이다.

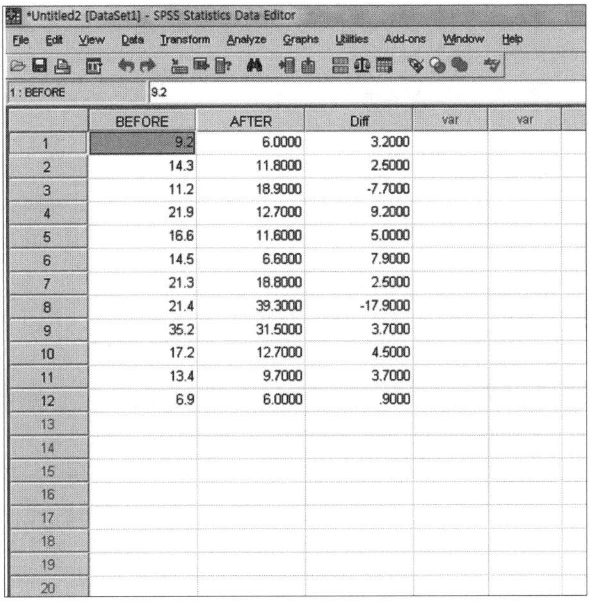

	BEFORE	AFTER	Diff	var	var
1	9.2	6.0000	3.2000		
2	14.3	11.8000	2.5000		
3	11.2	18.9000	-7.7000		
4	21.9	12.7000	9.2000		
5	16.6	11.6000	5.0000		
6	14.5	6.6000	7.9000		
7	21.3	18.8000	2.5000		
8	21.4	39.3000	-17.9000		
9	35.2	31.5000	3.7000		
10	17.2	12.7000	4.5000		
11	13.4	9.7000	3.7000		
12	6.9	6.0000	.9000		
13					
14					
15					
16					
17					
18					
19					
20					

그림 4-9 데이터가 입력된 SPSS Statistics Data Editor 창의 화면

(2) 대응표본 *t*-검정 수행

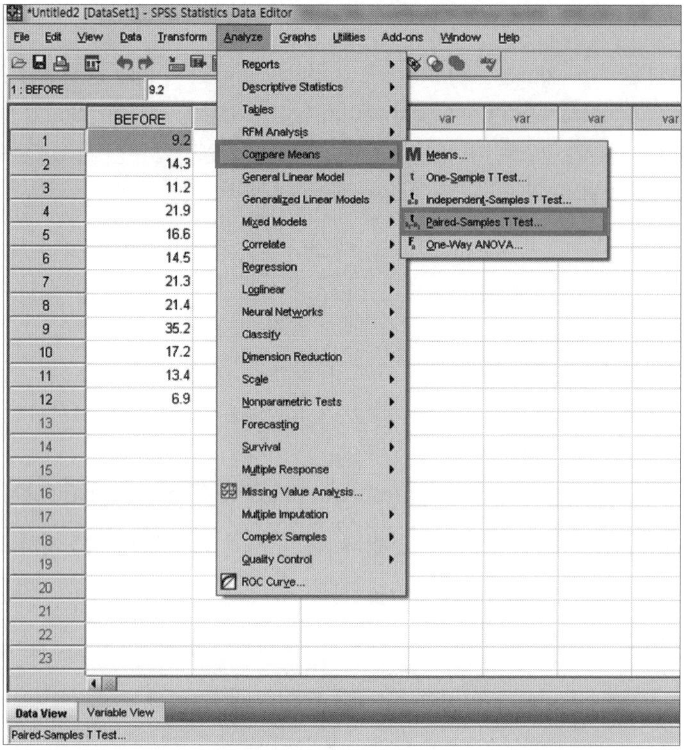

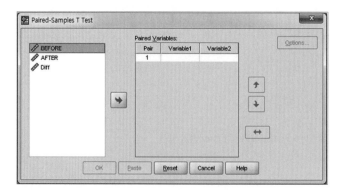

그림 4-10 대응표본 *t*-검정을 수행하기 위한 기본 경로

• 검정 순서

메뉴에서 [Analyze] → [Compare Means] → [Paired Samples T Test](단축키 Alt + A, M, P)
순서로 진행하면 그림 4-11과 같은 창이 열린다.

그림 4-11 대응표본 *t*-검정 실행 시 첫 화면

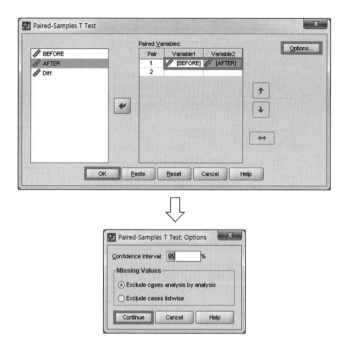

그림 4-12 변수 입력 및 옵션 내용

　　입력된 데이터의 변수 'BEFORE'를 'Paired Variables:' 칸의 'Variable1'에 입력하고, 변
수 'AFTER'를 'Variable2'에 입력한다. 'Options' 버튼을 누르면 'Confidence Interval' 설
정과 'Missing Values'(결측치)를 어떻게 처리할 것인지 선택할 수 있는 버튼이 나타난다(그
림 4-12). 특별한 경우가 아닐 경우 초기값에 해당하는 95%와 'Exclude cases analysis by
analysis'를 선택한다. 'Continue' 버튼을 누른 후 'Paired-Samples T Test' 창에서 'OK' 버
튼을 누르면, 'Output' 창이 활성화되면서 표 4-12~4-14와 같은 *t*-검정 결과값이 나타난다.

표 4-12 SPSS를 활용한 대응표본 *t*-검정 결과: Paired Samples Statistics

		Mean	N	Std. Deviation	Std. Error Mean
Pair 1	BEFORE	16.925	12	7.4847	2.1606
	AFTER	15.466667	12	10.3695650	2.9934356

표 4-13 SPSS를 활용한 대응표본 *t*-검정 결과: Paired Samples Correlations

		N	Correlation	Sig.
Pair 1	BEFORE & AFTER	12	.704	.011

표 4-14 SPSS를 활용한 대응표본 *t*-검정 결과: Paired Samples Test

		Paired Differences					t	df	Sig. (2-tailed)
		Mean	Std. Deviation	Std. Error Mean	95% Confidence Interval of the Difference				
					Lower	Upper			
Pair 1	BEFORE-AFTER	1.4583333	7.3695267	2.1273991	−3.2240406	6.1407072	.686	11	.507

검정 결과 위와 같이 총 3개의 표가 나타나는데, 표 4-12는 'Paired Samples Statistics'로, 두 비교 대상 데이터(BEFORE, AFTER)의 평균, 데이터 수, 표준편차 및 표준오차에 대한 정보를 포함하고 있다. 표 4-13은 'Paired Samples Correlations'로, 데이터 수(12), 두 데이터 간의 상관관계(.704) 및 *p*-value(.011)가 제시되어 있다. 표 4-14는 'Paired Samples Test'로, 두 그룹 간 평균 차이, 표준편차 차이, 표준오차 차이의 평균, 95% 신뢰구간 차이, *t*-통계량, 자유도 및 *p*-value가 제시되어 있다.

> **결과 해석** *t*-검정 결과 *p*-value는 .507로 *p* > .05로 나타났다. 이를 통해 '논공' 지점의 보 건설 이전과 이후의 SS 농도는 통계적으로 유의한 수준에서 차이가 없다고 결론을 내릴 수 있다.

3) 단일표본 *t*-검정

(1) 데이터 입력

'Ch 04_*t*-test' 폴더에 있는 예제파일 'paired-ttest.xlsx'를 SPSS Statistics Data Editor 창으로 불러온다. 'paired-ttest.xlsx' 파일 중 단일표본 *t*-검정에서 필요한 부분은 Diff 변수 부분이다.

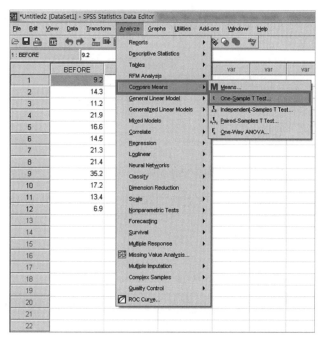

그림 4-13 데이터가 입력된 SPSS Statistics Data Editor 창의 화면

(2) 단일표본 *t*-검정 수행

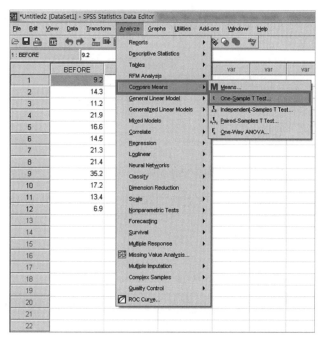

그림 4-14 단일표본 *t*-검정을 수행하기 위한 기본 경로

• 검정 순서

메뉴에서 [Analyze] → [Compare Means] → [One-Sample T Test](단축키 Alt + A, M, S) 순
서로 진행하면 그림 4-15와 같은 창이 열린다.

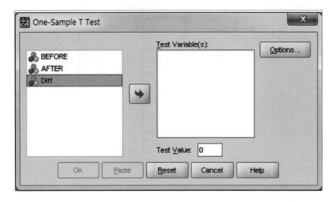

그림 4-15 단일표본 *t*-검정 실행 시 첫 화면

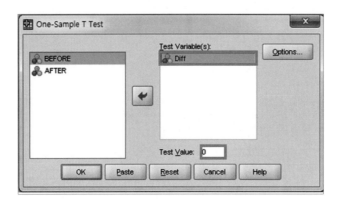

그림 4-16 변수 입력 및 옵션 내용

입력된 데이터의 변수 'Diff'를 'Test Variables:' 칸에 입력하고, 'Test Value:'에 고정값
(default: 0)을 입력한 후 'OK' 버튼을 누른다. 그러면 'Output' 창이 활성화되면서 표 4-15,
4-16과 같은 *t*-검정 결과값이 나타난다.

표 4-15 SPSS를 활용한 단일표본 *t*-검정 결과: One-Sample Statistics

	N	Mean	Std. Deviation	Std. Error Mean
Diff	12	1.458333	7.3695267	2.1273991

표 4-16 SPSS를 활용한 단일표본 *t*-검정 결과: One-Sample Test

| | Test Value = 0 | | | | | |
| | t | df | Sig. (2-tailed) | Mean Difference | 95% Confidence Interval of the Difference | |
					Lower	Upper
Diff	.686	11	.507	1.4583333	−3.224041	6.140707

검정 결과 위와 같이 총 2개의 표가 나타난다. 표 4-15는 'One-Sample Statistics'로, 샘플 데이터의 수, 평균, 표준편차 및 표준오차에 대한 정보를 포함하고 있다. 표 4-16은 'One-Sample Test'로, 고정값과 평균의 차이, 95% 신뢰구간 차이, *t*-통계량, 자유도 및 *p*-value가 제시되어 있다.

> **결과 해석** *t*-검정 결과 *p*-value는 .507로 $p > .05$로 나타났다. 이를 통해 '논공' 지점의 보 건설 이전과 이후의 SS 농도 차이 1.458 mg/L는 통계적으로 유의한 수준에서 0.000 mg/L와 차이가 없다고 결론을 내릴 수 있다.

3-2 MATLAB

1) 비대응표본 *t*-검정

MATLAB에서 데이터를 입력하는 방법은 2장에서 언급했듯이 m-file Editor 창에서 기본적인 코드를 작성하면 된다. 비대응표본 *t*-검정을 수행하기 위한 기본 코드는 다음과 같다.

```
% unpaired ttest
[h,p,ci]=ttest2(A,B,alpha,tail);
```

출력값 h는 '0' 또는 '1'로 나타나는데, '0'일 경우는 귀무가설이 5% 유의수준(significant level)에서 기각될 수 없음을 의미하고, '1'일 경우는 귀무가설이 5% 유의수준에서 기각될 수 있음을 의미한다. 출력값 p는 유의수준을 나타내며, ci는 데이터 'A' 또는 'A-B' 데이터에 대한 신뢰구간(confidence interval)을 의미한다.

입력값 A와 B는 입력하고자 하는 변수이며, alpha는 *p*-value로서 기본값으로 0.05를 입력한다. tail은 단측검정인지 양측검정인지를 지정하는 부분이며, 양측검정일 경우 both를, 단측검정일 경우 right 또는 left를 입력한다. tail은 반드시 문자열(single string)로 입력해야 한다.

MATLAB Editor 창의 비대응표본 *t*-검정을 하기 위한 최종 입력은 다음과 같으며, 실행 결과는 그림 4-17과 같다. SPSS와의 차이점은 SPSS의 비대응표본 *t*-검정의 경우 비교하고자 하는 두 데이터를 한 Column에 배치한 후 Index 숫자를 부여하여 Group을 형성하였으나, MATLAB에서는 SPSS의 대응표본 *t*-검정에서와 같은 형태의 데이터를 사용하면 된다.

```
close all; clear all; clc;
[a b c]=xlsread('unpaired-ttest_MATLAB.xlsx');


% data load
A=xlsread('unpaired-ttest_MATLAB.xlsx','A:A');
B=xlsread('unpaired-ttest_MATLAB.xlsx','B:B');


% unpaired ttest
[h,p,ci]=ttest2(A,B,0.05,'both');


CC = {'h' 'p' 'ci'[h] [p] [ci]}
```

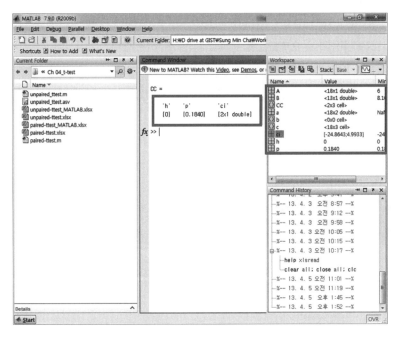

그림 4-17 MATLAB의 비대응표본 *t*-검정 실행 결과

그림 4-17의 결과를 보면, 출력된 결과값이 SPSS의 결과값과 일치함을 확인할 수 있다. 따라서 결론은 SPSS에서 내린 것과 같다.

> **결과 해석** *t*-검정 결과 *p*-value는 .184로 *p* > .05로 나타났다. 이를 통해 A강 지점과 B강 지점의 SS 농도는 통계적으로 유의한 수준에서 차이가 없다고 결론을 내릴 수 있다.

2) 대응표본 *t*-검정

대응표본 *t*-검정을 하기 위한 기본 코드는 다음과 같다.

```
% paired ttest
[h,p,ci]=ttest(A,B,alpha,tail);
```

비대응표본 *t*-검정과 마찬가지로 출력값 h는 '0' 또는 '1'로 나타나는데, '0'일 경우는 귀무가설이 5% 유의수준에서 기각될 수 없음을 의미하고, '1'일 경우는 귀무가설이 5% 유의수준에서 기각될 수 있음을 의미한다. 출력값 p는 유의수준을 나타내며, ci는 데이터 'A' 또는

'A-B' 데이터에 대한 신뢰구간을 의미한다. MATLAB Editor 창의 대응표본 *t*-검정을 하기 위한 최종 입력은 다음과 같으며, 실행 결과는 그림 4-18과 같다.

```
close all; clear all; clc;
[a b c]=xlsread('t-test_01.xlsx');

% data load
A=xlsread('t-test_01.xlsx','A:A');
B=xlsread('t-test_01.xlsx','B:B');

% paired ttest
[h,p,ci]=ttest(A,B,0.05,'both');

CC = {'h' 'p' 'ci'[h] [p] [ci]}
```

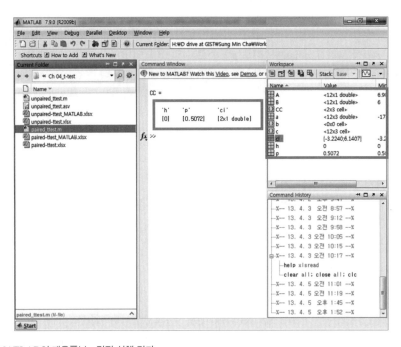

그림 4-18 MATLAB의 대응표본 *t*-검정 실행 결과

그림 4-18의 결과를 보면, 출력된 결과값이 SPSS 결과값과 일치함을 확인할 수 있다. 따라서 결론은 SPSS에서 내린 것과 같다.

> **결과 해석** *t*-검정 결과 *p*-value는 .507로 *p* > .05로 나타났다. 이를 통해 '논공' 지점의 보 건설 이전과 이후의 SS 농도는 통계적으로 유의한 수준에서 차이가 없다고 결론을 내릴 수 있다.

 ## 어떻게 해석하는가?

t-검정 결과 해석에는 *p*-value를 사용한다. 어떤 데이터가 주어질 때 *t*-검정을 사용하여 *p*-value를 얻게 되면, 그에 대한 해석은 일반적으로 다음과 같이 설명할 수 있다.

4-1 단일표본(one-tailed) *t*-검정 결과의 해석

① 어떤 모집단의 평균이 1.0이고 표본집단의 평균이 1.5일 때, 단일표본 *t*-검정의 결과가 *p*-value > .05일 경우 다음과 같이 결론을 내릴 수 있다.
➡ 표본집단의 평균은 유의한 수준에서 평균 1.0과 다르지 않다($p > .05$).

② 어떤 모집단의 평균이 1.0이고 표본집단의 평균이 1.5일 때, 단일표본 *t*-검정의 결과가 *p*-value ≤ .05일 경우 다음과 같이 결론을 내릴 수 있다.
➡ 표본집단의 평균은 유의한 수준에서 평균 1.0보다 크다($p ≤ .05$).

4-2 양 표본(two-tailed) *t*-검정 결과의 해석

① 어떤 모집단 A의 표본평균이 1.0이고 모집단 B의 표본평균이 1.5일 때, 양 표본 *t*-검정의 결과가 *p*-value > .05일 경우 다음과 같이 결론을 내릴 수 있다.
➡ 두 집단의 평균은 유의한 수준에서 다르지 않다($p > .05$).

② 어떤 모집단 A의 표본평균이 1.0이고 모집단 B의 표본평균이 1.5일 때, 양 표본 *t*-검정의

결과가 *p*-value≤.05일 경우 다음과 같이 결론을 내릴 수 있다.

➡ 두 집단의 평균은 유의한 수준에서 다르다(*p*≤.05).

4-3 비대응표본(unpaired) *t*-검정 결과의 해석

① 어떤 표본 A의 평균이 1.0이고 표본 B의 평균이 1.5일 때, 비대응표본 *t*-검정의 결과가 *p*-value>.05일 경우 다음과 같이 결론을 내릴 수 있다.

➡ 두 표본의 평균 사이에는 유의한 수준에서 차이가 없다(*p*>.05).

② 어떤 표본 A의 평균이 1.0이고 표본 B의 평균이 1.5일 때, 비대응표본 *t*-검정의 결과가 *p*-value≤.05일 경우 다음과 같이 결론을 내릴 수 있다.

➡ 표본 B의 평균은 표본 A의 평균보다 유의한 수준에서 크다(*p*≤.05).

4-4 대응표본(paired) *t*-검정 결과의 해석

① 어떤 표본 A의 평균이 1.0이고 표본 B의 평균이 1.5일 때, 대응표본 *t*-검정의 결과가 *p*-value>.05일 경우 다음과 같이 결론을 내릴 수 있다.

➡ 두 표본의 평균 사이에는 유의한 수준에서 차이가 없다(*p*>.05).

② 어떤 표본 A의 평균이 1.0이고 표본 B의 평균이 1.5일 때, 대응표본 *t*-검정의 결과가 *p*-value≤.05일 경우 다음과 같이 결론을 내릴 수 있다.

➡ 표본 B의 평균은 표본 A의 평균보다 유의한 수준에서 크다(*p*≤.05).

4-5 단측(one sample) *t*-검정 결과의 해석

① 어떤 모집단의 평균이 1.0(test value: 알려진 특정값)이고 단측 *t*-검정의 결과가 *p*-value>.05일 경우, 표본평균이 1.5라면 다음과 같이 결론을 내릴 수 있다.

➡ 표본평균 1.5는 모집단 평균(또는 알려진 평균) 1.0에 비해 유의한 수준에서 차이가 없다 (*p*>.05).

② 어떤 모집단의 평균이 1.0(test value: 알려진 특정값)이고 단측 t-검정의 결과가 p-value≤.05일 경우, 표본평균이 1.5라면 다음과 같이 결론을 내릴 수 있다.

➡ 표본평균 1.5는 모집단 평균(또는 알려진 평균) 1.0보다 유의한 수준에서 크다(p≤.05).

4-6 F-검정 결과의 해석

① 어떤 표본 A의 분산이 264이고 표본 B의 분산이 189일 때, F-검정의 결과가 p-value>.05일 경우, 다음과 같이 결론을 내릴 수 있다.

➡ 두 표본 모집단의 분산 사이에는 유의한 수준에서 차이가 없다(p>.05).

② 어떤 표본 A의 분산이 264이고 표본 B의 분산이 189일 때, F-검정의 결과가 p-value≤.05일 경우, 다음과 같이 결론을 내릴 수 있다.

➡ 표본 A의 분산은 표본 B의 분산보다 유의한 수준에서 크다(p≤.05).

■ 참고문헌

1. Brown, L. C., Berthouex, P. M. (2002). *Statistics for Environmental Engineers*(2nd ed.). CRC Press.

2. Mustapha, A. & Aris, A. Z. (2012a). Spatial aspects of surface water quality in the Jakara Basin, Nigeria using chemometric analysis. *Journal of Environmental Science and Health part A*, 47(10), 1455–1465.

3. Mustapha, A., Aris, A. Z., Ramli, M. F. & Juahir, H. (2012b). Temporal aspects of surface water quality variation using robust statistical tools. *Scientific World Journal*, 2012, Article ID 294540. (online published journal).

4. Rice, J. A. (2006). *Mathematical Statistics and Data Analysis*, 3rd edition. Duxbury Advanced.

5. Stednick, J. D. (1991). *Wildland Water Quality Sampling and Analysis.* Academic Press, Inc.

6. Townend, J. (2001). *Practical Statistics for Environmental and Biological Scientists.* West Sussex: John Wiley & Sons Ltd.

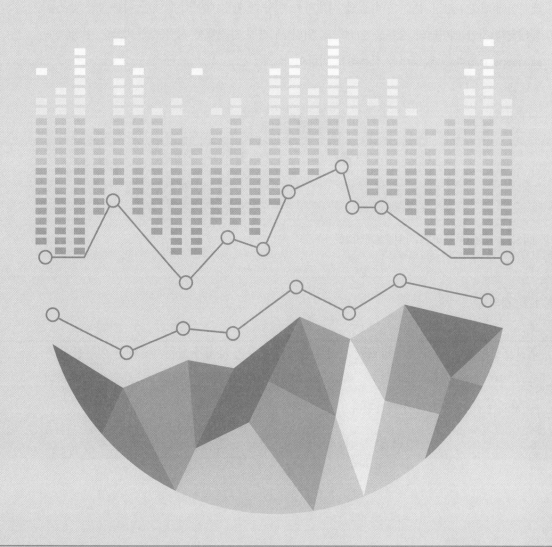

5장

분산분석
analysis of variance(ANOVA)

1 분산분석이란?

t-검정의 기본 가정은 데이터의 무작위성, 독립성 및 정규분포라는 사실을 앞에서 설명하였다. 하지만 환경 데이터의 특성 중 하나는 이러한 가정을 모두 만족시키기가 어렵다는 점이다. 특히 환경공학자, 토목공학자 또는 지질공학자는 현장에서 어떤 특정한 데이터를 모니터링할 때 1장에서 언급한 바와 같이 특정 목적을 갖고 모니터링을 수행한다. 예를 들어 강우 시 발생하는 강우 유출수를 샘플링할 경우, 이러한 모니터링은 일반적인 상황이 아닌 특수한 상황에 해당된다. 이러한 조건의 모니터링 결과는 연구자의 의도와 목적이 포함되어 있기 때문에 독립성의 조건에 위배되며, 데이터를 전반적으로 취합했을 때 상당수의 경우에서 왜곡 또는 편향된(skewed) 데이터를 갖는 비정규분포를 보이게 된다. 그럼에도 불구하고 환경 데이터에 대해 *t*-검정, 분산분석 등을 시행하는 이유는 환경 데이터에 대한 이론적인 접근을 통해 전반적인 데이터의 경향을 이해하고 위의 세 가지 가정에서 자유로운 비모수 검정(non-parametric test)과 같은 방법을 적용하기 위함이다.

그림 5-1 두 그룹 사이를 비교하기 위한 통계적 기법

1-1 정의

분산분석은 둘 이상의 집단의 평균 사이에 유의한 수준의 차이가 있는지에 대한 여부를 평가하는 방법이다(Sandahl et al., 2007; Xiao et al., 2012). 분산분석의 평가는 *F*-value를 사용하며 *F*-value는 식 (5.1)과 같이 계산된다.

$$F = \frac{\text{집단 간 분산}}{\text{집단 내 분산}} \tag{5.1}$$

SPSS 또는 기타 소프트웨어를 사용하여 얻어지는 F-value에 대한 계산과정은 다음과 같다.

표 5-1 계절별 수온 측정값(일원분산분석 예제파일)

	계절(1)	계절(2)	계절(3)	계절(4)
	7	22	22	6
	8.3	22.3	24	7.6
	9.8	23.5	24.4	7.8
	10	23.8	24.6	7.8
	11	24	25	9
	11.5	25	26.2	10.3
	12	25.6	26.2	11.5
	12	26	26.5	12
	13	27	27	12
	13	28	29	14
$\sum x$	107.6	247.2	254.9	98
$\sum x^2$	1193.18	6145.34	6530.65	1018.78

- N=40(총측정 데이터 수)
- k=4(총그룹 수)
- total df(자유도) = N−1 = 40−1 = 39
- group df(자유도) = k−1 = 4−1 = 3
- error df(자유도) = N−k = 40−4 = 36

① CF(Correction Factor) 계산

$$CF = \frac{(\sum x)^2}{N} = \frac{(707.7)^2}{40} = 12520.98$$

② SS Total(Sum of Squares Total Value) 계산

$$SS\ Total = \sum x^2 - CF = 14887.95 - 12520.98 = 2366.97$$

③ SS Group(Sum of Square Group value) 계산

$$SS\ Group = \sum \frac{(\sum x)^2}{n} - CF = \frac{(107.6)^2}{10} + \cdots + \frac{(98)^2}{10} - 12520.98 = 2205.379$$

④ SS Error(Sum of Squares Error value) 계산

$$SS\,Error = SS\,Total - SS\,Group = 2366.97 - 2205.379 = 161.591$$

⑤ MSG(Mean Square Group value) 계산

$$MSG = \frac{SS\,Group}{df\,Group} = \frac{2205.379}{3} = 735.126$$

⑥ MSE(Mean Square Error value) 계산

$$MSE = \frac{SS\,Error}{df\,Error} = \frac{161.591}{36} = 4.489$$

⑦ F-value 계산

$$F = \frac{MSG}{MSE} = \frac{735.126}{4.489} = 163.762$$

95% 신뢰구간에 대해 Nominator df(36)와 Numerator df(3)를 사용하여 F-table에서 읽으면 약 2.89가 나온다. 실제 계산된 F-value는 163.762이고 이에 따른 p-value는 .000이기 때문에 H_0, 즉 계절별 온도 차이가 없다는 가설은 기각된다. 따라서 그룹 간 모든 수온의 평균은 같지 않다고 결론을 내릴 수 있다. 이 분석과 관련된 상세 내용은 SPSS와 MATLAB 활용에서 다시 언급한다.

1-2 제한 및 가정

분산분석을 수행하기 위해 데이터는 다음과 같은 조건을 만족해야 한다(Snedecor & Cochran, 1967; Townend, 2002).

- 무작위 표본(random sampling)
- 독립성(independent measurement or observations)
- 정규분포(normal distributions)
- 등분산(homogeneity of variance)

1-3 이해의 예

- 한국, 일본, 중국 학생들 사이의 감성지수(Emotion Quotient, EQ) 비교
- 서로 다른 3개 유역(watershed)에서 발생하는 연간 오염물질 부하량 차이 분석(Sliva & Williams, 2001)
- 한 저수지에서 다른 지점과 계절에 따른 수질 차이 분석(Akbulut et al., 2010)

1-4 분산분석의 종류

분산분석은 분석 대상의 독립변수에 따라 그림 5-2와 같이 일원분산분석, 이원분산분석, 그리고 다원분산분석으로 분류된다. 일원분산분석은 독립변수 1개와 종속변수 1개를 비교할 때, 이원분산분석은 독립변수 2개와 종속변수 1개를 비교할 때, 그리고 다원분산분석은 3개 이상의 독립변수와 종속변수 1개를 비교할 때 사용된다. 즉, 분산분석의 종류는 독립변수의 수에 따라 결정된다.

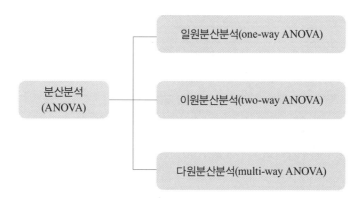

그림 5-2 분산분석의 종류

1) 일원분산분석(one-way ANOVA)

일원분산분석은 독립변수 1개와 종속변수 1개를 비교하기 때문에 t-검정과 같다. 따라서 SPSS에서 일원분산분석은 그림 5-3과 같이 '평균비교' 그룹에 포함되어 있다.

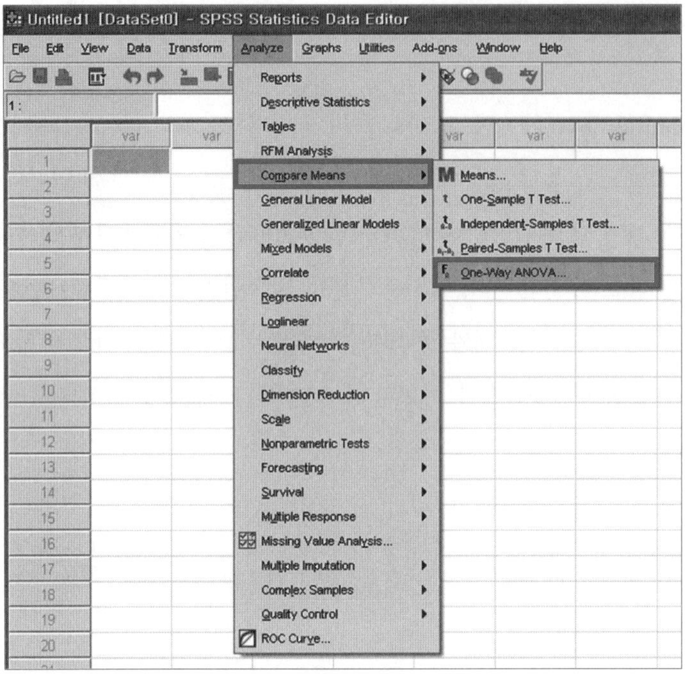

그림 5-3 SPSS에서 일원분산분석(one-way ANOVA)이 위치한 그룹

일원분산분석의 귀무가설(H_0)과 대립가설(H_1)은 다음과 같다.

- H_0: 표본들은 모두 동일한 평균을 갖는 모집단에서 왔다.

　　($\mu_1 = \mu_2 = \cdots = \mu_n$,　μ: 모집단 평균)
- H_1: 표본들은 모두 동일한 평균을 갖는 모집단에서 오지 않았다.

2) 이원분산분석(two-way ANOVA)

이원분산분석의 귀무가설(H_0)과 대립가설(H_1)은 다음과 같다.

- H_0: 요인 1은 모집단 평균에 대해 어떠한 영향도 주지 않는다.
- H_1: 요인 1은 모집단 평균에 대해 영향을 준다.

- H_0: 요인 2는 모집단 평균에 대해 어떠한 영향도 주지 않는다.
- H_1: 요인 2는 모집단 평균에 대해 영향을 준다.

- H_0: 요인 1과 요인 2 사이에 어떠한 상호 영향도 없다
- H_1: 요인 1과 요인 2 사이에 상호 영향이 있다.

 ## 어떤 데이터에 왜 사용하는가?

분산분석은 기본적으로 평균분석이며, 2개 또는 그 이상의 데이터 세트가 있을 때 두 데이터 사이의 평균이 유의한 수준에서 차이를 보이느냐 보이지 않느냐를 결정하는 분석이다. 일원분산분석은 t-검정의 확장 개념과 같다. 일원분산분석에서 귀무가설은, 모든 모집단은 동일한 평균을 갖고 있다는 것이다.

분산분석을 수행하는 이유는 둘 이상의 데이터에 대한 평균을 비교할 때 가장 객관적인 결과값을 보여주기 때문이다. t-검정도 평균의 비교이지만, t-검정은 1:1 비교에 제한되기 때문에 여러 개의 독립변수가 존재할 경우 동일한 작업을 여러 번 수행해야 한다. 또한 t-검정은 독립변수 내부의 상호작용에 대한 영향 평가를 수행할 수 없다. 반면에, 분산분석은 여러 독립변수가 상호작용할 때, 이들을 종속변수와 비교하여 결과값을 p-value로 제시해준다. 분산분석의 결과로 제시된 p-value는 t-검정과 같이 .05를 기준으로 통계적으로 유의한 수준에서 두 평균값에 차이가 있는지 없는지에 대한 의사 판단의 도구로서 역할을 한다.

분산분석은 기본적으로 평균을 비교하는 분석이다. 따라서 t-검정과 마찬가지로 평균 비교가 가능한 어떤 종류의 데이터에도 적용이 가능하다. 평균 비교가 가능하기 위해서 두 데이터는 서로 독립적이어야 하고 무작위 추출에 의해 분석된 표본이어야 한다. 데이터는 반드시 1개의 종속변수만 있어야 하며, 비교 대상의 데이터에 하나의 독립변수가 있을 경우 일원분산분석, 2개의 독립변수가 있을 경우 이원분산분석, 그 이상의 독립변수가 있을 경우 다원분산분석을 수행한다.

3 어떻게 결과를 얻는가?

분산분석의 결과를 얻기 위해 여러 통계 프로그램(예: SPSS, SAS, R, MATLAB stat toolbox, SYSTAT 등)을 사용할 수 있으며, SPSS와 MATLAB의 경우 다음과 같은 절차에 의해 결과를 얻을 수 있다.

3-1 SPSS

1) 일원분산분석(one-way ANOVA)

(1) 데이터 입력

'Ch 05_ANOVA' 폴더에 있는 예제파일 'ONE_ANOVA.xlsx'를 SPSS Statistics Data Editor 창으로 불러온다. 'ONE_ANOVA.xlsx' 파일의 속성은 'Haksan' 지역의 10년간 계절별 수온 자료이다. 여기서 종속변수는 'Temp'이며 독립변수는 'Season'이다. Season은 1, 2, 3, 4의 값들로 구성되어 있으며, 이들은 각각 봄, 여름, 가을, 겨울을 의미한다.

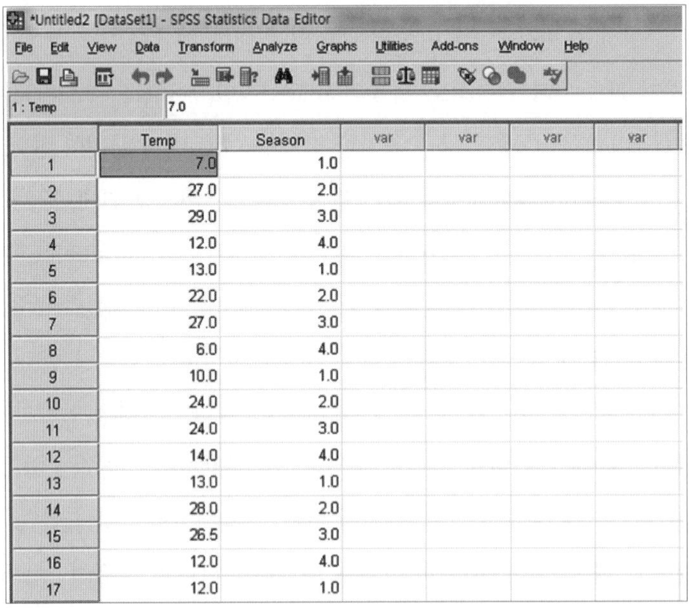

	Temp	Season	var	var	var	var
1	7.0	1.0				
2	27.0	2.0				
3	29.0	3.0				
4	12.0	4.0				
5	13.0	1.0				
6	22.0	2.0				
7	27.0	3.0				
8	6.0	4.0				
9	10.0	1.0				
10	24.0	2.0				
11	24.0	3.0				
12	14.0	4.0				
13	13.0	1.0				
14	28.0	2.0				
15	26.5	3.0				
16	12.0	4.0				
17	12.0	1.0				

그림 5-4 데이터가 입력된 SPSS Statistics Data Editor 창의 화면

(2) 일원분산분석 수행

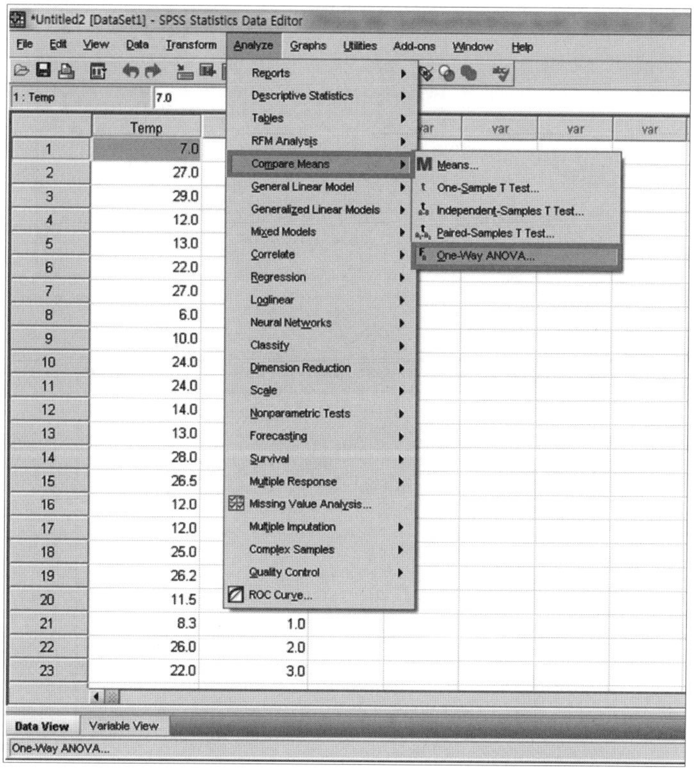

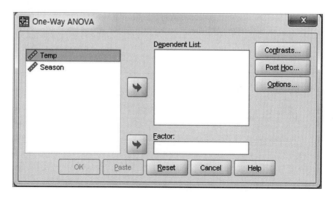

그림 5-5 일원분산분석을 수행하기 위한 기본 경로

• 분석 순서

메뉴에서 [Analyze] → [Compare Means] → [One-Way ANOVA](단축키 Alt + A, M, O) 순서
로 진행하면(그림 5-5) 그림 5-6과 같은 창이 열린다.

그림 5-6 일원분산분석 실행 시 첫 화면

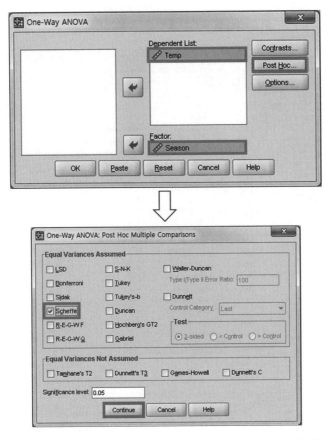

그림 5-7 일원분산분석 실행 시 종속변수와 독립변수의 입력 및 사후검정(Post Hoc Analysis) 설정창

입력된 데이터의 변수 'Temp'를 'Dependent List:' 칸에 입력하고, 변수 'Season'을 'Factor:' 칸에 입력한다. 'Factor'는 데이터 분석자가 원하는 비교 대상 그룹을 정의해 놓은 변수이다. Season이 봄, 여름, 가을, 겨울 총 4개로 구성되어 있으므로 독립변수가 종속변수에 영향을 줄 때 독립변수의 어떤 항목이 영향을 주는지를 검정하기 위해 'Post Hoc...'(사후검정) 항목을 선택한다. 사후검정이란 한 개 또는 여러 개의 독립변수가 종속변수에 영향을 줄 때 어떤 변수의 값 또는 그룹이 실제 종속변수에 영향을 주는지를 평가하는 검정법이다. t-검정과 마찬가지로 p-value를 제시하여 객관적인 판단이 될 수 있도록 해준다. 사후검정에는 그림 5-7의 아래 그림과 같이 Scheffe, Tukey를 포함한 14개의 방법이 있다. 방법에 있어서의 차이는 존재하나 가장 일반적으로 사용하는 Scheffe, Tukey, Duncan 중 하나를 선택한다. 사후검정은 기본적으로 1차적인 결과에서 둘 사이에 어떤 영향이나 효과가 있다고 판단될 경우에 수행한다. 실제 영향이나 효과가 없을 때 수행해도 결과는 나오지만 의미 없는 결과이다. 사후검정방법 선택을 완료하고 'Continue' 버튼을 누른다.

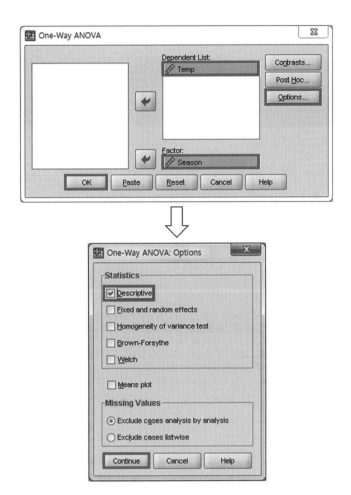

그림 5-8 일원분산분석 실행 시 Options의 항목 선택

만약 기술 통계치를 포함한 기타 통계치를 확인하고자 하는 경우에는 'Options...' 항목을 클릭한 후 해당 항목에 체크한다. 본 예제에서는 기술 통계치(Descriptive)를 선택하여 기본 통계량에 대해서만 확인한다. 'Continue' 버튼과 'OK' 버튼을 누르면, 'Output' 창이 활성화되면서 표 5-2, 5-3과 같은 일원분산분석 결과값이 나타난다.

표 5-2 SPSS의 일원분산분석 실행 결과: Descriptives

Temp

	N	Mean	Std. Deviation	Std. Error	95% Confidence Interval for Mean		Minimum	Maximum
					Lower Bound	Upper Bound		
1.0	10	10.760	1.9834	.6272	9.341	12.179	7.0	13.0
2.0	10	24.720	1.9595	.6196	23.318	26.122	22.0	28.0
3.0	10	25.490	1.9221	.6078	24.115	26.865	22.0	29.0
4.0	10	9.800	2.5469	.8054	7.978	11.622	6.0	14.0
Total	40	17.693	7.7905	1.2318	15.201	20.184	6.0	29.0

표 5-3 SPSS의 일원분산분석 실행 결과: ANOVA

Temp

	Sum of Squares	df	Mean Square	F	Sig.
Between Groups	2205.379	3	735.126	163.777	.000
Within Groups	161.589	36	4.489		
Total	2366.968	39			

표 5-2는 일원분산분석 결과 생성되는 데이터 수, 평균, 표준편차, 표준오차, 95% 신뢰구간의 Lower Bound와 Upper Bound, 최소값, 최대값 등에 대한 정보가 포함되어 있다. 표 5-3은 일원분산분석 결과 생성되는 ANOVA 테이블로, 제곱합, 자유도 평균제곱, F 값, p-value가 제시되어 있다. p-value를 통한 일원분산분석 결과 해석은 다음과 같다.

결과 해석 일원분산분석 결과 p-value가 .000으로 $p < .05$인 것으로 나타났다. 이는 계절 간에 통계적으로 유의한 수준에서 수온의 차이를 보이고 있다고 결론을 내릴 수 있다.

분산분석 결과 계절의 변화에 따라 수온의 차이가 있다면, 어떤 계절에 보다 더 차이가 있는지 확인할 필요가 있다. 이때 사용되는 방법이 사후검정이다. 사후검정 결과는 표 5-4와 같다. 표 5-4에서 음영 부분의 경우, 시즌 1과 시즌 2, 3의 비교 결과는 p-value가 .000이고 1과 4의 비교 결과는 p-value가 .795이다. 즉, 봄의 수온은 겨울의 수온과 유의한 수준에서 다르지 않다고 말할 수 있으며, 봄의 수온은 여름 및 가을의 수온과 유의한 수준에서 다르다고 말할 수 있다. 같은 방법으로 나머지 경우에 대해 해석할 경우, 계절의 변화와 수온의 관계를 통계적으로 설명할 수 있다.

표 5-4 SPSS를 활용한 일원분산분석의 사후검정 실행 결과

Multiple Comparisons

Temp
Scheffe

(I) Season	(J) Season	Mean Difference(I-J)	Std. Error	Sig.	95% Confidence Interval	
					Lower Bound	Upper Bound
1.0	2.0	−13.9600*	.9475	.000	−16.738	−11.182
	3.0	−14.7300*	.9475	.000	−17.508	−11.952
	4.0	0.9600	.9475	.795	−1.818	3.738
2.0	1.0	13.9600*	.9475	.000	11.182	16.738
	3.0	−0.7700	.9475	.882	−3.548	2.008
	4.0	14.9200*	.9475	.000	12.142	17.698
3.0	1.0	14.7300*	.9475	.000	11.952	17.508
	2.0	0.7700	.9475	.882	−2.008	3.548
	4.0	15.6900*	.9475	.000	12.912	18.468
4.0	1.0	−0.9600	.9475	.795	−3.738	1.818
	2.0	−14.9200*	.9475	.000	−17.698	−12.142
	3.0	−15.6900*	.9475	.000	−18.468	−12.912

* The mean difference is significant at the .05 level.

2) 이원분산분석(two-way ANOVA)

(1) 데이터 입력

'Ch 05_ANOVA' 폴더에 있는 예제파일 'TWO_ANOVA.xlsx'를 SPSS Statistics Data Editor 창으로 불러온다. 'TWO_ANOVA.xlsx' 파일의 속성은 비점오염물질을 저감시킬 목적으로 건설된 인공습지의 다양한 강우사상에 따른 BOD 처리효율과 기저유량 및 총강우량을 계급화한 자료이다. 여기서 종속변수 1개는 'BOD 처리효율'이며 독립변수 2개는 '기저유량'과 '총강우량'이다. 이원(two-way) 이상의 다원(multi-way)분산분석일 경우 독립변수가 2개 이상으로 늘어난다. 예제파일의 경우, 독립변수가 2개인 이원분산분석이다. 독립변수에서 기저유량은 1, 2, 3값들로 구성되어 있으며, 이들은 각각 유량계급을 의미한다. 총강우량 또한 1, 2, 3값들로 구성되어 있으며, 이들 역시 계급구간을 의미한다.

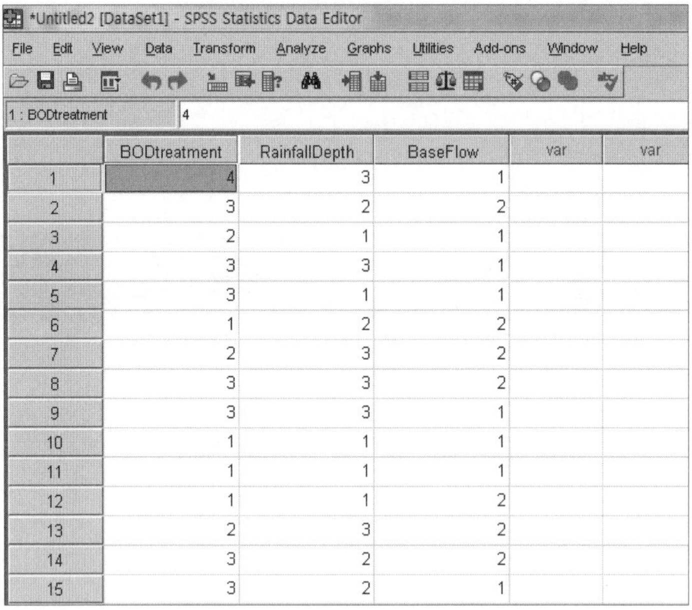

그림 5-9 데이터가 입력된 SPSS Statistics Data Editor 창의 화면

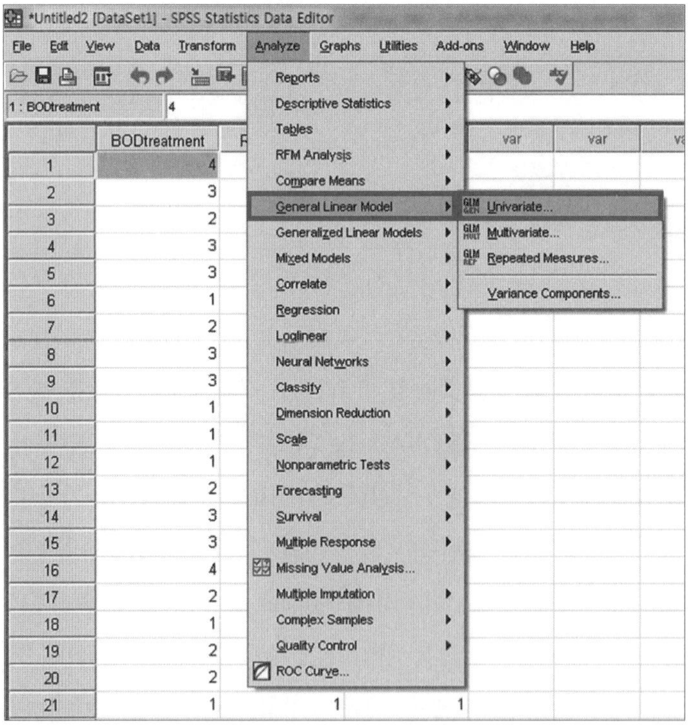

그림 5-10 이원분산분석을 수행하기 위한 기본 경로

• 분석 순서

메뉴에서 [Analyze] → [General Linear Model] → [Univariate...](단축키 Alt + A, G, U) 순서로 진행하면 그림 5-11과 같은 창이 열린다.

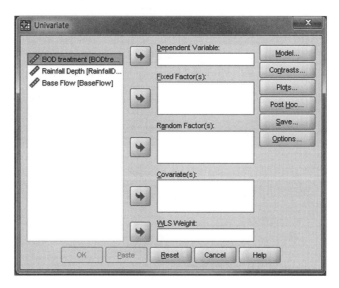

그림 5-11 이원분산분석 실행 시 첫 화면

입력된 데이터의 변수 'BOD treatment'를 'Dependent Variable:' 칸에 입력하고, 'Rainfall Depth' 및 'Base Flow'를 'Fixed Factor(s)' 칸에 입력한다. 이원 이상의 다원분산분석과 6장에서 설명할 다변량 분산분석은 일반선형모델(General Linear Model)이다. 따라서 모델을 어떻게 구성할 것인가에 대해서는 필요에 따라 세부 선택을 할 수 있다. 이 'Univariate' 창에서 'Model' 버튼을 누르면 'Univariate: Model' 창이 열리면서 모델에 대한 세부 선택을 설정할 수 있다. 기본값 모델은 'Full factorial'을 선택한다. 이는 SPSS를 활용하여 분석이 가능한 주 영향(Main effects) 모두를 시험하며, 선택된 fixed factors 중 가능한 interactions 모두를 시험하게 한다.

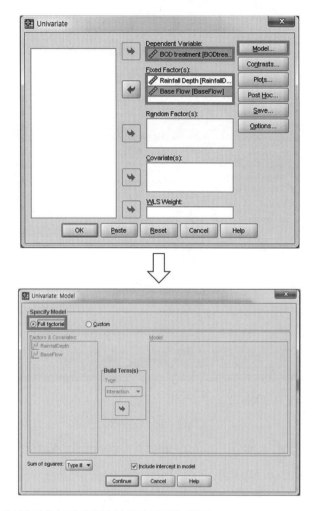

그림 5-12 이원분산분석 실행 시 종속변수와 독립변수 입력 및 모델 선택창

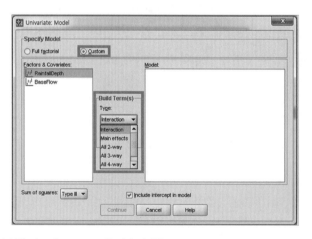

그림 5-13 이원분산분석 실행 시 모델 Customize를 위한 설정창

만약 'Specify Model' 항목에서 'Custom'을 선택할 경우 분석하고자 하는 항목을 왼쪽에서 오른쪽으로 이동시킨 후 drop-down 메뉴에서 'Interaction' 또는 'Main effects'를 선택한다. Full factorial 모델은 모든 factors의 Interaction과 Main effects를 구할 수 있기 때문에 여기서는 'Full factorial'을 선택한 후 'Continue' 버튼을 누른다.

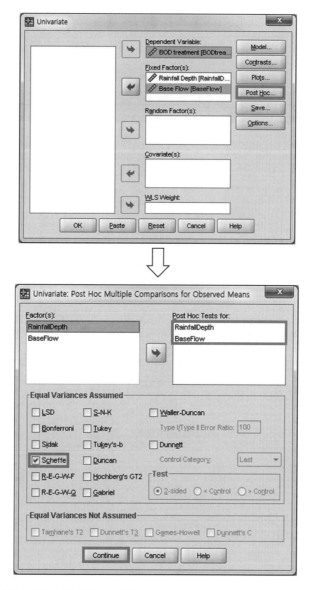

그림 5-14 이원분산분석 실행 시 사후검정을 위한 설정창

'RainfallDepth'와 'BaseFlow'가 3개의 계급 구간으로 구성되어 있기 때문에 독립변수가 종속변수에 영향을 줄 때 어떤 계급 구간이 유효한 영향을 주는지를 검정하기 위한 사후

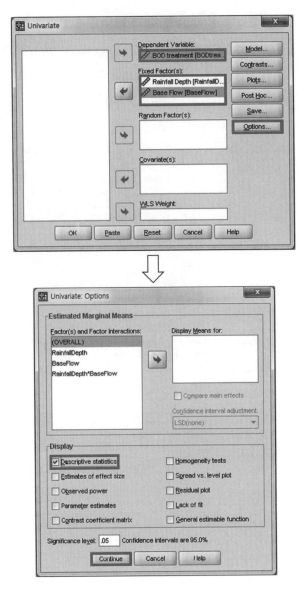

그림 5-15 이원분산분석 실행 시의 Options 항목

검정(Post Hoc Analysis)을 선택한다.

　　만약 기술 통계치를 포함한 기타 통계치를 확인하고자 하는 경우에는 'Options' 버튼을 누른 후 해당 항목을 체크한다. 여기서는 'Descriptive statistics'를 선택하여 기본 통계량에 대해서만 확인한다. 선택을 완료하고 'Continue' 버튼을 누른 후 'OK' 버튼을 누르면 'Output' 창이 활성화되면서 표 5-5, 5-6과 같은 이원분산분석 결과값이 나타난다.

표 5-5 SPSS의 기술적 통계분석 및 이원분산분석 결과: Descriptive Statistics

Dependent Variable: BOD Treatment

Rainfall Depth		Base Flow	Mean	Std. Deviation	N
		1	1.63	.744	8
	1	2	1.25	.500	4
		Total	1.50	.674	12
		1	2.60	.548	5
	2	2	2.11	.782	9
		Total	2.29	.726	14
		1	3.00	.816	13
	3	2	2.55	.688	11
		Total	2.79	.779	24
		1	2.50	.949	26
	Total	2	2.17	.816	24
		Total	2.34	.895	50

표 5-6 SPSS의 기술적 통계분석 및 이원분산분석 결과: Test of Between-Subjects Effects

Dependent Variable: BOD Treatment

Source	Type III Sum of Squares	df	Mean Square	F	Sig.
Corrected Model	15.779[a]	5	3.156	5.924	.000
Intercept	201.931	1	201.931	379.033	.000
Rainfall Depth	13.137	2	6.569	12.330	.000
Base Flow	2.036	1	2.036	3.821	.057
Rainfall Depth * Base Flow	.020	2	.010	.019	.982
Error	23.441	44	.533		
Total	313.000	50			
Corrected Total	39.220	49			

[a] R Squared = .402(Adjusted R Squared = .334)

Descriptives Statistics table에는 데이터 수, 평균 및 표준편차에 대한 정보가 포함되어 있다. 표 5-6은 이원분산분석 결과를 나타낸 것이며, 분석 결과 Rainfall Depth의 p-value는 .000, Base Flow의 p-value는 .057로 나타났다. 또한 두 가지를 모두 고려한 Interaction 항목에서 p-value는 .982 로 나타났다.

표 5-7 SPSS 이원분산분석의 사후검정 실행 결과

Post Hoc Tests
Rainfall Depth

Multiple Comparisons

BOD treatment
Scheffe

(I) Rainfall Depth	(J) Rainfall Depth	Mean Difference(I-J)	Std. Error	Sig.	95% Confidence Interval	
					Lower Bound	Upper Bound
1	2	-0.79^*	.287	.032	-1.51	-0.06
	3	-1.29^*	.258	.000	-1.95	-0.64
2	1	0.79^*	2.87	.032	0.06	1.51
	3	-0.51	.245	.132	-1.13	0.12
3	1	1.29^*	.258	.000	0.64	1.95
	2	0.51	.245	.132	-0.12	1.13

Based on observed means.

The error term is Mean Square(Error) = .533

* The mean difference is significant at the .05 level

분산분석 결과 BOD 처리효율에 Rainfall Depth가 영향을 미치고 있음이 나타났기 때문에 어떤 계급의 Rainfall Depth가 더 영향을 미치는지를 확인해 볼 필요가 있다. Base Flow나 Interaction의 경우 p-value가 .05보다 크기 때문에 사후검정을 수행할 필요가 없다. 표 5-7은 Rainfall Depth에 대한 사후검정 결과로, Scheffe 방법을 사용하였다. 결과는 Rainfall Depth 등급 1과 2, 1과 3은 95% 신뢰구간에서 유의한 평균 차이가 있음을 보여주고 있다($p=.032$, $p=.000$). 그러나 강우 등급 2와 3은 유의한 평균 차이가 없음을 나타내고 있다 ($p=.132$).

3-2 MATLAB

1) 일원분산분석

'Ch 05_ANOVA' 폴더에 있는 예제파일 'ONE_ANOVA.xlsx'에서 분석에 필요한 데이터를 확인한다. 각 Column에 어떤 데이터가 있는지 확인이 되었으면 일원분산분석에 필요한 기본 코드를 확인한다. 일원분산분석은 anova1을 사용하며, 정확한 사용법 및 기능을 확인하고 자 하는 경우에는 MATLAB command window에서 'help anova1'을 입력하여 확인한다. 일원분산분석의 기본 코드는 다음과 같다.

```
p = anova1(X,Group,Displayopt)
```

여기서 X는 Matrix 또는 Vector가 될 수 있다. X가 Matrix일 경우 Group은 문자열 배열 또는 문자열의 cell 배열이 될 수 있고, X가 Vector일 경우 Group은 반드시 지정되어야 하며 범주 형 변수, vector, 문자열 배열 또는 문자열의 cell 배열이 되어야 한다. Displayopt는 일원분 산분석표와 Box plot을 포함하는 Figure의 display 선택 옵션에 해당한다.

예제파일을 활용한 일원분산분석의 실행 기본 코드는 다음과 같다.

```
%% One-Way ANOVA Example
close all; clear all; clc;

% Load variables
CC1=xlsread('ONE_ANOVA.xlsx','A:A');
CC2=xlsread('ONE_ANOVA.xlsx','B:B');

% Do one-way ANOVA
p1=anova1(CC1,CC2,'on')
```

기본 코드를 작성한 후 실행 버튼을 누르면, command window에 *p*-value가 나타나면서 그림 5-16과 같은 일원분산분석 및 box plot 결과가 두 개의 새로운 창에 나타난다.

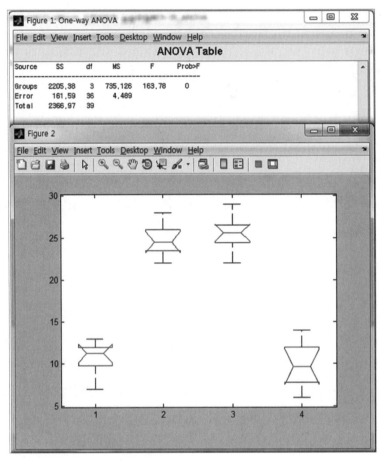

그림 5-16 MATLAB의 일원분산분석 사후검정 실행 결과

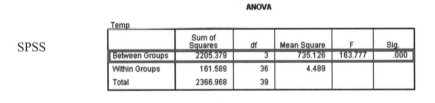

SPSS

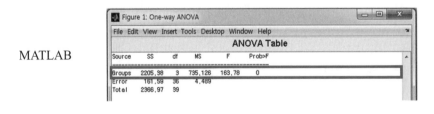

MATLAB

그림 5-17 SPSS와 MATLAB의 일원분산분석 실행 결과 비교

일원분산분석 결과는 'Figure' 창에서 상세한 결과를 확인할 수 있으며(그림 5-16), MATLAB command window에서도 확인이 가능하다. SPSS 결과와 MATLAB 결과를 비교해 보면(그림 5-17), 둘의 결과가 같음을 알 수 있다.

2) 이원분산분석 및 다원분산분석

'ANOVA' 폴더에 있는 예제파일 'TWO_ANOVA.xlsx'에서 분석에 필요한 데이터를 확인한다. 각 Column에 어떤 데이터가 있는지 확인한 후 이원분산분석에 필요한 기본 코드를 확인한다. 이원분산분석의 경우 anova2도 있으나 anovan을 사용하는 것으로 통일한다. 별도로 anova2를 사용할 경우, help 명령어를 사용하여 기본 코드를 확인하도록 한다. 이원분산분석 및 다원분산분석은 anovan을 사용하며, 기본 코드는 다음과 같다.

```
[p, tbl]=anovan(Y,Group,'PARAM1',val1,'PARAM2',val2,...)
```

여기서 결과값 'p'는 *p*-value를 결과로 보여주며, tbl은 table 형태의 결과를 MATLAB command window에 보여준다. Y에는 종속변수, Group에는 독립변수들을 중괄호 { }를 사용하여 넣어준다. 'PARAM'은 alpha, continuous, display, nested, random, sstype, varnames 및 model과 같은 parameters가 들어간다. 각 parameter는 고유의 이용 목적이 있으며, SPSS 결과와 비교할 때 가장 중요한 parameter는 model로, 내부의 val값은 linear, interaction 및 full로 구성되어 있다. linear는 모든 factor 중에서 main effects만 보고자 할 때 사용되며, interaction은 main effect 외에 두 factor 간 상호작용을 보고자 할 때 사용된다. full은 모든 수준에서의 상호작용을 고려할 때 사용되며, SPSS의 모델 Customize와 비교하면 다음 표와 같다.

표 5-8 MATLAB과 SPSS의 이원분산분석 및 다원분산분석 모델 Customize 비교

	MATLAB		SPSS
명령어	Linear	명령어	'Main Effect'
경로/코드	[p,tbl]=anovan(Y,Group, 'model', 'linear')	경로/코드	Multivariate model → Specify Model → Custom → Build Terms → Main effects
명령어	Interaction	명령어	'Interaction'
경로/코드	[p,tbl]=anovan(Y, Group, 'model', 'interaction')	경로/코드	Multivariate model → Specify Model → Custom → Build Terms → Interaction
명령어	Full	명령어	'Full factorial'
경로/코드	[p,tbl]=anovan(Y, Group, 'model', 'full')	경로/코드	Multivariate model → Specify Model → Full factorial

예제파일을 활용한 이원분산분석의 실행 기본 코드는 다음과 같다.

```
%% Two-Way ANOVA Example
close all; clear all; clc;

% Load variables
R=xlsread('TWO_ANOVA.xlsx','B:B');          % Load variable
B=xlsread('TWO_ANOVA.xlsx','C:C');          % Load variable
T=xlsread('TWO_ANOVA.xlsx','A:A');          % Load variable

% Do two-way ANOVA
[p,tbl]=anovan(T,{R,B},'model','full')
```

기본 코드 작성 후 실행 버튼을 누르면 command window에 tbl에 해당하는 결과 부분과 새로운 창이 열리면서 분산분석의 결과가 나타난다.

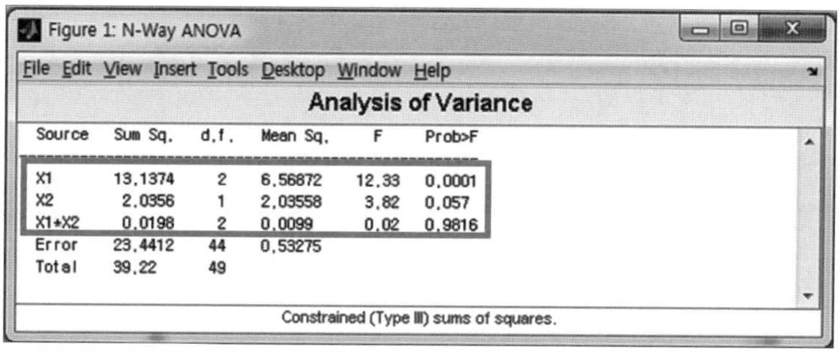
Figure 1: N-Way ANOVA

Analysis of Variance

Source	Sum Sq.	d.f.	Mean Sq.	F	Prob>F
X1	13.1374	2	6.56872	12.33	0.0001
X2	2.0356	1	2.03558	3.82	0.057
X1*X2	0.0198	2	0.0099	0.02	0.9816
Error	23.4412	44	0.53275		
Total	39.22	49			

Constrained (Type III) sums of squares.

그림 5-18 MATLAB 이원분산분석 실행 결과

분산분석 결과는 'Figure' 창에서 상세한 결과를 확인할 수 있으며, MATLAB command window에서도 확인이 가능하다. 그림 5-18에서 'Source'의 'X1'과 'X2'는 Rainfall depth와 Base flow를 의미한다. MATLAB 결과에서도 SPSS 결과에서와 같이 Rainfall depth와 관련된 *p*-value가 .000 이하임을 확인할 수 있다. SPSS 결과와 MATLAB 결과를 비교해 보면(그림 5-19) 서로 결과가 같음을 알 수 있다.

SPSS

Tests of Between-Subjects Effects

Dependent Variable:BOD treatment

Source	Type III Sum of Squares	df	Mean Square	F	Sig.
Corrected Model	15.779a	5	3.156	5.924	.000
Intercept	201.931	1	201.931	379.033	.000
RainfallDepth	13.137	2	6.569	12.330	.000
BaseFlow	2.036	1	2.036	3.821	.057
RainfallDepth * BaseFlow	.020	2	.010	.019	.982
Error	23.441	44	.533		
Total	313.000	50			
Corrected Total	39.220	49			

a. R Squared = .402 (Adjusted R Squared = .334)

MATLAB

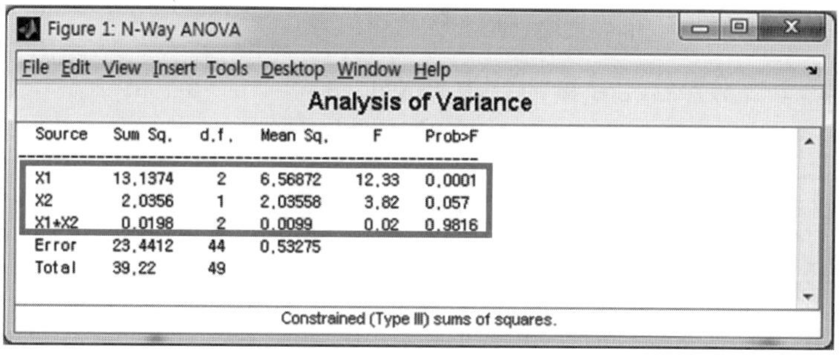
Figure 1: N-Way ANOVA

Analysis of Variance

Source	Sum Sq.	d.f.	Mean Sq.	F	Prob>F
X1	13.1374	2	6.56872	12.33	0.0001
X2	2.0356	1	2.03558	3.82	0.057
X1*X2	0.0198	2	0.0099	0.02	0.9816
Error	23.4412	44	0.53275		
Total	39.22	49			

Constrained (Type III) sums of squares.

그림 5-19 SPSS와 MATLAB의 이원분산분석 실행 결과 비교

어떻게 해석하는가?

분산분석 결과의 해석에는 *p*-value를 사용한다. *p*-value를 얻게 되면 그에 대한 해석은 일반적으로 다음과 같이 설명이 가능하다.

4-1 일원분산분석(one-way ANOVA) 결과의 해석

① 일원분산분석 결과가 *p*-value>.05일 경우 다음과 같이 결론을 내릴 수 있다.
➡ 모집단 평균 사이에는 어떠한 유의한 차이도 없다(p>.05).

② 일원분산분석 결과가 *p*-value≤.05일 경우 다음과 같이 결론을 내릴 수 있다.
➡ 최소 2개의 모집단은 유의하게 다른 평균을 보이고 있다(p≤.05).

4-2 이원분산분석(two-way ANOVA) 및 다원분산분석(multi-way ANOVA) 결과의 해석

① 이원분산분석 또는 다원분산분석 결과가 *p*-value>.05일 경우 주 영향(main effects)의 요소에 대해 다음과 같이 결론을 내릴 수 있다.
➡ 전반적으로 분석대상 요소는 어떠한 유의한 영향을 미치지 않는다(p>.05).

② 이원분산분석 또는 다원분산분석 결과가 *p*-value≤.05일 경우 주 영향(main effects)의 factor에 대해 다음과 같이 결론을 내릴 수 있다.
➡ 분석대상 요소는 유의한 영향을 미친다(p≤.05).

③ 이원분산분석 또는 다원분산분석 결과가 *p*-value>.05일 경우 요소들 간의 상호작용에 대해 다음과 같이 결론을 내릴 수 있다.
➡ 분석대상 요소들 간에는 어떠한 유의한 상호작용도 없다(p>.05).

④ 이원분산분석 또는 다원분산분석 결과가 *p*-value≤.05일 경우 요소들 간의 상호작용에 대해 다음과 같이 결론을 내릴 수 있다.

➡ 분석대상 요소들 간에는 유의한 상호작용이 있다($p \leq .05$).

■ 참고문헌

1. Akbulut, M., Kaya, H., Celik, E. S., Odabasi, D. A., Sadir Odabasi, S. & Selvi, K. (2010). Assessment of surface water quality in the atikhisar reservoir and sarýçay creek(Çanakkale, Turkey). *Ekoloji*, 19(74), 139-149.

2. Sandahl, J. F., Baldwin, D. H., Jenkins, J. J. & Scholts, N. L. (2007). A sensory system at the interface between urban stormwater runoff and salmon survival. *Environmental Science and Technology*, 41, 2998-3004.

3. Sliva, L. & Williams, D. D. (2001). Buffer zone versus whole catchment approaches to studying land use impact on river water quality. *Water Research*, 35(14), 3462-3472.

4. Snedecor, G. W. & Cochran, W. G. (1967). *Statistical Methods*(6th ed.). Ames, Iowa: The Iowa State University Press.

5. Townend, J. (2002). *Practical Statistics for Environmental and Biological Scientists*. Wiley.

6. Xiao, F., Simcik, M. F. & Gulliver, J. S. (2012). Perfluoroalkyl acids in urban stormwater runoff: Influence of land use. *Water Research*, 46, 6601-6608.

6장

다변량 분산분석
multivariate analysis of variance (MANOVA)

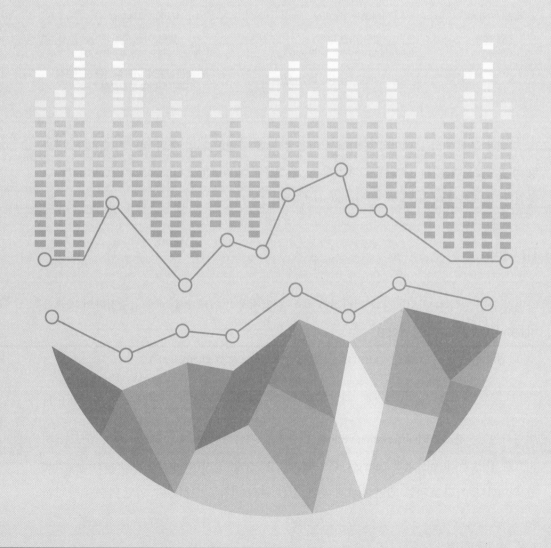

1 다변량 분산분석이란?

분산분석은 종속변수가 1개일 경우 모집단별 평균벡터(1×1) 간의 차이를 검정하는 방법인 반면, 다변량 분산분석은 종속변수가 2개 이상일 때 모집단별 평균벡터(M×1, M: 종속변수의 수) 간의 차이를 검정하는 방법이다. 표 6-1은 분산분석과 다변량 분산분석을 비교한 표이다.

표 6-1 분산분석과 다변량 분산분석의 비교

	분산분석(ANOVA)	다변량 분산분석(MANOVA)
종속변수의 수	1개	2개 이상
평균벡터	1×1	$M \times 1$
검정 형태	단변량(univariate)	다변량(multivariate)
독립변수의 수	1개 또는 2개 이상	1개 또는 2개 이상
검정 형태 (N-way)	일원, 이원, 다원 (one-way, two-way, multi-way)	일원, 이원, 다원 (one-way, two-way, multi-way)
예	일원분산분석, 이원분산분석, 다원분산분석	일원 다변량 분산분석, 이원 다변량 분산분석, 다원 다변량 분산분석

다변량 분산분석은 데이터 분석에서 이용 가능한 다변량 기법 중의 하나이며, 다른 다변량 기법으로는 13장과 14장에서 다루게 될 주성분분석(Principal Component Analysis, PCA), 군집분석(cluster analysis) 등이 있다(Townend, 2001).

1-1 정의

다변량 분산분석은 모집단 간의 전반적인 차이를 검정하기 위해 2개 이상의 모집단의 평균을 비교하는 통계적 검정방법이다.

　다변량 분산분석 모델은 식 (6.1)로 표현된다(Johnson & Wichern, 2007).

$$X_{i,j} = \overline{X} + (X_i - \overline{X}) + (X_{i,j} - \overline{X_i}) \tag{6.1}$$

여기서, X_{ij}는 관측벡터(observation vector), $\overline{X}$는 전체 평균벡터(overall mean vector), $\overline{X_i} - \overline{X}$는 처리효과 산정 벡터(estimated treatment effect vector), $X_{ij} - \overline{X_i}$는 잔차(residual or random error vector)를 의미한다. 처리 효과는 집단 평균과 전체 평균 간의 편차로 산정된다. 이원 다변량 분산분

124　2부 평균 비교분석

석(2-way MANOVA)은 수학적으로 식 (6.2)와 같이 표현된다.

$$E(X_{ijk}) = \mu + \tau_i + \beta_k + \gamma_{ik} \qquad (6.2)$$

여기서, $E(X_{ijk})$는 평균반응(mean response), μ는 모집단 전체 평균, τ_i는 요인(factor) 1의 효과, β_k는 요인 2의 효과, γ_{ik}는 요인 1과 요인 2의 상호 영향(interaction)을 나타낸다.

1-2 제한 및 가정

다변량 분산분석은 기본적으로 다음과 같은 가정을 가진다(Townend, 2001; French et al., 2008).

- 무작위 표본 추출(random sampling)
- 독립적 관측값(independent measurements)
- 종속변수들은 다변량 정규분포를 따름(multivariate normality)
- 분산 및 공분산 행렬의 동질성(homogeneity of variance and covariance)

다변량 분산분석은 이론적으로 많은 종속변수 및 종속변수를 갖고 있는 데이터 세트를 대상으로 적용할 수 있다. 그러나 변수의 수가 증가할수록 계산은 더 복잡해지고 계산하는 데 많은 시간이 소요된다.

1-3 이해의 예

다변량 분산분석은 사회과학 및 자연과학과 같은 분야에 다양하게 적용되고 있으며, 환경분야에 적용된 연구 사례를 들면 다음과 같다.

- 캄보디아 앙코르(Ankor) 지역에서 두 계절 동안 58개 지점에 대해 모니터링한 하천 수질 데이터의 시공간 평가를 MANOVA를 이용하여 수행(Ki et al., 2009).
- 일본 아마쿠사(Amakusa) 지역에서 갯벌 지역 두 곳을 대상으로 생물종 및 군집 다양성의 밀도 의존성에 대해 이원 다변량 분산분석을 수행(Takada, 1999)
- 미국 앨라배마(Alabama) 지역의 복합적 토지 이용 특성을 갖는 유역에서 계절별, 유량별, 모니터링 지점별로 _E. coli_ DNA fingerprint 분산에 대한 분석을 수행(Wijesinghe et al., 2009)

- 말레이시아 페낭 주(Penang State)에 위치한 두 하천의 중금속 농도 차이에 대한 다변량 분산분석(Alkarkhi et al., 2008)

1-4 다변량 분산분석의 종류

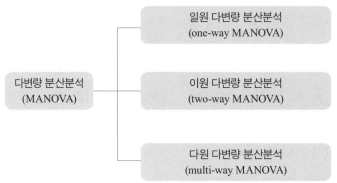

그림 6-1 다변량 분산분석의 분류

분산분석과 마찬가지로 다변량 분산분석도 2개 이상의 요인이 상호 영향을 주는지를 검정하는 데 사용한다. 이러한 다변량 분산분석의 분류는 독립변수의 수에 따라 결정된다. 그림 6-1에서와 같이 다변량 분산분석은 일원 다변량 분산분석(one-way MANOVA), 이원 다변량 분산분석(two-way MANOVA) 및 다원 다변량 분산분석(multi-way MANOVA)으로 분류된다. 만약 독립변수의 수가 1개이면 일원 다변량 분산분석이며, 독립변수의 수(n)가 증가할수록 다변량 분산분석에서 고려하는 요인의 수 n이 증가하기 때문에, 'n-way MANOVA'라고 부른다. 이때, 다변량 분산분석을 적용할 때 독립변수가 1개일 경우 분산분석을 적용하는 것과 동일하다. 변수의 수에 따른 t-검정, 분산분석, 다변량 분산분석을 비교하면 표 6-2와 같다.

표 6-2 변수 수에 따른 t-검정, 분산분석 및 다변량 분산분석 비교

	종속변수의 수	독립변수의 수
t-검정	1개 (단변량)	1개 [일원(1-way)]
분산분석 (ANOVA)	1개 (단변량)	2개 이상 [이원 or 다원(2 or n-way)]
다변량 분산분석 (MANOVA)	2개 이상 (다변량)	2개 이상 [이원 or 다원(2 or n-way)]

다변량 분산분석은 독립변수가 종속변수에 미치는 효과를 검정하기 위한 다변량 데이터 세트(French et al., 2008) 및 반복된 측정 데이터 분석에 적용할 수 있다(Townend, 2001). 다변량 분산분석을 적용할 때, 분석 대상 데이터에 대한 다음 네 가지 질문의 답을 얻을 수 있다(French et al., 2008).

① 각 요인(또는 독립변수)에 미치는 주 영향(main effect)은 무엇인가?
② 요인 간 상호 영향은 있는가?
③ 어떤 요인이 종속변수에 영향을 미치는가?
④ 종속변수가 다른 변수와 어떻게 연관되어 있는가?

다변량 분산분석은 기본적으로 여러 종속변수와 독립변수를 다루기 때문에 여러 귀무가설(H_0)과 대립가설(H_1)이 있다(Townend, 2001). 이들은 다변량 분산분석 결과로 나오는 p-value를 해석하는 데 이용되므로 정확한 개념을 정리할 필요가 있다.

한 요인에 대해 평가할 때
- H_0: 모든 표본은 같은 평균벡터를 갖는 모집단에서 기인한다.
- H_1: 모든 표본은 같은 평균벡터를 갖는 모집단에서 기인하지 않는다.

요인 n의 영향에 대해 평가할 때($1 \leq n \leq N$, N: 총요인 수)
- H_0: 요인 n은 모집단에 대해 어떠한 영향도 미치지 않는다.
- H_1: 요인 n은 모집단에 대해 영향을 미친다.

두 요인 A와 B 사이의 상호 영향에 대해 평가할 때($1 \leq$ A, B $\leq n$, A≠B)
- H_0: 요인 A와 요인 B 사이에 어떠한 상호 영향도 없다.
- H_1: 요인 A와 요인 B 사이에 상호 영향이 있다.

모든 요인 사이의 상호 영향에 대해 평가할 때

- H_0: 모든 요인 사이에 어떠한 상호 영향도 없다.

- H_1: 모든 요인 사이에 상호 영향이 있다.

 ## 3 어떻게 결과를 얻는가?

다변량 분산분석 결과는 여러 상용화된 통계 프로그램 및 통계 기능을 지원하는 프로그램을 사용하여 얻을 수 있다. 6장에서는 SPSS 프로그램과 MATLAB 프로그램을 사용한다.

3-1 SPSS

(1) 데이터 입력

'Ch 06_MANOVA' 폴더에 있는 예제파일 'test_MANOVA_01.xlsx'를 SPSS Statistics Data Editor 창으로 불러온다(그림 6-2). 'test_regression.xlsx' 파일의 속성은 Site 1, 2지점에 대한 수온(WT), pH 및 용존산소(DO)에 대한 시계열 데이터다.

	Site	Month	WT	pH	DO	var
1	1	1	6	7.2	11.6	
2	1	2	8	7.2	10.3	
3	1	3	12	7.3	8.7	
4	1	4	15	7.2	8.0	
5	1	5	22	7.4	7.1	
6	1	6	24	7.3	7.5	
7	1	7	25	6.8	7.0	
8	1	8	27	7.4	6.5	
9	1	9	24	7.3	7.5	
10	1	10	19	7.3	8.7	
11	1	11	13	7.1	9.5	
12	1	12	8	7.0	10.9	
13	1	1	5	7.2	12.5	
14	1	2	8	7.2	10.2	
15	1	3	10	7.3	10.0	
16	1	4	14	7.3	9.9	
17	1	5	20	7.1	7.8	
18	1	6	26	7.0	6.6	
19	1	7	26	7.0	7.0	
20	1	8	27	7.2	6.3	
21	1	9	25	7.3	7.3	

그림 6-2 데이터가 입력된 SPSS Statistics Data Editor 창의 화면

⑵ 일원 다변량 분산분석 수행

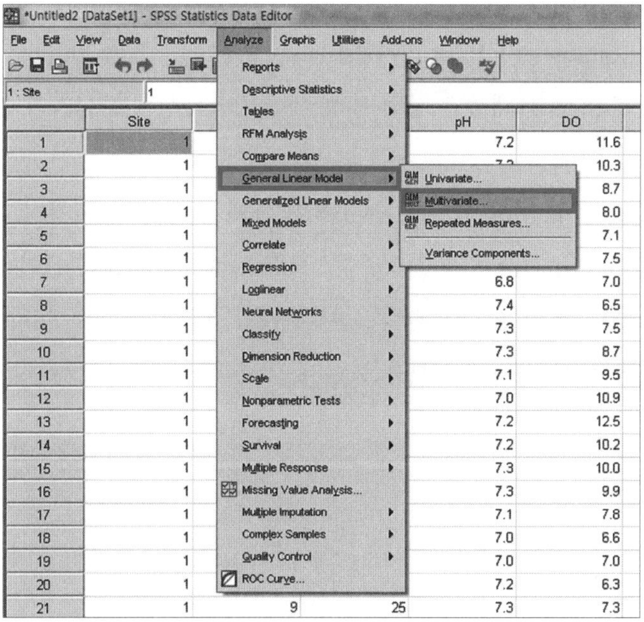

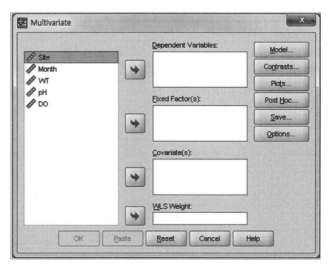

그림 6-3 일원 다변량 분산분석을 수행하기 위한 경로

• 분석 순서

메뉴에서 [Analyze] → [General Linear Model] → [Multivariate](단축키 Alt + A, G, M) 순서
로 진행하면(그림 6-3) 그림 6-4와 같은 창이 열린다.

그림 6-4 일원 다변량 분산분석 실행 시 첫 화면

입력된 데이터의 변수 'WT', 'pH', 'DO'를 'Dependent Variables:' 칸에 입력하고, 'Site'를 'Fixed Factor(s)' 칸에 입력한다. 다변량 분산분석을 하기 위한 설정은 그림 6-5의 상단과 같이 'Model...', 'Contrasts...', 'Plots...', 'Post Hoc...', 'Save...' 및 'Options...' 항목에서 개별적으로 수행해야 한다. 설정 내용은 분석 대상 데이터의 특성과 분석자의 분석 목표에 따라 다양하게 설정할 수 있다.

그림 6-5의 상단에서 'Model' 버튼을 누르면 아래 그림과 같은 창이 열리며, 'Specify Model' 항목에서 'Full factorial'을 선택한다. 'Full factorial'은 모든 요인(all factors)에 대해 주 영향(main effect), 공분산 및 상호 영향을 보여주는 선택 옵션이다. 'Sum of squares:'에서 'Type III'를 선택하고 'Continue' 버튼을 누른다.

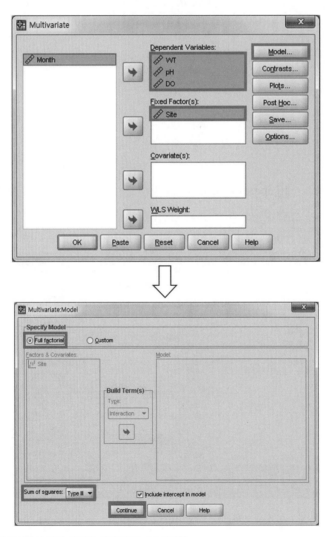

그림 6-5 일원 다변량 분산분석 실행 시 변수 선택 및 Model 선택창

'Contrasts...'는 각 요인의 수준에 따른 차이를 검정하기 위한 옵션으로(그림 6-6 하단), 분산분석에서 기술한 내용과 동일하다. 'Contrasts...' 버튼을 누르면 그림 6-6의 아래 그림과 같은 창이 열리고, 'Change Contrast' 항목의 drop-down 버튼을 눌러서 'Simple'을 선택한다. 선택 후 'Change' 버튼을 누르면 'Factors:'에 'Site(Simple)'로 입력되는 것을 확인할 수 있으며, 다음 옵션을 선택하기 위해 'Continue' 버튼을 누른다. 'Reference Category'는 대조작업을 할 때 마지막 또는 첫 번째를 예외로 할 것인지를 선택하는 옵션으로, 'Last'와 'First' 중 하나를 선택할 수 있으며, SPSS help 메뉴에서 자세한 정보를 얻을 수 있다.

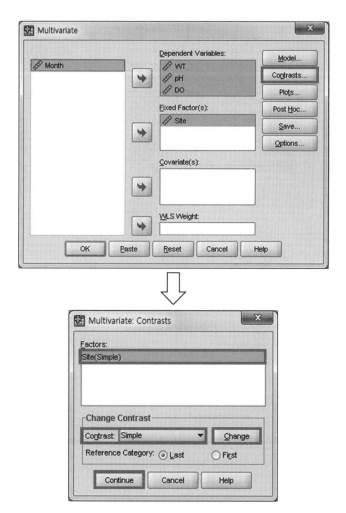

그림 6-6 일원 다변량 분산분석 실행 시 변수 선택 및 'Contrasts' 선택창

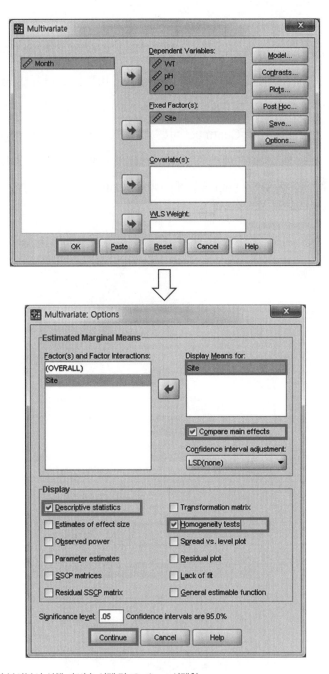

그림 6-7 일원 다변량 분산분석 실행 시 변수 선택 및 'Options' 선택창

'Options...' 버튼을 누르면 추가적으로 출력이 가능한 정보와 결과를 선택할 수 있다. 본 예제의 경우, Site 1과 2에 대한 상호 영향뿐만 아니라 평균의 차이까지 검정하기 때문에 'Estimated Marginal Means' 항목의 'Display Means for:' 칸에 'Site'를 입력한다.

'Compare main effects' 체크 박스에 체크한 후 'Display' 항목에서 'Descriptive statistics'
와 'Homogeneity tests'에 체크한다. 'Display' 항목의 다른 옵션에 대한 상세 정보는 SPSS
help 메뉴에 상세히 수록되어 있다. 모든 선택을 완료한 후 'Multivariate: Options' 창의
'Continue' 버튼과 'Multivariate' 창의 'OK' 버튼을 누르면 'Output' 창이 활성화된다.

표 6-3 일원 다변량 분산분석에 대한 기술통계분석

	Site	Mean	Std. Deviation	N
WT	1	16.83	7.625	24
	2	16.58	9.265	24
	Total	16.71	8.287	48
pH	1	7.188	.1454	24
	2	7.979	.7830	24
	Total	7.583	.6858	48
DO	1	8.742	1.8103	24
	2	9.646	2.9615	24
	Total	9.194	2.4707	48

표 6-3은 종속변수(WT, pH, DO)의 평균 및 표준편차에 대한 기술통계분석 결과를 보여준
다. Descriptive statistics 결과는 그림 6-7의 Option 부분에서 'Descriptive statistics'를 선택
할 경우에만 출력된다.

표 6-4 다변량 분산분석의 Homogeneity of Covariance 검정: Box's Test of Equality of Covariance Matrices[a]

Box's M	74.109
F	11.474
df1	6
df2	15331.019
Sig.	.000

Tests the null hypothesis that the observed covariance matrices of the dependent variables are equal across groups.
[a] Design: Intercept + Site

표 6-5 일원 다변량 분산분석 결과: Multivariate Tests[b]

Effect		Value	F	Hypothesis df	Error df	Sig.
Intercept	Pillai's Trace	.995	3028.113[a]	3.000	44.000	.000
	Wilks' Lambda	.005	3028.113[a]	3.000	44.000	.000
	Hotelling's Trace	206.462	3028.113[a]	3.000	44.000	.000
	Roy's Largest Root	206.462	3028.113[a]	3.000	44.000	.000
Site	Pillai's Trace	.341	7.598[a]	3.000	44.000	.000
	Wilks' Lambda	.659	7.598[a]	3.000	44.000	.000
	Hotelling's Trace	.518	7.598[a]	3.000	44.000	.000
	Roy's Largest Root	.518	7.598[a]	3.000	44.000	.000

[a] Exact statistics

[b] Design: Intercept + Site

다변량 분산분석을 수행하기 위해서는 분석 대상 데이터가 공분산의 동질성이라는 가정을 만족해야 한다. 'Box's Test of Equality of Covariance Matrices'는 데이터 공분산 동질성을 확인하는 검정이다. 이 검정법은 기술통계분석에서 각 그룹의 n이 같기 때문에 굳이 확인할 필요가 없다. 만약 각 그룹 간 n의 차이가 클 경우, 이 검정 결과를 무시해서는 안 된다.

본 예제에 사용된 데이터의 경우, Box's M(74.109) p-value가 .000이기 때문에 공분산 matrix 사이에 통계적으로 유의미한 차이가 존재($p \leq .05$)하게 되어, 다변량 분산분석의 분산의 동질성 가정을 충족시키지 못한다(표 6-4). 이럴 경우 Pillai's trace 결과를 보거나 Univariate ANOVA 결과를 확인해야 한다. Pillai's trace는 $p \leq .05$이고 그룹 간 N이 비슷할 경우에 적용이 가능하다. 만약 Box's M(74.109) p-value가 MANOVA 가정을 기각시키지 않을 값으로 출력될 경우, Wilk's lambda 결과를 확인하는 것이 가능하다(표 6-5).

다변량 분산분석을 수행하는 방법 중 일반적으로 사용하는 네 가지 방법은 Wilks' lambda, Lawley-Hotelling trace, Pillai's trace 그리고 Roy's largest(or greatest) root(Berthold & Hand, 2003)이며 이들은 다음과 같이 표현된다.

$$\text{Wilks' lambda: } \Lambda = \prod_{i=1}^{q} \frac{1}{1+\lambda_i} \tag{6.3}$$

$$\text{Lawley-Hotelling trace: } \Lambda = \sum_{i=1}^{q} \lambda_i \tag{6.4}$$

$$\text{Pillai's trace: } \Lambda = \sum_{i=1}^{q} \left(\frac{\lambda_i}{1+\lambda_i} \right) \tag{6.5}$$

$$\text{Roy's largest root: } \Lambda = \max_i(\lambda_i) \tag{6.6}$$

위의 식에서 Λ는 Matrix A의 고유값 λ_i이다. 일반적으로 SPSS와 같은 통계 패키지 프로그램에서는 이들 중 한 개 또는 그 이상의 방법이 적용된다. 이들은 수학적으로 다른 접근방법을 갖고 있기 때문에 이론적으로는 다른 결과가 제시되어야 하지만, 실제 결과들은 대부분 매우 유사한 값을 보인다. Wilks' Lambda가 보편적으로 많이 사용되며, Pillai's trace의 경우 그룹 간 N이 비슷한 경우에만 사용할 수 있다.

표 6-5는 일원 다변량 분산분석 결과를 보여준다. Wilks' Lambda를 사용하여 해석을 해보면 Pillai's trace에서 $p < .05$이기 때문에 3개의 종속변수(WT, pH, DO) 선형조합(linear combination)에 대한 Site 그룹(1, 2) 사이에 통계적으로 유의한 수준에서 차이가 있음을 알 수 있다.

표 6-6 일원 다변량 분산분석의 Levene's Test 결과

Levene's Test of Equality of Error Variances[a]

	F	df1	df2	Sig.
WT	2.342	1	46	.133
pH	24.401	1	46	.000
DO	2.673	1	46	.109

Tests the null hypothesis that the error variance of the dependent variable is equal across groups.

[a] Design: Intercept + Site

표 6-6은 Levene's Test의 결과로, WT와 DO의 p-value가 .05보다 크기 때문에 등분산이며, 다변량 분산분석의 가정을 만족한다. 그러나 pH의 경우 p-value가 .05보다 작기 때문에 귀무가설이 기각되어 가정을 만족하지 못한다. 즉 pH에 대한 분산분석 수행 결과가 유효하지 않으며, SPSS에서 출력하는 결과를 신뢰하지 못한다는 것을 의미한다. 이는 pH의 경우 데이터의 변화폭이 크지 않고 대부분 1 order 이내에서 변화하기 때문에 data normalization

을 통한 재시도에 따른 변화가 거의 발생하지 않기 때문이다. 그러나 만약 강우 유출수에서 박테리아 변화를 분석할 경우, 3-4 order가 변화할 수 있기 때문에 data normalization을 수행한 후의 Box's test 결과를 보고 다음 단계를 진행할 수 있다.

Levene's Test 결과, WT와 DO에 대한 다변량 분산분석(MANOVA)은 유의하기 때문에 단변량 분산분석(univariate ANOVA) 결과(표 6-7)를 검토해야 한다. 단변량 분산분석에서 WT와 DO가 통계적으로 유의한 결과($p > .05$)가 나왔기 때문에, 사후검정을 수행하여 어떤 변수가 가장 많은 영향을 미쳤는지 파악해야 한다. 사후검정을 수행하기 위해서는 최소 3개의 Group이 필요하지만, 본 예제처럼 Site 1, 2로 구성될 경우 사후검정은 실행하지 않는다.

표 6-7 단변량 분산분석(univariate ANOVA) 결과: Tests of Between Subjects Effects

Source	Dependent Variable	Type III Sum of Squares	df	Mean Square	F	Sig.
Corrected Model	WT	.750[a]	1	.750	.011	.918
	pH	7.521[b]	1	7.521	23.716	.000
	DO	9.810[c]	1	9.810	1.629	.208
Intercept	WT	13400.083	1	13400.083	191.005	.000
	pH	2760.333	1	2760.033	8705.388	.000
	DO	4057.202	1	4057.202	673.521	.000
Site	WT	.750	1	.750	.011	.918
	pH	7.521	1	7.521	23.719	.000
	DO	9.810	1	9.810	1.629	.208
Error	WT	3227.167	46	70.156		
	pH	14.586	46	.317		
	DO	277.098	46	6.024		
Total	WT	16628.000	48			
	pH	2782.440	48			
	DO	4344.110	48			
Corrected Total	WT	3227.917	47			
	pH	22.107	47			
	DO	286.908	47			

[a] R Squared = .000(Adjusted R Squared = −0.22)
[b] R Squared = .340(Adjusted R Squared = 0.326)
[c] R Squared = .034(Adjusted R Squared = 0.013)

만약 지정 요인(specific factor)이 3개 이상의 Group, level 또는 value로 구성되어 있고, 다변량 분산분석의 결과가 유의하면 사후검정이 필요하다. 다변량 분산분석 결과에서 분산분석(ANOVA)에 대한 *p*-value는 다중 분산분석(multiple ANOVAs)을 수행한 것을 고려하지 않는다. 사후검정 시 결과의 판단에 있어서 Type I error를 막기 위해 가장 보수적인 방법 중 하나인 Bonferroni 방법을 적용할 수 있다(Townend, 2001). 이 방법을 적용하기 위해서는 분산분석(ANOVA) 수행 시 α(alpha)의 수정을 필요로 한다. α의 수정은 0.05를 종속변수의 수로 나눈 값이다. 종속변수의 수가 2일 경우 α는 0.025가 된다($p \leq .025$). 이렇게 수정된 α와 사후검정에서 Bonferroni를 선택하여(그림 6-8) 다변량 분산분석을 다시 수행한다. 이는 가장 보수적인 사후검정 수행방법이며, 공분산 가정을 만족할 경우 Tukey HSD 사후검정을 사용하는 것도 가능하다.

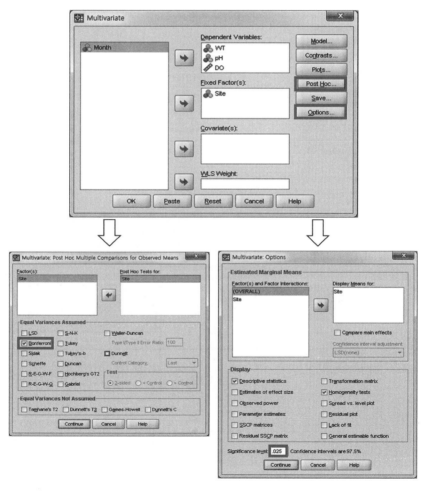

그림 6-8 사후검정의 Bonferroni 방법 적용 경로

3-2 MATLAB

(1) 일원 다변량 분산분석 수행

'Ch 06_MANOVA' 폴더에 있는 예제파일 'test_MANOVA_01.xlsx'에서 분석에 필요한 데이터의 행과 열을 확인한 후 MATLAB 프로그램으로 데이터를 불러온다. 예제파일을 활용한 다변량 분산분석의 실행 기본 코드는 다음과 같다.

```
%% One-Way MANOVA Example
close all; clear all; clc;


% Load variables
Site=xlsread('test_MANOVA_01.xlsx','A:A');    % Load variable - site
WT=xlsread('test_MANOVA_01.xlsx','B:B');      % Load variable - temp
pH=xlsread('test_MANOVA_01.xlsx','C:C');      % Load variable - pH
DO=xlsread('test_MANOVA_01.xlsx','D:D');      % Load variable - DO


% Do one-way MANOVA
[d,p,stats]=manova1([WT pH DO], Site, 0.05)
```

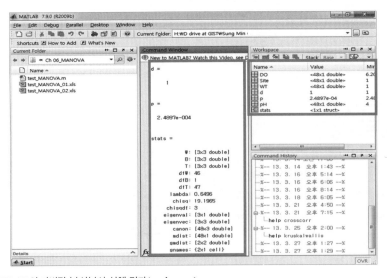

그림 6-9 MATLAB의 다변량 분산분석 실행 결과(workspace)

다변량 분산분석 실행 결과는 command window에 출력값 d, p 및 stats로 나타나며, 상세한 결과는 workspace에서 확인할 수 있다. MATLAB 프로그램을 활용한 일원 다변량 분산분석은 2개 이상의 다변량 데이터의 평균벡터 비교를 수행하며, 출력값의 d는 그룹 평균의 차원값, p는 *p*-value, stats는 그림 6-9와 같은 다양한 통계값들을 출력한다. 자세한 정보는 MATLAB help menu에서 확인할 수 있다.

SPSS와 MATLAB의 결과를 보면 서로 상이함을 알 수 있다. MATLAB 프로그램은 계산 재현성이 우수하지만, 다변량 분산분석의 경우 SPSS 프로그램에 비해 정교한 결과값이 출력되지 않는다. 또한 MATLAB 프로그램은 통계에 특화된 SPSS에 비해 다변량 분산분석을 수행하는 데 있어 한계가 있다.

4 어떻게 해석하는가?

다변량 분산분석의 결과 해석에는 검정 결과의 유의수준(significance level)을 사용한다. 어떤 데이터가 주어질 때 다변량 분산분석을 사용하여 유의수준을 얻게 되면, 그에 대한 해석은 일반적으로 다음과 같이 설명할 수 있다.

① Box's test of Equality of Covariance Matrices(표 6-4)에서 유의수준≤.05일 경우 다음과 같이 결론을 내릴 수 있다.
➡ 그룹 간 공분산이 통계적으로 유의한 수준에서 다르다. 따라서 다변량 분산분석의 가정을 기각한다(p≤.05).

② Box's test of Equality of Covariance Matrices(표 6-4)에서 유의수준>.05일 경우 다음과 같이 결론을 내릴 수 있다.
➡ 그룹 간 공분산이 통계적으로 유의한 수준에서 다르지 않다. 따라서 다변량 분산분석의 가정은 유효하다(p>.05).

③ 다변량 분산분석 결과(표 6-5)에서 유의수준≤.05일 경우 다음과 같이 결론을 내릴 수 있다.

➡ 독립변수(Site)는 모든 종속변수에 대해 유의한 영향을 미친다($p \leq .05$).

④ 다변량 분산분석 결과(표 6-5)에서 유의수준>.05일 경우 다음과 같이 결론을 내릴 수 있다.
➡ 독립변수(Site)는 모든 종속변수에 대해 유의한 영향을 미치지 않는다($p > .05$).

⑤ Levene's Test 결과(표 6-6)에서 유의수준≤.05일 경우 다음과 같이 결론을 내릴 수 있다.
➡ 종속변수의 분산(pH)은 유의한 차이가 있다($p \leq .05$).

⑥ Levene's Test 결과(표 6-6)에서 유의수준>.05일 경우 다음과 같이 결론을 내릴 수 있다.
➡ 종속변수의 분산(WT, DO)은 유의한 차이가 없다($p > .05$).

■ 참고문헌

1. Alkarkhi, A. M., Ahmad, A., Ismail, N. & Easa, A. (2008). Multivariate analysis of heavy metals concentrations in river estuary. *Environmental Monitoring and Assessment*, 143(1-3), 179-186.

2. Berthold, M. & Hand, D. J. (2003). *Intelligent Data Analysis: An Introduction*(2nd ed.). Heidelberg: Springer-Verlag.

3. French, A., Macedo, M., Poulsen, J., Waterson, T. & Yu, A. (2008, Last updated: 06/04/08). *Multivariate Analysis of Variance*(*MANOVA*). Retrieved January 2, 2013.

4. http://online.sfsu.edu/efc/classes/biol710/manova/manovanewest.htm.

5. Johnson, R. A. & Wichern, D. W. (2007). *Applied Multivariate Statistical Analysis*(6th ed.). Upper Saddle River, NJ: Pearson Education, Inc.

6. Ki, S. J., Kang, J. H., Lee, Y. G., Lee, Y. S., Sthiannopkao, S. & Kim, J. H. (2009). Statistical assessment for spatio-temporal water quality in Angkor, Cambodia. *Water Science and Technology*, 59(11), 2167-2178.

7. Takada, Y. (1999). Influence of shade and number of boulder layers on mobile organisms on a warm temperate boulder shore. *Marine Ecology Progress Series*, 189, 171-179.

8. Townend, J. (2001). *Practical Statistics for Environmental and Biological Scientists*. West Sussex: John Wiley & Sons Ltd.

9. Wijesinghe, R. U., Feng, Y., Wood, C. W., Stoeckel, D. M. & Shaw, J. N. (2009). Population dynamics and genetic variability of Escherichia coli in a mixed land-use watershed. *Journal of Water and Health*, 07(3), 484–496.

7장

비모수 검정
non-parametric test

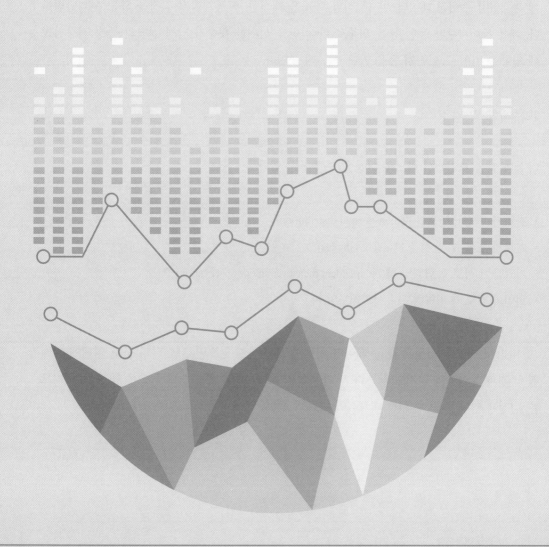

비모수 검정이란?

분산분석(ANOVA)과 다변량 분산분석(MANOVA)은 데이터가 정규분포(normal distribution) 조건 등을 만족해야 하지만, 비모수 검정(non-parametric test)은 이러한 가정을 필요로 하지 않는다. 이 장에서는 비모수 검정의 대표적인 방법론을 이용한 분석방법과 결과 해석에 대해 설명한다.

1-1 정의

비모수 검정은 다른 분석방법과 달리 모수에 대한 가정을 전제로 하지 않으며 모집단의 형태에 관계없이 주어진 데이터로부터 직접 확률을 계산한 후 통계학적 검정을 하는 분석방법이다. 예를 들어 1주일 동안 콩을 위주로 한 식단을 섭취한 횟수가 남성 집단의 특정 건강지표에 영향을 미칠 수 있는지 등을 판단하는 데 쓰인다.

1-2 제한 및 가정

다음과 같은 조건에서 비모수 검정을 수행할 수 있다.

- 자료가 비정규분포일 때(non-normal distribution)
- 자료의 표본 수가 적을 때(a few samples)
- 자료들이 서로 독립적일 때(independent measurement or observation)
- 변인의 척도가 명명척도나 서열척도일 때

따라서 비모수 검정은 특정 데이터 항목에 의존하지 않으며, 데이터의 분포 형태에 의해 분석 결과가 영향을 받지도 않는다. 반면, 데이터 간의 서열 또는 순위와 같은 특징 등이 비모수 검정에 영향을 줄 수 있는 대표적인 지표가 될 수 있다.

1-3 이해의 예

콩 위주의 특정 식단을 남성집단을 대상으로 1주일 동안 서로 다른 횟수만큼 섭취하도록 했을 때, 해당 남성집단의 특정 건강기능의 변화에 대해 살펴보고자 한다. 이때 1주일 동안 특정 식단을 섭취한 횟수는 그 횟수에 따라 순위별로 정렬할 수 있고, 이러한 모집단의 특성으로 인해 비모수 검정이 적용될 수 있다.

1-4 비모수 검정의 종류

1) Mann-Whitney 검정법

Mann-Whitney 검정법은 그림 7-1과 같이 서로 다른 집단의 데이터들에 대해 일괄적으로 순위를 매긴 후, 각 집단의 데이터들이 부여받은 순위합을 기본으로 활용하는 검정방법이다. 이 방법은 각 집단의 순위합의 크기가 통계적으로 차이가 있는지의 여부를 검정할 수 있다. 이 과정에서 본래 데이터가 갖고 있던 고유값들은 순위만 남고 모두 상실되어 통계분석에 적용되지 않기 때문에, 각 집단의 평균과 표준편차는 가설검정에서 의미가 없게 된다. 따라서 각 집단의 평균 차이 등을 언급할 수 없으나 정규분포에 대한 가정을 하지 않으므로 서열에 의한 순위를 부여 받을 경우 모두 적용할 수 있는 장점이 있다(배정민, 2012).

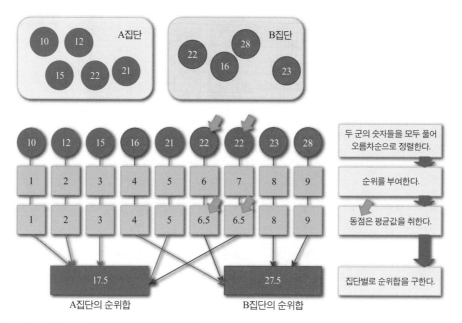

그림 7-1 Mann-Whitney 검정법의 개념(배정민, 2012)

2) Wilcoxon 부호순위 검정(signed-rank test)

Wilcoxon 부호순위 검정에서는 두 집단 간의 데이터들이 전후 관계 등의 상관관계가 있을 경우, 해당 데이터들 간의 차이를 계산하여 새로운 데이터들을 생성한다. 이들 데이터를 절대 값순으로 나열하여 순위를 부여한 후, 부여된 순위값에 계산된 데이터의 원래 부호를 승계시킨다. 이렇게 생성된 순위값을 양의 순위값과 음의 순위값으로 분류하여, 각 집단의 순위값의 합의 크기가 통계적으로 차이가 있는지 통계 검정을 실시한다(그림 7-2, 배정민, 2012). 이러한 검정방법은 일반적으로 모수적인 방법보다 검정력이 낮으며, 순위만 비교한 것이기 때문에 원래 집단 간 평균의 차이를 언급할 수 없다는 단점이 있다.

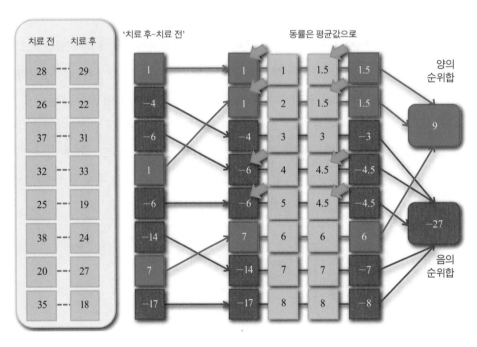

그림 7-2 Wilcoxon 부호순위 검정법의 개념(배정민, 2012)

3) Friedman 검정

Friedman 검정은 특정 집단의 데이터들에 대해 여러 차례의 평가가 진행될 경우, 각 데이터들 간의 평가 결과 차이를 확인하고 그 평가 결과의 일관성을 파악하기 위해 이용된다. 예를 들어 m개의 표본에 대해 n회의 서로 다른 실험이 진행됐을 때, 각 실험 결과를 순위로 서열화하여 각 표본 실험 결과가 다른 표본들과 비교했을 때 어떤 차이를 나타내는지 알 수 있으며, 개별 표본들의 결과 순위값이 일관되게 고르게 나타나는지에 대해서도 판단할 수 있다.

4) Kruskal-Wallis 검정

Kruskal-Wallis 검정은 서로 다른 집단이 모두 정규성을 만족하지 않아서 평균을 통해 각 집단의 크기 차이를 비교할 수 없을 때 이용된다. 각 집단에 있는 모든 데이터들을 크기순으로 정렬하여 순위를 매긴 후, 각 집단별로 해당 데이터들이 부여 받은 순위의 평균값을 구한다. 크기의 차이가 없는 집단들이라면 평균값도 비슷할 것이고, 집단 간 차이가 많이 난다면 평균값도 차이가 날 것이다.

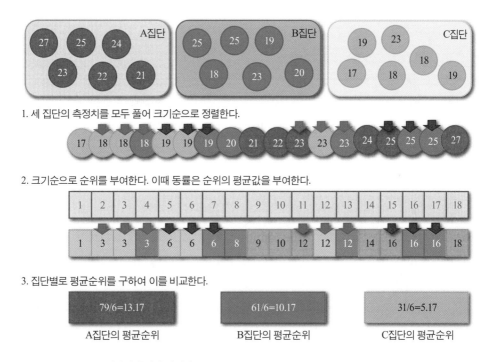

그림 7-3 Kruskal-Wallis 검정법의 개념(배정민, 2012)

Kruskal-Wallis 검정은 다른 비모수 검정 분석방법들에 비해 상대적으로 복잡하기 때문에 7장에서는 Kruskal-Wallis 검정을 위주로 설명한다.

Kruskal-Wallis 검정은 비정규분포에서 다수의 표본 간 차이를 일괄적으로 검정하기 위해 이용하는 방법으로, 정규분포의 분산분석에 해당하는 방법이다(오승영, 2005). 만약 3개 이상의 표본집단이 있고 각각의 표본집단이 다수의 관측값으로 되어 있다고 할 때, 각 표본집단 사이에 통계적으로 유의한 차이가 존재하는지 검정할 수 있다(Gilbert, 1987; Dong et al., 2012). 우선 전체 표본집단에 속해 있는 관측값 전체를 차례로 놓고 순위를 매긴다. 그런 다음 각 관측값들이 속해 있던 표본집단으로 해당 관측값들의 순위 정보를 할당하며, 각 표본집단에 할당된 순위 정보들의 총합이 계산된다. 이때 검정에 사용되는 Kruskal-Wallis 검정의 통계량 H는 다음과 같이 계산된다.

$$H = \frac{12}{N(N+1)} \sum_{i=1}^{k} \frac{R_i^2}{n_i} - 3(N+1) \tag{7.1}$$

여기서, N은 전체 관측값 수, k는 전체 표본집단 수, n_i는 각 표본집단에 속한 관측값 수, R_i는 각 표본집단에 할당된 순위 정보들의 총합이다. 통계량 H는 특정 표본집단의 표본의 상위가 클수록 커진다. 표본집단 수가 4 이상이거나 특정 표본집단에 속한 관측값 수가 6 이상일 때 통계량 H는 자유도 $k-1$의 χ^2분포를 나타내며, χ^2 분포표로부터 그 유의수준을 판정할 수 있다. 이 방법은 일원 배치 분산분석법에서 필요한 분산의 균일성 및 분포의 정규성에 대한 가정이 불필요하기 때문에 보다 광범위한 데이터에 적용할 수 있는 장점을 지니고 있다.

Kruskal-Wallis test와 함께 각 집단 간 중간값이 동일하다는 귀무가설을 검증하기 위해 평균 순위의 차이를 평가하는 χ^2(chi-square) 통계분석이 이용된다. χ^2 통계분석은 1개 이상의 카테고리 내에서 관측값의 실제 빈도와 예상되는 관측값의 빈도 사이에 유의할 만한 수준의 차이가 존재하는지 판단하기 위해 사용되며, 다음과 같이 계산할 수 있다(Guber et al., 2008; Hu et al., 2012).

$$\chi^2 = \frac{(O-E)^2}{E} \tag{7.2}$$

여기서 O는 실제 빈도, E는 예상 빈도이다. 이러한 계산에 의해 얻어진 χ^2값과 df 값을 이용하여 유의수준 $p<.05$에서 통계적으로 유의미한 결과를 갖는지 알아보기 위해 χ^2 분포표에서

비교를 한다(김주한, 1995). 구해진 χ^2값이 분포표의 해당값보다 크면 두 변인 사이는 서로 독립적이지 않고 연관이 있음을 알 수 있다.

 3 어떻게 결과를 얻는가?

Kruskal-Wallis test 결과는 여러 상용화된 통계 프로그램 및 통계 기능을 지원하는 프로그램을 사용하여 얻을 수 있다. 7장에서는 SPSS 프로그램과 MATLAB 프로그램을 사용한다.

3-1 SPSS

(1) 데이터 입력

'Ch 07_Non-parametric Test' 폴더에 있는 예제파일 'kwtest.xlsx'를 SPSS Statistics Data Editor 창으로 불러온다. 'kwtest.xlsx' 파일의 속성은 표본집단과 관련된 정보인 'soya', 개별 표본들의 실제값과 관련된 정보인 'sperm', 전체 개별값들의 서열 순위와 관련된 정보인 'ranks'로 구성되어 있다. Kruskal-Wallis test는 기본적으로 전체 표본값들의 서열순위 정보를 이용하여 검정을 수행하므로, 입력 정보는 집단 정보, 실제 표본값 정보, 표본값 서열 순위 정보 등 최소 3개 이상의 입력변수로 구성되어야 한다.

	soya	sperm	ranks	var	var
1	4	.31	1		
2	4	.32	2		
3	2	.33	3		
4	1	.35	4		
5	2	.36	5		
6	3	.40	6		
7	4	.56	7		
8	4	.57	8		
9	1	.58	9		
10	3	.60	10		
11	2	.63	11		
12	2	.64	12		
13	4	.71	13		

그림 7-4 데이터가 입력된 SPSS Statistics Data Editor 창의 화면

(2) Kruskal-Wallis 검정 수행

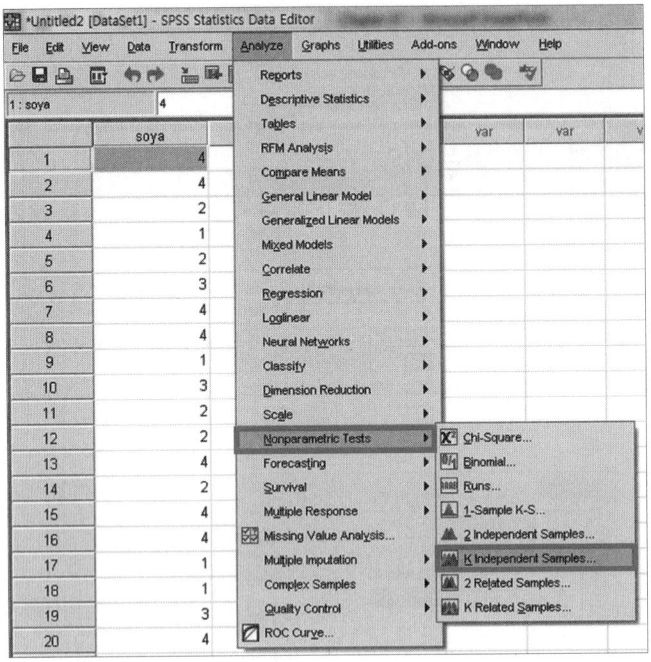

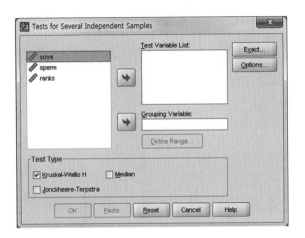

그림 7-5 Kruskal-Wallis 검정을 수행하기 위한 기본 경로

• 검정 순서

메뉴에서 [Analyze] → [Nonparametric Tests] → [K Independent Samples](단축키 Alt + A, N, K) 순서로 진행하면(그림 7-5) 그림 7-6과 같은 창이 열린다.

그림 7-6 Kruskal-Wallis 검정 실행 시 첫 화면

입력된 데이터의 변수 'soya', 'sperm', 'ranks' 중 실제 표본값에 해당하는 변수 'sperm'을 'Test Variable List' 칸에 입력하고, 집단 정보에 해당하는 변수 'soya'를 'Grouping Variable:' 칸에 입력한다. 'Define Range' 버튼을 눌러서 표본집단의 'Minimum' 및 'Maximum' 정보를 입력한 후 'Continue' 버튼을 누른다.

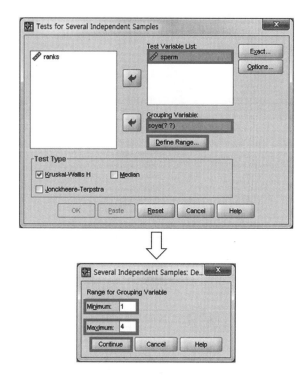

그림 7-7 Kruskal-Wallis 검정 실행 설정 화면 및 Define Range 설정 내용

'Exact' 버튼을 누르면 검정방법에 대한 옵션을 선택할 수 있다(그림 7-8). 이때 표본값의 수가 상대적으로 많을 경우에는 'Monte Carlo' 옵션을, 표본값의 수가 상대적으로 적을 경우에는 'Exact' 옵션을 선택하며, 선택한 옵션들에 대한 설정을 한 후 'Continue' 버튼을 누른다.

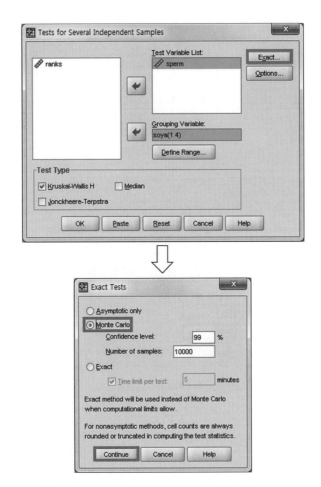

그림 7-8 Kruskal-Wallis 검정 실행 설정 화면 및 검정방법 선택 관련 옵션 설정 내용

'Options' 버튼을 눌러서 'Statistics'의 'Descriptive' 항목을 선택한 후 'Continue' 버튼을 누른다. 최종적으로 메인 설정창의 'Test Type' 항목에서 'Kruskal-Wallis H' 옵션이 선택되어 있는지 확인한 후 'OK' 버튼을 누르면 'Output' 창이 활성화된다.

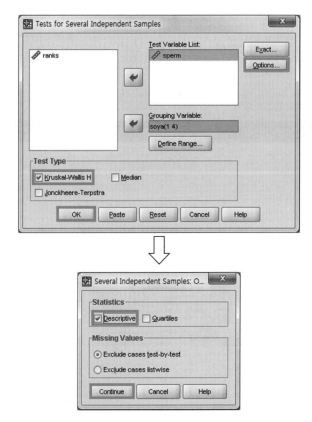

그림 7-9 Kruskal-Wallis 검정 실행 설정 화면 및 통계처리방법 선택 관련 옵션 설정 내용

(3) Kruskal-Wallis 검정 결과

표 7-1 SPSS의 Kruskal-Wallis 검정 실행 결과: Descriptive Statistics

	N	Mean	Std. Deviation	Minimum	Maximum
TP load	80	3.839250	4.2605594	.3100	21.0800
Plant area	80	2.50	1.125	1	4

표 7-2 SPSS의 Kruskal-Wallis 검정 실행 결과: Ranks

	Plant area	N	Mean Rank
	1	20	46.35
	2	20	44.15
TP-load	3	20	44.15
	4	20	27.35
	Total	80	

표 7-3 SPSS의 Kruskal-Wallis 검정 실행 결과: Test Statistics[a, b]

	TP load
Chi-Square	8.659
df	3
Asymp. Sig.	.034

[a] Kruskal-Wallis 검정
[b] Grouping Variable: Plant area

표 7-1~7-3은 Kruskal-Wallis 검정에 대한 결과를 보여준다. 표 7-1은 기술 통계치로, 표본 집단 데이터와 표본값 데이터의 개수, 평균, 표준편차, 최소값 및 최대값에 대한 정보가 포함되어 있다. 표 7-2는 Kruskal-Wallis 검정을 위한 서열 관련 정보이며 각 표본집단별 서열 데이터의 수 및 평균 서열값이 제시되어 있다. 표 7-3은 설정한 'Grouping Variable'을 기준으로 한 Kruskal-Wallis 검정 결과값이 제시되어 있다. Kruskal-Wallis 검정 결과, 유의수준은 .034로 나타났다. 이를 통해 "표본집단을 구분하는 기준인 'soya'는 표본('sperm')의 분포 양상에 유의할 만한 수준의 영향을 미치는 조건이다($p \leq .05$)."라는 결론을 얻을 수 있다.

3-2 MATLAB

(1) 데이터 입력

'Ch 07_Non-parametric Test' 폴더에 있는 예제파일 'kwtest.xlsx'에서 분석에 필요한 데이터의 행과 열을 확인한 후 MATLAB 프로그램으로 데이터를 불러온다. Kruskal-Wallis 검정을 수행하는 데 필요한 기본 코드는 아래와 같으며, 정확한 사용법 및 기능에 대해서는 MATLAB command window에서 help cluster 또는 doc cluster 등을 입력하여 확인한다.

```
close all; clear all; clc;

% Load variables
A=xlsread('kwtest.xlsx','A:A'); % Load variable - Group
B=xlsread('kwtest.xlsx','B:B'); % Load variable - Data
```

이때 변수 A에는 표본집단 정보의 데이터가 입력되고, 변수 B에는 개별 표본들의 데이터가 입력된다. 데이터의 입력 여부는 MATLAB 메인 실행창에 위치한 workspace에서 확인할 수 있다. 예시의 입력자료용 엑셀파일에는 추가적으로 전체 표본집단에 대한 서열 정보가 존재하나, MATLAB 프로그램을 이용한 Kruskal-Wallis test 과정에서는 서열이 할당되므로 별도로 해당 정보를 불러오지 않아도 된다.

(2) Kruskal-Wallis 검정 수행

MATLAB 프로그램에서 Kruskal-Wallis 검정 수행은 다음과 같은 간단한 코드 작성으로 가능하다. 기본 코드는 다음과 같다.

```
% Do Kruskal-Wallis test
[p,tbl]=kruskalwallis(B,A);
```

출력값 p는 각 표본집단 내 표본의 실제값에 기반한 box plot을 나타내며, 각 표본집단별로 95% 신뢰수준 상한 및 하한과 유효구간의 상한 및 하한을 보여준다. 출력값 tbl은 전체 표본값들의 서열에 기반하여 산정된 standard Kruskal-Wallis ANOVA table을 제공하며, sum of square, 자유도, chi-square 통계값 및 p-value 등에 관한 정보들을 포함하고 있다. 코드에서 입력값 A는 표본집단의 정보에 대한 변수이며, 입력값 B는 개별 표본들의 실제값에 해당하는 변수이다. 초기 환경 설정에서 여기까지 입력할 경우 그림 7-11과 같은 표와 그림 7-12와 같은 그림을 출력하며, 변수들 정보 뒤에 'off'를 입력할 경우 해당 그림과 표를 출력하지 않을 수 있다. MATLAB Editor 창의 Kruskal-Wallis 검정을 위한 최종 코드 입력은 다음과 같으며, 실행 결과는 그림 7-10~7-12와 같다.

```
close all; clear all; clc;


% Load variables
A=xlsread('kwtest.xlsx','A:A');         % Load variable - Group
B=xlsread('kwtest.xlsx','B:B');         % Load variable - Data


% Do Kruskal-Wallis test
[p, table, stats]=kruskalwallis(B,A);
```

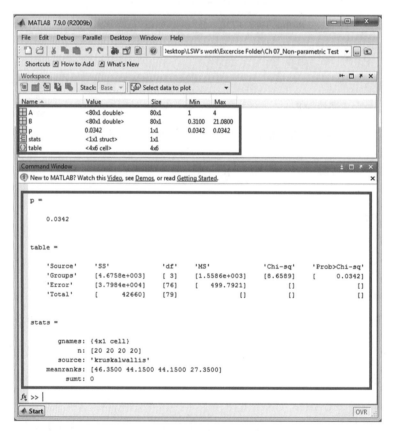

그림 7-10 MATLAB 프로그램의 Kruskal-Wallis 검정 실행 결과(workspace)

Kruskal-Wallis 검정 실행 결과는 command window에 출력값 'p', 'table', 'stats'로 나타나며, 상세한 결과는 workspace에서 확인할 수 있다. 이 결과들은 검정 실행 시 출력되는 2개의 그림(그림 7-11, 7-12)에서도 동일한 내용을 확인할 수 있다.

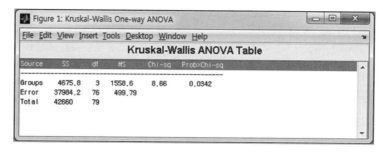

그림 7-11 MATLAB 프로그램의 Kruskal-Wallis 검정 실행 결과(ANOVA table)

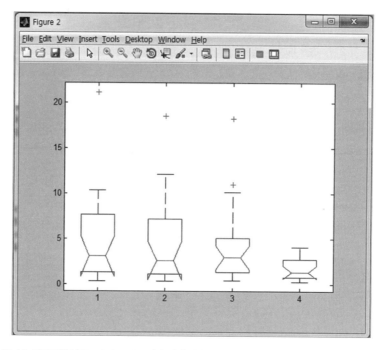

그림 7-12 MATLAB 프로그램의 Kruskal-Wallis 검정 실행 결과(box plot)

MATLAB 결과를 통해 유의수준이 .05 이하임을 확인할 수 있다. 해석 결과는 SPSS에서의 해석 결과와 같다.

Kruskal-Wallis 검정 결과의 해석에는 검정 결과의 유의수준(significance level)을 사용한다. 어떤 데이터가 주어질 때 Kruskal-Wallis 검정을 사용하여 유의수준을 얻게 되면, 그에 대한 해석은 일반적으로 다음과 같이 설명할 수 있다.

① 다수의 모집단과 그에 속해 있는 전체 모수들을 대상으로 Kruskal-Wallis 검정 결과가 유의수준 > .05일 경우 다음과 같이 결론을 내릴 수 있다.

➡ 표본집단을 구분하는 기준이 되는 차이는 표본의 분포 양상에 유의할 만한 수준의 영향을 미치지 않는다($p > .05$).

② 다수의 모집단과 그에 속해 있는 전체 모수들을 대상으로 Kruskal-Wallis 검정 결과가 유의수준 ≤ .05일 경우 다음과 같이 결론을 내릴 수 있다.

➡ 표본집단을 구분하는 기준이 되는 차이는 표본의 분포 양상에 유의할 만한 수준의 영향을 미치는 조건이다($p ≤ .05$).

■ 참고문헌

1. Gilbert, R. O. (1987). *Statistical Methods for Environmental Pollution Monitoring.* New York: Van Nostrand Reinhold, p. 320.

2. Weihong Dong, Xunhong Chen, Zhaowei Wang, Gengxin Ou & Can Liu. (2012). Comparison of vertical hydraulic conductivity in a streambed-point bar system of a gaining stream. *Journal of Hydrology*, 9–16, 450–451.

3. Guber, A. K., Gish, T. J., Pachepsky, Y. A., van Genuchten, M. T., Daughtry, C. S. T., Nicholson, T. J. & Cady, R. E. (2008). Temporal stability in soil water content patterns across agricultural fields. *Catena*, 73(1), 125–133.

4. Wei Hu, Lindsay K. Tallon & Bing Cheng Si. (2012). Evaluation of time stability indices for soil water storage upscaling. *Journal of Hydrology*, 475, 229–241.

5. 김주한, 김정란(1995). 임의로 관측중단된 두 표본자료에 대한 카이제곱 검정방법. 응용통계연구, 8(2), 109-119.

6. 배정민(2012). 그림으로 이해하는 닥터 배의 술술 보건의학통계. 한나래.

7. 오승영, 김진수, 오광영(2005). 비모수검정을 이용한 논침투수 수질의 평가. 한국농공학회논문집, 47(2), 99-110.

3부에서는 두 개의 환경변수 데이터가 상관성을 가지고 있을 경우 해석할 수 있는 방법론을 여러 가지 관점에서 설명한다. 이를 위해 상관분석과 회귀분석, 그리고 곡선일치분석의 차이점에 대해 기술한다.

- 8장 상관분석(correlation analysis)
- 9장 회귀분석(regression analysis)
- 10장 곡선일치분석(curve fitting analysis)

3부

상관성 활용 분석

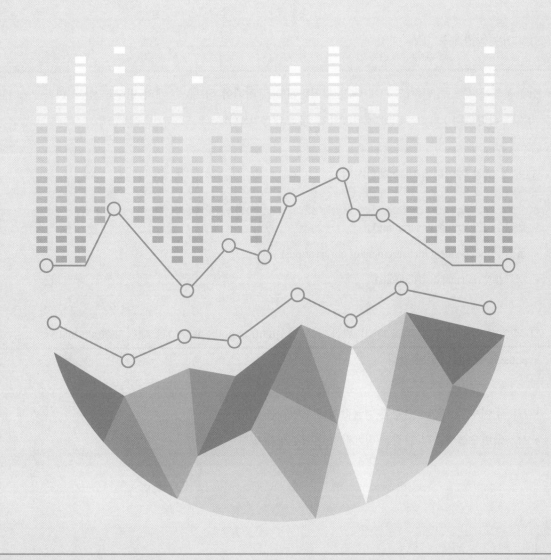

8장

상관분석
correlation analysis

1 상관분석이란?

1-1 정의

상관분석은 두 개 이상의 변수 사이에 존재하는 상관관계의 밀접한 정도를 측정하는 통계적 기법이다. 가장 보편적인 상관분석방법으로 피어슨 상관계수(Pearson's correlation coefficient, r)와 스피어만 상관계수(Spearman's rank correlation coefficient)가 있으며, +1과 –1 사이의 값을 제시한다.

1-2 제한 및 가정

1) 피어슨 상관계수

상관분석에서는 두 변수(X, Y)에 대한 선형관계를 고려해야 하며, 두 개의 변수는 상호 변환이 가능하다(X와 Y의 관계강도는 Y와 X의 관계강도와 동일하다).

① 분석 대상 데이터에 대한 제한사항

- 무작위 표본(random sampling)
- 독립성(independent measurement or observations)
- 정규분포(normal distributions)

② 피어슨 상관계수 분석을 하기 위한 귀무가설(null hypothesis, H_0)과 대립가설(alternative hypothesis, H_1)은 다음과 같다

- H_0: 각 변수들로부터 산정된 평균값의 선형관계는 없다.
- H_1: 각 변수들로부터 산정된 평균값의 선형관계가 있다.

③ 피어슨 상관계수의 *p*-value

p-value는 모집단에서 추출된 두 변수의 평균값이 어느 정도의 신뢰도로 선형관계를 가지는지 나타내는 값이며, 관계강도(strength of the correlation, *r*)와 표본집단(sample)의 크기(혹은 자유도, degree of freedom)에 의해 결정된다. 또한 *r*-value 테이블에서 각각의 자유도에 따라 결정될 수 있으며, 통계 프로그램을 이용하여 직접 산정할 수 있다.

2) 스피어만 상관계수

스피어만 상관계수는 피어슨 상관계수와 달리 분석하고자 하는 데이터의 분포 형태에 대한 제한사항이 없다. 즉 피어슨 상관분석을 적용하기 위해서는 대상 집단의 데이터가 정규분포를 따라야 하지만, 스피어만 상관계수의 경우 분석할 데이터가 정규분포를 따르지 않는 조건에서도 적용이 가능하다.

① 스피어만 상관분석을 위한 귀무가설(null hypothesis, H_0)과 대립가설(alternative hypothesis, H_1)은 다음과 같다.

- H_0: 각 변수들 간의 단조(monotonic) 상관관계는 없다.
- H_1: 각 변수들 간의 단조(monotonic) 상관관계가 있다.

  X, Y 간의 단조 상관관계는 Y의 증가가 항상 X의 증가를, X의 증가가 항상 Y의 증가와 관계가 있음을 의미한다. 피어슨 적률 상관관계와는 달리, 유의한 상관관계가 선형관계뿐만 아니라 단조 관계의 비선형관계에서도 나타날 수 있다.

1-3 이해의 예

- 강우 유출 시 발생하는 유량 변화와 수질 변화에 대한 관계분석
- 강우량과 수질 간의 관계
- 특정 입자상 물질과 비점오염물질 유출과의 관계

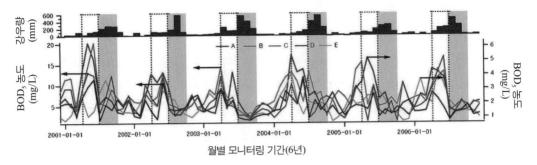

그림 8-1 강우량과 BOD의 변화 관계 분석(Cha et al., 2009)

1-4 상관분석의 종류

1) 피어슨 상관계수

피어슨 상관계수(Pearson's correlation coefficient)는 Karl Pearson에 의해 만들어진 상관분석 방법으로, 보편적인 모수통계에서 사용되는 상관계수분석방법이다(Rodgers & Nicewander, 1988). +1의 상관계수는 완전한 양(+)의 상관관계를 나타내고, −1의 상관계수는 완전한 음(−)의 상관관계를 나타낸다. 한편 상관계수의 제곱값은 결정계수(coefficient of determination, R^2)라고 하며, 종속변수의 전체 변이 중 독립변수가 설명해 줄 수 있는 비율을 나타낸다.

피어슨 상관계수의 기본식은 식 (8.1)과 같다. 'Ch 08_Correlation Analysis' 폴더에 있는 예제파일 'pearson_Example.xlsx'에서 확인할 수 있듯이, Excel의 'correl' 함수를 사용한 결과와 식 (8.1)의 결과가 동일함을 알 수 있다(row 38 in pearson_Example.xlsx file).

$$r = \frac{\sum_{i=1}^{n}(X_i - \overline{X})(Y_i - \overline{Y})}{\sqrt{\sum_{i=1}^{n}(X_i - X)^2}\sqrt{\sum_{i=1}^{n}(Y_i - Y)^2}} \tag{8.1}$$

여기서 $\overline{X}$와 $\overline{Y}$는 변수 X와 Y의 평균이다. 결정계수는 식 (8.1)의 제곱값이다.

2) 스피어만 상관계수

스피어만 상관계수(Spearman's rank correlation)는 비모수 검정을 위한 모수 검정방법에서의 피어슨 상관관계의 대체 분석방법으로, 변수 간 상관관계를 자료의 순위값에 의하여 계산한다. 서열 특성을 지닌 연속적 혹은 불연속 데이터를 분석하는 데 적합하다(Lehman et al., 2005).

스피어만 상관계수의 기본식은 식 (8.2)와 같다.

$$\rho = 1 - \frac{6\sum d_i^2}{n(n^2-1)} \tag{8.2}$$

여기서 d_i는 i에 할당된 두 등위 간의 차다.

3) 자기상관계수

자기상관계수(auto-correlation coefficient)는 측정 데이터 가운데 주기성(periodicity)이나 반복성(repeatability)을 분석하기 위한 방법이다. 연속적으로 측정된 데이터 중 각 데이터들 간의 종속성 또는 자기유사성(self-similarity) 분석을 통한 연속 데이터상의 반복성이 나타나는 경우 이 분석방법을 적용할 수 있다.

자기상관계수의 기본식은 식 (8.3)과 같다.

$$\hat{\rho}(j) = \frac{\dfrac{1}{(n-1)} \displaystyle\sum_{t=j+1}^{n} (y_t - \overline{y})(y_{t-j} - \overline{y})}{\dfrac{1}{(n-1)} \displaystyle\sum_{t=1}^{n} (y_t - \overline{y})^2} \tag{8.3}$$

4) 상호상관계수

자기상관분석이 하나의 변수에 대해 측정된 데이터 간 주기성 또는 반복성을 분석하기 위한 방법이라면, 상호상관분석(cross-correlation)은 두 변수들로부터 측정된 데이터 간 종속성(dependency)과 부합성(correspondence)을 분석하는 방법이다. 자기상관분석과 상호상관분석 모두 시간 특성 데이터와 함께 공간 특성 데이터에도 적용할 수 있는 방법이다.

상관분석은 기본적으로 데이터 간에 관계성이 얼마나 존재하는지를 분석하는 것이며, 두 데이터 간에 관계성이 있는지 없는지에 대한 가장 객관적인 결과값을 보여준다. 따라서 관계성 비교가 필요한 어떠한 데이터에도 적용이 가능하다. 두 데이터 간의 평균 차이가 유의한지 유의하지 않은지는 t-검정의 p-value로 판단할 수 있듯이, 두 데이터 간에 관계성이 어느 정도로 양 혹은 음의 관계인지를 수치화하여 보여줄 수 있는 것이 상관분석이다. 그러므로 상관분석은 최종적으로 관계를 나타내는 수치(-1과 1 사이)와 p-value를 제시해 준다. 제시된 p-value는 .05를 기준으로 통계적으로 유의한 수준에서 관계를 나타내는 수치값에 대한 의사 판단의 수단으로, 객관적인 판단의 기준이 된다고 할 수 있다. 실제로 상관분석이 연구에 수행된 예를 들면 다음과 같다.

- 강우 시 고속도로에서 발생하는 유출수를 모니터링하고, 측정된 수질들의 유량가중농도(Event Mean Concentration, EMC)를 활용하여 피어슨 상관분석을 통하여 관계성을 분석(Han et al., 2006)
- 유역으로부터 배출되는 병원균(pathogen)의 이동(transport)과 사활(fate)을 예측하기 위해 모델링을 진행하였으며, 피어슨 상관분석을 이용하여 총대장균군(total coliform)과 대장균(*E. coli*)의 관계, 퇴적물과 대장균의 관계성을 분석(Wu et al., 2009)
- 하천수 표본을 채취하여 병원균 농도를 측정하고 스피어만 순위상관분석을 활용하여 병원균과 탁도(turbidity)의 관계성을 분석(Dorner et al., 2007)
- 연안 해수의 용존산소, pH, 빛의 세기(light intensity), 용존영양물질(nitrate, ammonium, phosphate, silicate), 부유물질, 클로로필(a, b ,c)에 대한 스피어만 순위상관분석 수행(Calliari et al., 2005)
- 주성분분석방법(principal component analysis)으로 추출된 주요 주성분들의 주기성을 판단하기 위해서 자기상관분석을 적용(Cho et al., 2009)
- 강우 시 포장된 도로에서 유출되는 유출수의 유량, 탁도, pH, 전기전도도에 대해 강우사상 및 유출유량의 관계를 분석(Deletic & Maksimovic, 1998)

어떻게 결과를 얻는가?

상관분석 결과는 여러 상용화된 통계 프로그램 및 통계 기능을 지원하는 프로그램을 사용하여 얻을 수 있다. 8장에서는 SPSS 프로그램과 MATLAB 프로그램을 사용한다.

주의　상관분석을 수행하기 위해 컴퓨터 프로그램을 직접 이용할 경우, 일부 분석 프로그램은 상관분석 과정에서 p-value를 산정하지 않는 경우도 있다. 하지만, 상관분석 결과에서 상관계수(r)와 함께 p-value를 언급하지 않을 경우, 상관관계의 결과 해석에 대한 타당성을 보장할 수 없다.

3-1 SPSS

1) 피어슨 상관관계 및 스피어만 순위상관분석

(1) 데이터 로드

'Ch 08_Correlation Analysis' 폴더에 있는 예제파일 'testcorr.xlsx'를 SPSS Statistics Data Editor 창에 업로드한다. 본 데이터는 강우 유출이 발생할 때 'Flow'와 'TSS'를 측정한 자료이다.

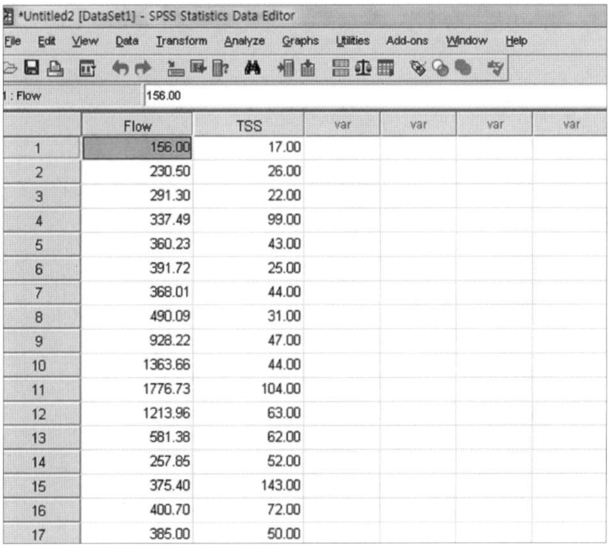

	Flow	TSS	var	var	var	var
1	156.00	17.00				
2	230.50	26.00				
3	291.30	22.00				
4	337.49	99.00				
5	360.23	43.00				
6	391.72	25.00				
7	368.01	44.00				
8	490.09	31.00				
9	928.22	47.00				
10	1363.66	44.00				
11	1776.73	104.00				
12	1213.96	63.00				
13	581.38	62.00				
14	257.85	52.00				
15	375.40	143.00				
16	400.70	72.00				
17	385.00	50.00				

그림 8-2 데이터가 입력된 SPSS Statistics Data Editor 창의 화면

(2) 피어슨 상관관계 및 스피어만 순위상관분석 수행

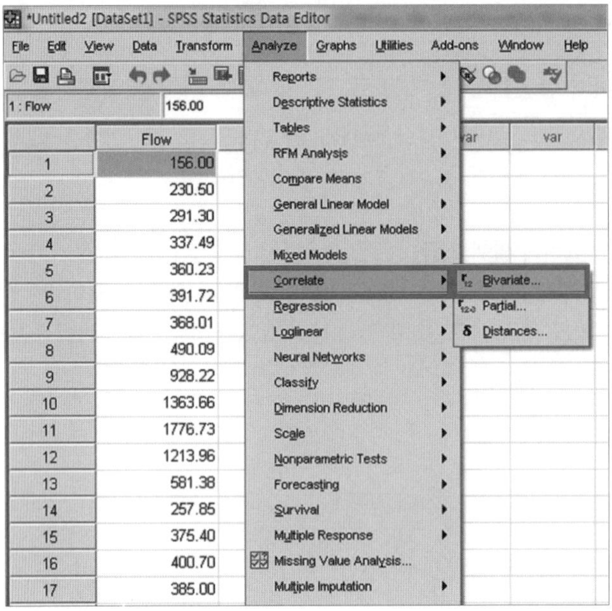

그림 8-3 피어슨 및 스피어만 순위상관분석을 수행하기 위한 경로

• 분석 순서

메뉴에서 [Analyze] → [Correlate] → [Bivariate...](단축키 Alt + A, C, B) 순서로 진행하면(그림
8-3) 그림 8-4와 같은 창이 열린다.

그림 8-4 피어슨 및 스피어만 순위상관분석 실행 시 첫 화면

입력된 데이터의 변수 'Flow', 'TSS'를 'Variables:' 칸에 입력하고, 'Correlation Coefficients' 항목에서 분석하고자 하는 'Pearson', 'Spearman'을 선택한다. 나머지 Options과 'Test of Significance' 항목은 사용자의 필요에 따라 선택하도록 한다. 모든 선택을 완료한 후 'OK' 버튼을 클릭하면 아래 내용들을 포함한 'Output' 창이 활성화된다(표 8-1, 8-2).

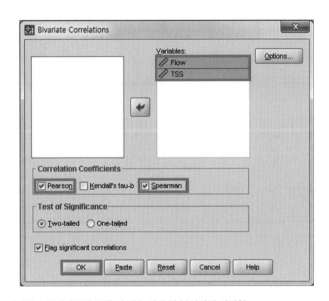

그림 8-5 피어슨 및 스피어만 순위상관분석 실행 시 변수 선택 및 분석방법 선택창

표 8-1 피어슨 상관분석 실행 결과

		Flow	TSS
Flow	Pearson Correlation	1	.598**
	Sig.(2-tailed)		.000
	N	32	32
TSS	Pearson Correlation	.598**	1
	Sig.(2-tailed)	.000	
	N	32	32

** Correlation is significant at the 0.01 level(2-tailed).

표 8-2 스피어만 순위상관분석 실행 결과

			Flow	TSS
Spearman's rho	Flow	Correlation Coefficient	1.000	.700**
		Sig.(2-tailed)		.000
		N	32	32
	TSS	Correlation Coefficient	.700**	1.000
		Sig.(2-tailed)	.000	
		N	32	32

** Correlation is significant at the 0.01 level(2-tailed).

표 8-1과 8-2는 각각 피어슨과 스피어만 순위상관분석의 수행 결과를 보여준다. 두 가지 상관분석을 수행했기 때문에 2개의 표가 출력되며, 두 비교 대상 데이터(Flow, TSS)에 대한 correlation 값과 *p*-value 및 데이터 수가 포함되어 있다. 결과표를 보면 유량과 TSS는 Pearson(r=0.598, p<.01), Spearman(r=0.7, p<.01) 모두에서 유의한 수준의 높은 양(+)의 상관관계를 나타내고 있음을 알 수 있다.

2) 자기상관분석

(1) 데이터 입력

'Ch 08_Correlation Analysis' 폴더에 있는 예제파일 'testautocorr.xlsx'를 SPSS Statistics Data Editor 창으로 불러온다.

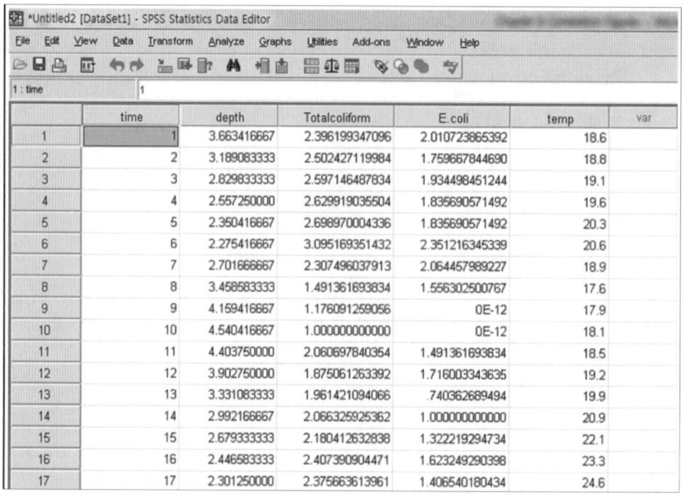

	time	depth	Totalcoliform	E.coli	temp	var
1	1	3.663416667	2.396199347096	2.010723865392	18.6	
2	2	3.189083333	2.502427119984	1.759667844690	18.8	
3	3	2.829833333	2.597146487834	1.934498451244	19.1	
4	4	2.557250000	2.629919035504	1.835690571492	19.6	
5	5	2.350416667	2.698970004336	1.835690571492	20.3	
6	6	2.275416667	3.095169351432	2.351216345339	20.6	
7	7	2.701666667	2.307496037913	2.064457989227	18.9	
8	8	3.458583333	1.491361693834	1.556302500767	17.6	
9	9	4.159416667	1.176091259056	0E-12	17.9	
10	10	4.540416667	1.000000000000	0E-12	18.1	
11	11	4.403750000	2.060697840354	1.491361693834	18.5	
12	12	3.902750000	1.875061263392	1.716003343635	19.2	
13	13	3.331083333	1.961421094066	.740362689494	19.9	
14	14	2.992166667	2.066325925362	1.000000000000	20.9	
15	15	2.679333333	2.180412632838	1.322219294734	22.1	
16	16	2.446583333	2.407390904471	1.623249290398	23.3	
17	17	2.301250000	2.375663613961	1.406540180434	24.6	

그림 8-6 데이터가 입력된 SPSS Statistics Data Editor 창의 화면

(2) 자기상관분석 수행

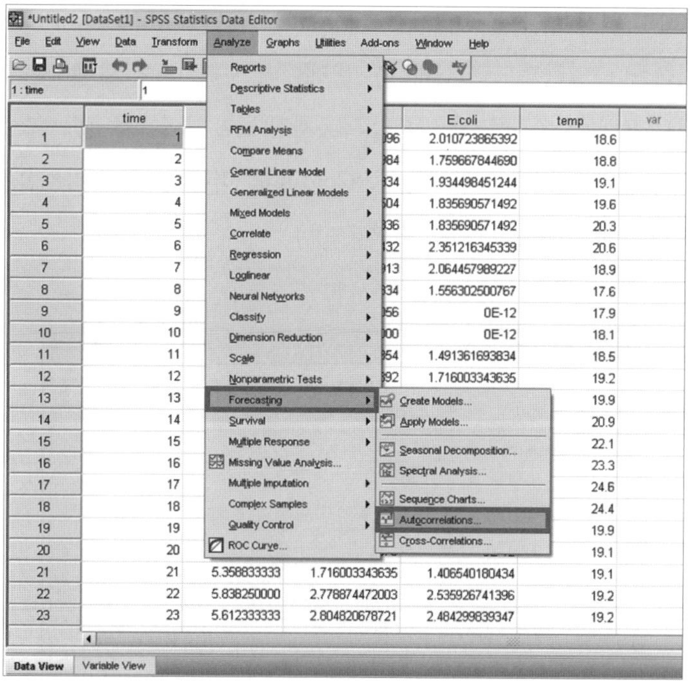

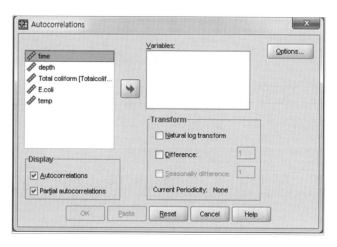

그림 8-7 자기상관분석을 수행하기 위한 경로

- 분석 순서

메뉴에서 [Analyze] → [Forecasting] → [Autocorrelations...](단축키 Alt + A, T, O) 순서로 진행하면 그림 8-8과 같은 창이 열린다.

그림 8-8 자기상관분석 실행 시 첫 화면

입력된 데이터 변수 5개('time', 'depth', 'Total coliform', 'E. coli', 'temp') 중 'temp'를 'Variables:' 칸으로 불러온다. 'Display' 항목에서 분석하고자 하는 'Autocorrelations'에 대해 박스를 클릭하여 선택한 다음 'Options' 버튼을 클릭하여 'Maximum Number of Lags:' 항목에 값을 입력한다. 일반적으로 입력값은 총데이터 수의 1/4에 해당하는 값이며 양의 정수이다. 만약 이보다 더 큰 수치를 적용할 경우 통계적으로 신뢰할 수 없는 값을 보일 수 있다 (Box & Jenkins, 1970). 모든 선택을 완료한 후 'Continue' 버튼과 'OK' 버튼을 누르면 아래 내용들을 포함한 'Output' 창이 활성화된다(그림 8-10).

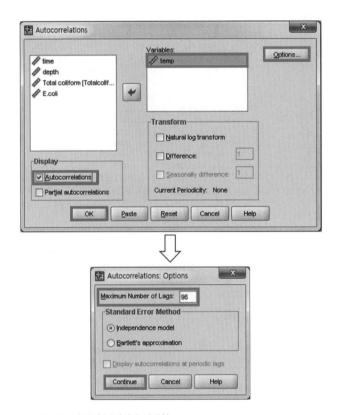

그림 8-9 자기상관분석 실행 시 변수 선택 및 분석방법 선택창

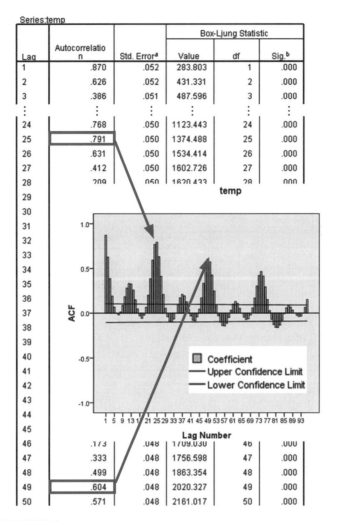

그림 8-10 자기상관분석 실행 결과

자기상관분석 결과는 'Lag number'와 autocorrelation function(ACF) 값이다. 그림 8-10의 표와 그래프를 보면, 약 24 lag을 주기로 'Lag 25'와 'Lag 49'에서 local peak를 보이고 있으며, 이후 'Lag 74'에서도 나타난다. 이는 'temp' 변수가 주기성을 보임을 의미한다.

3) 상호상관분석(또는 교차상관분석)

(1) 데이터 입력

'Ch 08_Correlation Analysis' 폴더에 있는 예제파일 'testcrosscorr.xlsx'를 SPSS Statistics Data Editor 창으로 불러온다.

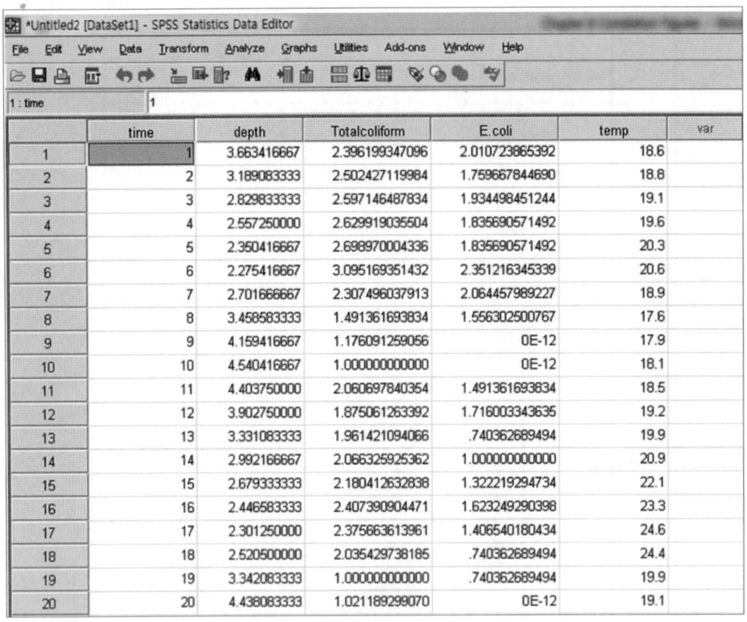

	time	depth	Totalcoliform	E.coli	temp	var
1	1	3.663416667	2.396199347096	2.010723865392	18.6	
2	2	3.189083333	2.502427119984	1.759667844690	18.8	
3	3	2.829833333	2.597146487834	1.934498451244	19.1	
4	4	2.557250000	2.629919035504	1.835690571492	19.6	
5	5	2.350416667	2.698970004336	1.835690571492	20.3	
6	6	2.275416667	3.095169351432	2.351216345339	20.6	
7	7	2.701666667	2.307496037913	2.064457989227	18.9	
8	8	3.458583333	1.491361693834	1.556302500767	17.6	
9	9	4.159416667	1.176091259056	0E-12	17.9	
10	10	4.540416667	1.000000000000	0E-12	18.1	
11	11	4.403750000	2.060697840354	1.491361693834	18.5	
12	12	3.902750000	1.875061263392	1.716003343635	19.2	
13	13	3.331083333	1.961421094066	.740362689494	19.9	
14	14	2.992166667	2.066325925362	1.000000000000	20.9	
15	15	2.679333333	2.180412632838	1.322219294734	22.1	
16	16	2.446583333	2.407390904471	1.623249290398	23.3	
17	17	2.301250000	2.375663613961	1.406540180434	24.6	
18	18	2.520500000	2.035429738185	.740362689494	24.4	
19	19	3.342083333	1.000000000000	.740362689494	19.9	
20	20	4.438083333	1.021189299070	0E-12	19.1	

그림 8-11 데이터가 입력된 SPSS Statistics Data Editor 창의 화면

(2) 상호상관분석 수행

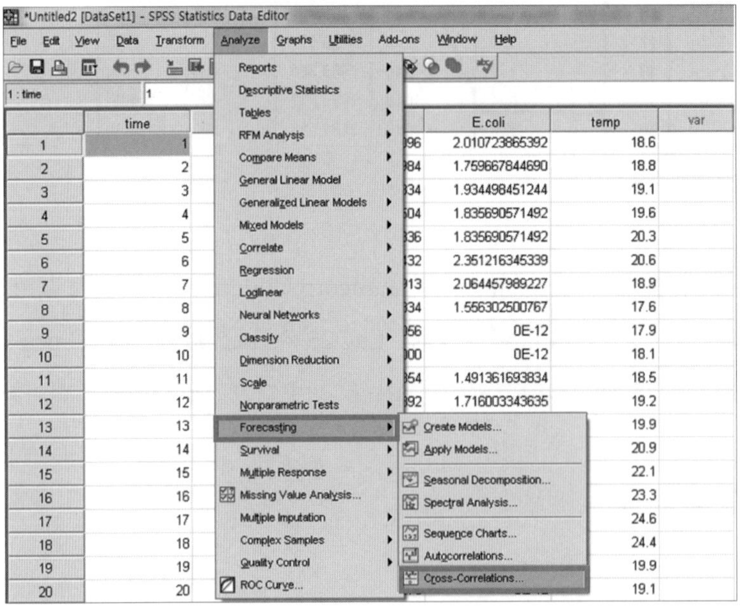

그림 8-12 상호상관분석을 수행하기 위한 경로

• 분석 순서

메뉴에서 [Analyze] → [Forecasting] → [Cross-Correlations...](단축키 Alt + A, T, R) 순서로
진행하면 그림 8-13과 같은 창이 열린다.

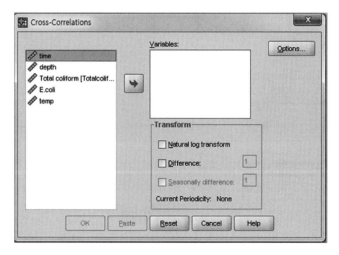

그림 8-13 상호상관분석 실행 시 첫 화면

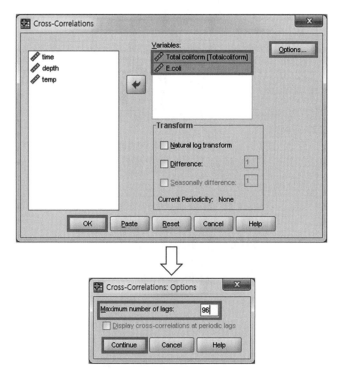

그림 8-14 상호상관분석 실행 시 변수 선택 및 분석방법 선택창

입력된 데이터 변수 5개('time', 'depth', 'Total coliform', 'E. coli', 'temp') 중 'Total coliform'과 'E. coli'를 'Variables:' 칸으로 불러온 후 'Options' 버튼을 클릭하여 'Maximum Number of Lags:' 칸에 값을 입력한다. 입력방법은 자기상관분석에서와 같다. 모든 선택을 완료한 후 'Continue' 버튼과 'OK' 버튼을 누르면 아래 내용들을 포함한 'Output' 창이 활성화된다(그림 8-15).

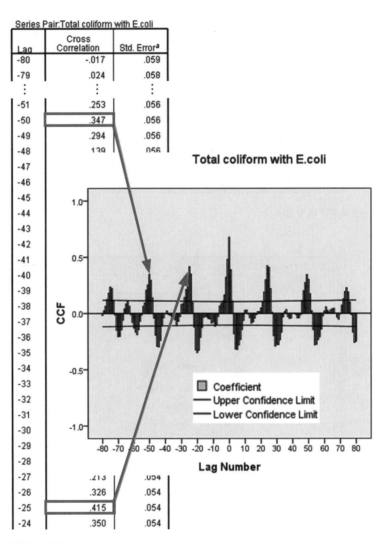

그림 8-15 상호상관분석 실행 결과

상호상관분석 결과는 'Lag Number'와 Cross-Correlation Function(CCF) 값이다. 상호상관분석 또한 자기상관분석과 마찬가지로 주기성을 보여준다.

3-2 MATLAB

1) 피어슨 및 스피어만 상관분석

'Ch 08_Correlation Analysis' 폴더에 있는 예제파일 'testcorr.xlsx'에서 분석에 필요한 데이터의 행과 열을 확인한 후 MATLAB 프로그램으로 데이터를 불러온다. 예제파일을 활용한 상관분석의 실행 기본 코드는 다음과 같다.

```
close all; clear all; clc;
%% Importing original data
[a b c] = xlsread('testcorr.xlsx');


Flow = a(:,1);
TSS = a(:,2);


%% Pearson's correlation
[RHO_P, PVAL_P] = corr(Flow, TSS, 'Type','Pearson');


%% Spearman's rank correlation
[RHO_S, PVAL_S] = corr(Flow, TSS, 'Type','Spearman');
```

기본 코드를 작성한 후 실행 버튼을 누르면, 그림 8-16과 같이 workspace에 상관계수(correlation coefficient)와 p-value가 저장된다.

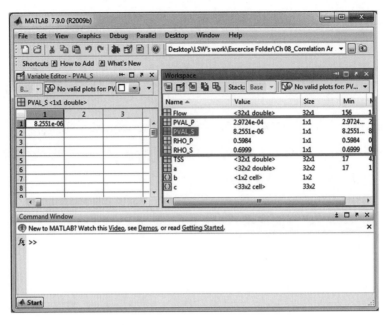

그림 8-16 피어슨 및 스피어만 상관분석 결과

상관분석은 p-value에 의해 유의한 수준의 값인지 아닌지를 판단하게 되는데, 위의 결과에서는 두 분석방법 모두 $p < .01$이기 때문에 통계적으로 유의한 수준에서 양의 상관관계(Pearson $r = 0.5984$, Spearman $r = 0.6999$)에 있음을 알 수 있다.

2) 자기상관분석

'Ch 08_Correlation Analysis' 폴더에 있는 예제파일 'testautocorr.xlsx'에서 분석에 필요한 데이터의 행과 열을 확인한 후 MATLAB 프로그램으로 데이터를 불러온다. 예제파일을 활용한 상관분석의 실행 기본 코드는 다음과 같다.

```
%% Auto Correlation Example
close all; clear all; clc;

% Load variables
A=xlsread('testautocorr.xlsx','A:A');        % Time
```

```
B=xlsread('testautocorr.xlsx','B:B');        % Depth

C=xlsread('testautocorr.xlsx','C:C');        % Total Coliform

D=xlsread('testautocorr.xlsx','D:D');        % E.coli

E=xlsread('testautocorr.xlsx','E:E');        % Temperature


[ACF,lags,bounds]=autocorr(E,96,2)

plot(lags,ACF)


xlabel('Lag Number');

ylabel('ACF');

grid 'on'
```

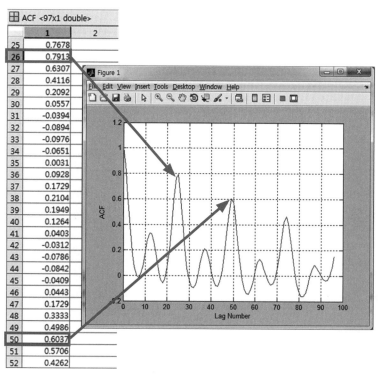

그림 8-17 자기상관분석 결과

그림 8-17에서와 같이 MATLAB 프로그램을 이용한 자기상관분석 결과는 SPSS와 같이 표와 그래프로 출력되며, SPSS의 결과와 동일함을 알 수 있다(그림 8-10 참조). 약 24 lag을 주

기로 'Lag 26'과 'Lag 50'에서 local peak를 보이고 있으며, 이후에도 'Lag 75'에서 나타난다. 이는 'Temperature' 변수가 주기성을 보임을 의미한다.

3) 상호상관분석

'Ch 08_Correlation Analysis' 폴더에 있는 예제파일 'testcrosscorr.xlsx'에서 분석에 필요한 데이터의 행과 열을 확인한 후, MATLAB 프로그램으로 데이터를 불러온다. 예제파일을 활용한 상관분석의 실행 기본 코드는 다음과 같다.

```
%% Cross Correlation Example
close all; clear all; clc;

% Load variables
A=xlsread('testcrosscorr.xlsx','A:A');        % Time
B=xlsread('testcrosscorr.xlsx','B:B');        % Depth
C=xlsread('testcrosscorr.xlsx','C:C');        % Total Coliform
D=xlsread('testcrosscorr.xlsx','D:D');        % E.coli
E=xlsread('testcrosscorr.xlsx','E:E');        % Temperature

[XCF,lags,bounds]=crosscorr(C,E,80,2)
plot(lags,CCF)

xlabel('Lag Number');
ylabel('CCF');
grid 'on'
```

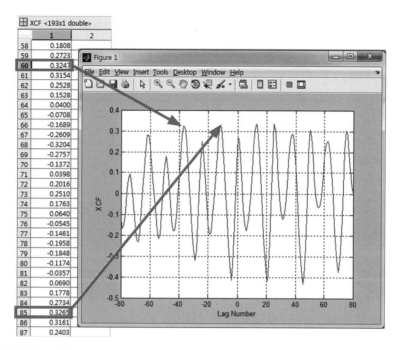

그림 8-18 상호상관분석 결과

상호상관분석 결과는 'Lag Number'와 Cross-Correlation Function(CCF) 값이다. 상호상
관분석 또한 자기상관분석과 마찬가지로 주기성을 보여준다.

4 어떻게 해석하는가?

4-1 피어슨 상관계수

피어슨 상관계수 결과를 해석하는 데는 *p*-value를 사용한다. 어떤 데이터가 주어질 때 상관분
석을 통하여 *p*-value를 얻게 되면, 그에 대한 해석은 일반적으로 다음과 같이 설명할 수 있다.

① 피어슨 상관분석에 의해 산정된 유의확률이 *p*-value>.05일 경우 다음과 같이 결론을 내
  릴 수 있다.
➡ 두 변수 사이에는 통계적으로 유의한 수준의 상관성이 있지 않다(p>.05).

② 피어슨 적률 상관분석에 의해 산정된 유의확률이 p-value≤.05일 경우 다음과 같이 결론을 내릴 수 있다(r-value가 +1 또는 −1에 근접한 경우도 포함).

➡ 두 변수 사이에는 통계적으로 강력한/미약한 수준의 양(+) 혹은 음(−)의 상관성이 있다 (p≤.05).

4-2 스피어만 순위상관계수

① 스피어만 순위상관분석에 의해 산정된 유의확률이 p-value>.05일 경우 다음과 같이 결론을 내릴 수 있다.

➡ 두 변수 사이에는 통계적으로 유의한 수준의 단조 상관성이 없다(p>.05).

② 스피어만 순위상관분석에 의해 산정된 유의확률이 p-value≤.05일 경우 다음과 같이 결론을 내릴 수 있다(r-value가 +1 또는 −1에 근접한 경우도 포함).

➡ 두 변수 사이에는 통계적으로 유의한 수준의 단조 상관성이 있다(p≤.05).

■ 참고문헌

1. Box, G. & Jenkins, G. (1970). *Time Series Analysis: Forecasting and Control.* San Francisco: Holden-Day.

2. Calliari, D., Gomez, M. & Gomez, N. (2005). Biomass and composition of the phytoplankton in the Rio de la Plata: Large-scale distribution and relationship with environmental variable during a spring cruise. *Continental Shelf Research*, 25, 190-210.

3. Cha, S. M., Ki, S. J., Cho, K. H., Choi, H. & Kim, J. H. (2009). Effect of environmental flow management on river water quality: A case study at Yeongsan River, Korea. *Water Science and Technology*, 59(12), 2437-2446.

4. Cho, K. H., Park, Y., Kang, J. H., Ki, S. J., Cha, S., Lee, S. W. & Kim, J. H. (2009). Interpretation of seasonal water quality variation in the Yeongsan Reservoir, Korea using multivariate statistical analyses. *Water Science and Technology*, 59(11), 2219-2226.

5. Deletic, A. B. & Maksimovic, C. T. (1998). Evaluation of water quality factors in storm runoff from paved areas. *Journal of Environmental Engineering*, 124(9), 869-879.

6. Dorner, S. M., Anderson, W. B., Gaulin, T., Candon, H. L., Slawson, R. M., Payment, P. & Huck, P. M. (2007). Pathogen and indicator variability in a heavily impacted watershed. *Journal of Water and Health*, 5(2), 241-257.

7. Han, Y., Lan, S. L., Kayhanian, M. & Stenstrom, M. K. (2006). Characteristics of highway stormwater runoff. *Water Environment Research*, 78(12), 2377-2388.

8. Lehman, A., O'Rourke, N., Hatcher, L. & Stepanski, E. J. (2005). *JMP for Basic Univariate and Multivariate Statistics: A Step-by-Step Guide.* SAS Institute Inc., Cary, NC.

9. Rodgers, J. L. & Nicewander, W. A. (1988). Thirteen ways to look at the correlation coefficient. *The American Statistian*, 42(1), 59-66.

10. Wu, J., Rees, P., Storrer, S., Alderisio, K. & Dorner, S. (2009). Fate and transport modeling of potential pathogens: The contribution from sediment. *Journal of American Water Resources Association*, 45(1), 35-44.

9장

회귀분석
regression analysis

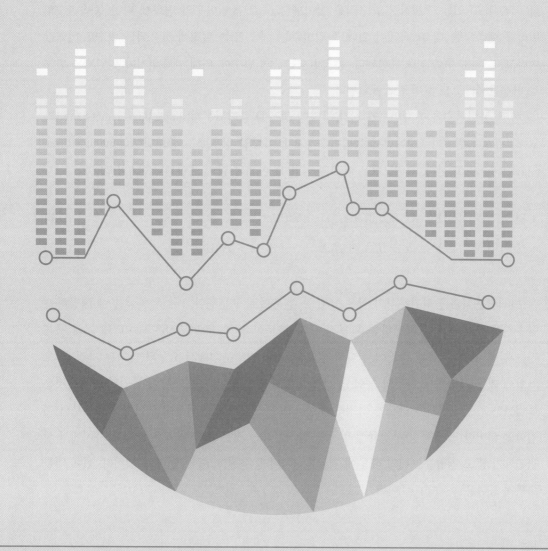

회귀분석은 변수 간의 관계를 파악한다는 점에서 상관분석과 유사하다고 할 수 있다. 하지만 상관분석은 두 변수 사이의 관계강도만을 나타내는 반면, 회귀분석은 여기서 더 나아가 독립변수와 종속변수 간의 인과관계를 수학적 함수관계로 표현함으로써 최소 한 개 이상의 독립변수의 변화에 따른 종속변수의 변화를 예측하거나 통제하는 경우에 활용될 수 있다.

1-1 정의

회귀분석은 변수 간의 인과관계를 파악하는 분석방법으로, 독립변수를 이용하여 종속변수를 예측할 수 있는 구체적인 함수식을 찾아낸다. 주로 독립변수의 변화에 따른 종속변수의 변화를 예측하는 데 그 목적이 있다. 독립변수는 예측 또는 설명에 활용되는 변수로 입력값이라고도 하며, 주로 X로 표현된다. 종속변수는 독립변수에 의해 예측되거나 설명되는 변수로 반응값이라고도 하며 Y로 표현된다.

한편, 독립변수와 종속변수가 각각 하나인 경우를 단회귀분석(simple linear regression)이라고 하며, 종속변수가 1개이면서 독립변수가 2개 이상일 경우에는 중회귀분석(multiple linear regression)이라고 한다. 회귀모형은 아래의 식 (9.1), (9.2)와 같이 표현된다(최숙희, 2009).

- 단회귀분석: $Y = \beta_0 + \beta_1 X + \epsilon, \ \epsilon \sim N(0, \sigma^2)$ (9.1)
- 중회귀분석: $Y = \beta_0 + \beta_1 X_1 + \beta_2 X_2 + \cdots + \epsilon, \ \epsilon \sim N(0, \sigma^2)$ (9.2)

단회귀분석과 중회귀분석의 식은 크게 두 부분으로 구분된다. $Y = \beta_0 + \beta_i X_i$에 해당하는 함수관계 부분과 ϵ에 해당하는 확률적 오차 부분이다. 즉, 회귀분석은 데이터에 의해 구해지는 함수 부분과 오차 부분이 결합된 형태를 띤다. 회귀분석에서 요구되는 기본 가정 중 오차항에 대한 가정은 오차항의 독립성, 정규성 및 등분산성이다. 오차항이 독립적이라는 것은 독립변수 X가 고정되어 있다는 가정하에 종속변수 Y값의 무작위성이 오차항 ϵ으로부터 기인함을 의미한다. 오차항이 정규성 및 등분산성이라는 것은 오차항 ϵ은 관측값 사이에서 상관관계가 없고 정규분포이기 때문에 평균은 0이며 등분산(σ^2)을 보인다는 것이다. 이에 대한 수학적 표현은 $\epsilon \sim N(0, \sigma^2)$이다.

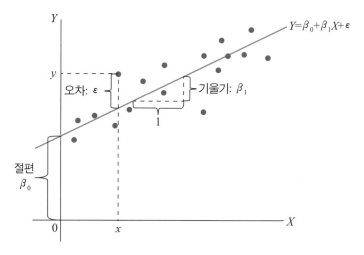

그림 9-1 단회귀분석 개념도

위의 회귀모형에서 β_0는 절편 혹은 상수항, β_1, β_2, …은 모회귀계수, ε은 오차항을 나타낸다. 회귀분석의 목적은 표본으로부터 모회귀계수 β_0, β_1, β_2, …을 추정하여 식 (9.3), (9.4)와 같이 추정된 회귀식을 만드는 것이다.

- 단회귀분석: $\hat{Y} = b_0 + b_1 X$ (9.3)
- 중회귀분석: $\hat{Y} = b_0 + b_1 X_1 + b_2 X_2$ (9.4)

여기서, b_0, b_1, b_2, …은 모회귀계수의 추정값으로, 표본회귀계수라고 한다.

1-2 제한 및 가정

회귀분석은 기본적으로 다음과 같은 가정을 한다.

- 독립변수와 종속변수는 선형적 관계다.
- 독립변수들 간에 상관관계는 없다[다중공선성(multicollinearity) 검토].
- 오차항은 서로 독립적이고, 오차항 간에 상관관계는 없다(오차항의 독립성).
- 오차항은 정규분포를 따른다(오차항의 정규성).
- 오차항의 분산은 동일하다[오차항의 등분산성(homoscedasticity)].

관측값과 예측값의 차이($Y - \hat{Y}$)를 오차항이라 하고, 각각의 오차항에 대한 추정치를 잔차(residual)라고 한다(권세혁, 2007). 오차항에 대한 독립성, 정규성 및 등분산성 가정이 만족되지 않을 경우, 회귀분석의 결과를 신뢰하기 어렵다. 회귀식이 의미를 갖기 위해서는 잔차분석을 통해 위의 가정을 검증하는 과정이 필요하다.

1-3 이해의 예

환경분야에서는 회귀분석이 유용하게 활용될 수 있다. 회귀분석의 실제 적용 사례는 다음과 같다.

- 여러 수질항목 간의 인과관계를 파악하여 특정 오염에 대한 예측 모델을 수립한 예로, 영산호에서의 chlorophyll-a 농도를 예측하기 위해 MLR(Multiple Linear Regressions)을 적용하였다(표 9-1). 17개 수질항목이 연구에 사용되었으며, 해당 논문에서는 여러 단계의 통계적 검정을 통해 유의미한 항목들만으로 회귀식을 정립하였다(Cho et al., 2009).

표 9-1 17개 수질항목을 이용한 chlorophyll-a MLR 결과(A지점과 B지점에서의 평균농도, 농도 범위 및 표준편차)
(Cho et al., 2009)

독립변수(i)	회귀계수			공선성 통계	
	b_i^a	표준오차	p-value	분산팽창인수 (VIF)	평균 분산팽창인수
(상수)[b]	−2.028	2.265	.405		
수온	0.051[c]	0.021	.049	14.933	
pH	−0.014	0.370	.971	12.695	
용존산소	0.108	0.071	.178	11.698	
BOD_5	0.026	0.116	.829	13.941	
COD	0.129	0.066	.099	3.368	
log(SS)	0.090	0.546	.874	4.926	
log(TC)	−0.004	0.340	.990	11.428	
총질소	0.177	0.077	.061	7.701	11.651
총인	−2.481	2.016	.264	4.256	
SDD	0.130	0.248	.620	2.273	
E. coli	0.000	0.000	.307	9.593	
질산성 질소	−0.274	0.194	.206	11.862	

표 9-1 (계속)

독립변수(i)	회귀계수			공선성 통계	
	b_i[a]	표준오차	p-value	분산팽창인수 (VIF)	평균 분산팽창인수
암모니아성 질소	−0.149	0.230	.541	5.420	
log(FIB)	0.082	0.336	.816	11.314	
인산염 인	2.392	5.596	.684	22.164	
용존 총질소	−0.060	0.128	.655	23.510	
용존 총인	2.002	5.464	.727	26.978[c]	

[a] 첨자 i는 각각의 수질항목을 의미하며, b_i는 MLR 모델에 이용되는 각 수질항목의 계수를 의미한다. log(chlorophyll-a) = b_0 + b_1 × WaterTem + b_2 × pH + b_3 × DO + b_4 × BOD_5 + b_5 × COD + b_6 × log(SS) + b_7 × log(TC) + b_8 × TN + b_9 × TP + b_{10} × SDD + b_{11} × EC + b_{12} × NO_3-N + b_{13} × NH_4+-N + b_{14} × log(FIB) + b_{15} × PO_4^{3-}-P + b_{16} × DTN + b_{17} × DTP.

[b] 상수는 MLR 모델의 b_0를 의미한다.

[c] b_i 중 파란색 숫자는 회귀계수(b_i)의 절댓값이 표준오차보다 2배 이상 큰 경우이며, 분산팽창인수 중 파란색 숫자는 가장 큰 분산팽창인수값을 의미한다.

1-4 회귀분석의 종류

일반적으로 회귀분석에서는 종속변수 1개와 이에 영향을 미치는 1개 이상의 독립변수에 대해 주로 분석한다. 회귀식에 포함된 독립변수의 개수에 따라 분류되는데, 독립변수와 종속변수가 각각 1개인 경우를 단회귀분석(simple linear regression analysis)이라고 하며, 1개의 종속변수에 독립변수가 2개 이상인 경우 중회귀분석(multiple linear regression analysis)이라고 한다.

회귀분석을 수행하기 전에 먼저 산점도(scatter plot)를 그려서 변수 간의 선형관계를 개략적으로 파악해 보는 것이 필요하다. 2개 이상의 독립변수가 종속변수에 미치는 영향을 예측하는 중회귀분석에서는 다음 사항을 고려해야 한다.

- 독립변수 간의 상관관계로 인해 비롯되는 다중공선성(multicollinearity), 오차항의 자기상관(autocorrelation) 또는 연속상관(serial correlation) 여부 및 오차항의 이분산성(heteroscedasticity) 문제가 있는지의 여부를 검토한다.
- 독립변수가 2개 이상일 경우, 회귀분석에서 독립변수의 진입방식에 대한 옵션을 선택한다.

2 **어떤 데이터에 왜 사용하는가?**

회귀분석은 어떤 변수값 하나를 다른 변수로 예측하거나 제어하고자 하는 경우에 주로 사용한다. 예를 들어, '공 던지기'라는 종속변수를 '신장', '체중', '악력' 등의 독립변수로 어느 정도 설명할 수 있는지를 분석할 수 있다. 독립변수가 2개 이상인 경우 다른 변수의 영향을 통제하고 특정 독립변수만의 영향을 파악하는 방식으로, 독립변수들의 상대적인 비교를 하는 데도 사용한다(노형진, 2007).

회귀분석에서 종속변수는 수치로 측정되는 연속형 변수여야 한다. 그러나 독립변수는 연속형 변수이든 범주형 변수이든 관계없지만 독립변수가 범주형 변수일 경우에는 더미변수(dummy variable)를 도입하여 범주형 변수를 수치 정보로 변환해야 한다(노형진, 2007).

3 **어떻게 결과를 얻는가?**

회귀분석 결과는 여러 상용화된 통계 프로그램 및 통계 기능을 지원하는 프로그램을 사용하여 얻을 수 있다. 9장에서는 SPSS 프로그램과 MATLAB 프로그램을 사용한다.

3-1 SPSS

(1) 데이터 입력

'Ch 09_Regression Analysis' 폴더에 있는 예제파일 'test_regression.xlsx'를 SPSS Statistics Data Editor 창으로 불러온다(그림 9-3). 'test_regression.xlsx' 파일의 속성은 BOD, SS, TN, TP에 대한 시계열 데이터다.

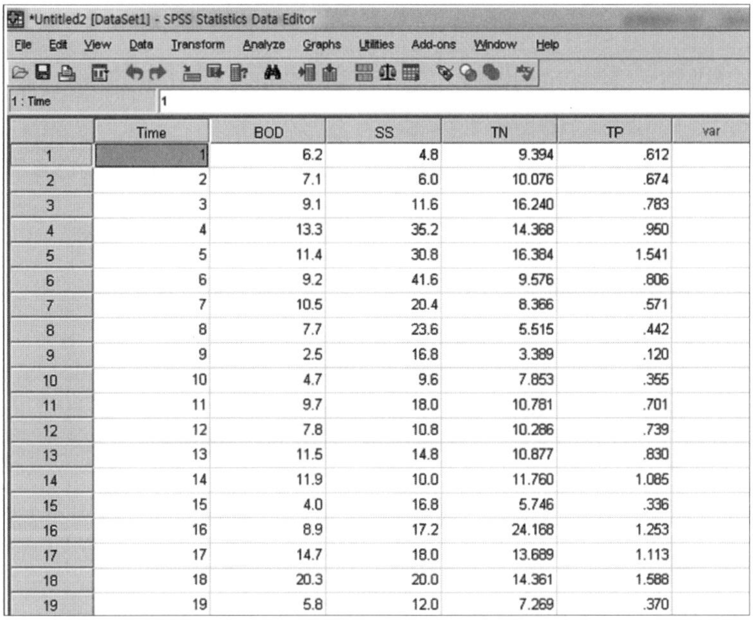

	Time	BOD	SS	TN	TP	var
1	1	6.2	4.8	9.394	.612	
2	2	7.1	6.0	10.076	.674	
3	3	9.1	11.6	16.240	.783	
4	4	13.3	35.2	14.368	.950	
5	5	11.4	30.8	16.384	1.541	
6	6	9.2	41.6	9.576	.806	
7	7	10.5	20.4	8.366	.571	
8	8	7.7	23.6	5.515	.442	
9	9	2.5	16.8	3.389	.120	
10	10	4.7	9.6	7.853	.355	
11	11	9.7	18.0	10.781	.701	
12	12	7.8	10.8	10.286	.739	
13	13	11.5	14.8	10.877	.830	
14	14	11.9	10.0	11.760	1.085	
15	15	4.0	16.8	5.746	.336	
16	16	8.9	17.2	24.168	1.253	
17	17	14.7	18.0	13.689	1.113	
18	18	20.3	20.0	14.361	1.588	
19	19	5.8	12.0	7.269	.370	

그림 9-2 데이터가 입력된 SPSS Statistics Data Editor 창의 화면

(2) 단회귀분석 수행

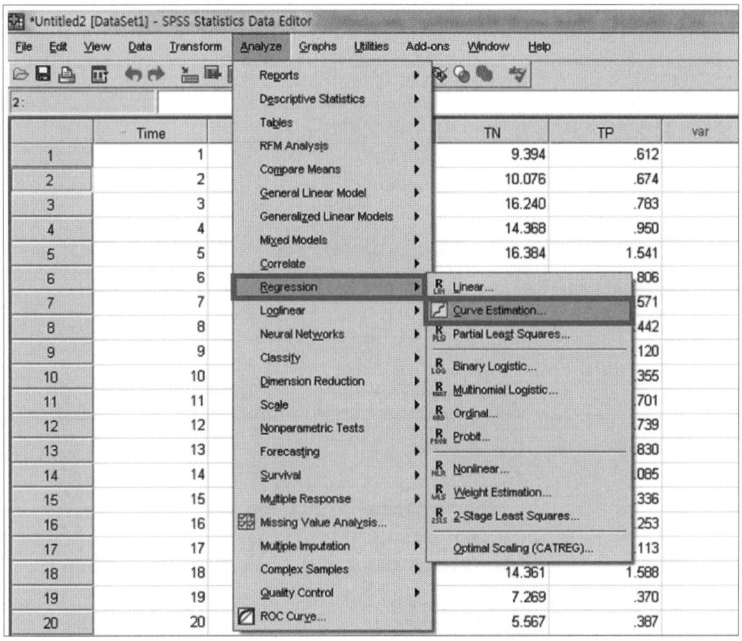

그림 9-3 회귀분석을 수행하기 위한 경로

• 분석 순서

메뉴에서 [Analyze] → [Regression] → [Curve Estimation](단축키 Alt + A, R, C) 순서로 진행하면(그림 9-3) 그림 9-4와 같은 창이 열린다.

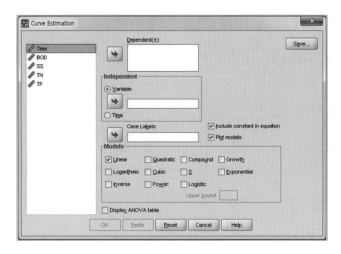

그림 9-4 회귀분석 실행 시 첫 화면

입력된 데이터의 변수 'TP'를 'Dependent(s)' 칸에 입력하고, 'Independent' 항목의 'Variable:'에 'TN'을 입력한다. 어떤 모형이 두 변수들의 관계를 가장 정확하게 표현하는지 확인하기 위해 'Models' 항목에 있는 모든 항을 체크한다. 또한 분산분석 결과를 확인하기 위해 하단의 'Display ANOVA table'에도 체크한다(그림 9-5).

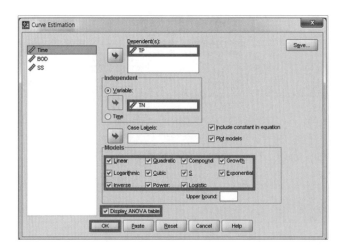

그림 9-5 회귀분석 실행 시 변수 선택 및 모델 선택창

모든 선택을 완료한 후 'OK' 버튼을 누르면 아래 내용들을 포함한 'Output' 창이 활성화 된다(표 9-2~9-4).

> 회귀분석의 일차적인 목적은 종속변수와 독립변수의 함수관계를 찾아 독립변수로부터 종속변수를 예측하는 것이다. 이때 수학적인 함수관계는 1차 선형식뿐만 아니라 2차식, 3차식, 지수식 또는 로그식 등과 같은 다양한 형태가 될 수 있다(최숙희, 2009). 따라서 수학적 함수관계를 찾기 위한 곡선일치 분석 실행 시 다양한 모델식을 이용한 산점도를 통해 회귀식의 형태를 결정할 수 있다.

표 9-2 회귀분석 실행 결과: Model Description

Model Name		MOD_1
	1	TP
	1	Linear
	2	Logarithmic
	3	Inverse
	4	Quadratic
Dependent Variable Equation	5	Cubic
	6	Compound[a]
	7	Power[a]
	8	S[a]
	9	Growth[a]
	10	Exponential[a]
	11	Logistic[a]
Independent Variable		TN
Constant		Included
Variable Whose Values Label Observations in Plots		Unspecified
Tolerance for Entering Terms in Equations		.0001

[a] The model requires all non-missing values to be positive.

표 9-3 회귀분석 실행 결과: Variable Processing Summary

		Variables	
		Dependent	Independent
		TP	TN
Number of Positive Values		132	132
Number of Zeros		0	0
Number of Negative Values		0	0
Number of Missing Values	User-Missing	0	0
	System-Missing	0	0

표 9-4 회귀분석 실행 결과: Case Processing Summary

	N
Total Cases	132
Excluded Cases[a]	0
Forecasted Cases	0
Newly Created Cases	0

[a] Cases with a missing value in any variable are excluded from the analysis.

표 9-2~9-4에는 선택한 모델명, 독립변수, 종속변수, 사용된 변수의 수 및 결측치(missing value)의 수 등이 나타나 있다. 그림 9-7 다음으로 나오는 결과들은 선택한 모델에 대한 회귀분석 결과로, 모델 요약, 분산분석 및 계수들에 대한 결과값이다(표 9-5~9-7). 이들 결과는 선택한 모델별로 산정된 결과값들을 순서대로 보여주며, 각 표에 제시된 여러 값들을 바탕으로 분석하고자 하는 데이터에 가장 적합한 모델을 선정하는 데 도움을 준다.

표 9-5 SPSS의 선형회귀분석 실행 결과: Model Summary

R	R Square	Adjusted R Square	Std. Error of the Estimate
.732	.536	.532	.297

표 9-6 SPSS의 선형회귀분석 실행 결과: ANOVA

	Sum of Squares	df	Mean Square	F	Sig.
Regression	13.189	1	13.189	149.897	.000
Residual	11.438	130	.088		
Total	24.628	131			

The independent variable is TN.

표 9-7 SPSS의 선형회귀분석 실행 결과: Coefficients

	Unstandardized Coefficients		Standardized Coefficients	t	Sig.
	B	Std. Error	Beta		
TN	0.080	0.007	0.732	12.243	.000
(Constant)	−0.057	0.067		−0.852	.396

모델 결과 부분의 표 9-5는 'Model Summary'로, 선형회귀모형에 대한 요약을 나타낸다.

이는 선형회귀식의 유효성(예측이 잘 맞는가, 맞지 않는가)을 평가할 수 있는 결과로, 결정계수 (coefficient of determination)와 추정값의 표준오차(Std. error of the Estimate)를 확인할 수 있다. 결정계수는 상관계수라고도 하는데, R^2로 표시하며 0~1까지의 범위를 가진다. 1에 가까울수록 회귀식의 예측이 유용하다고 할 수 있다. R^2값 0.536이 의미하는 것은 종속변수의 총변동 중에서 53.6% 정도가 회귀식의 독립변수에 의해서 설명이 가능하다는 것을 의미한다.

표 9-6은 분산분석 결과로, 선형회귀식의 유의성(통계적 의미의 유무)을 검토할 수 있다. F-통계량의 유의확률(p-value)을 통해 회귀분석이 가정하고 있는 오차항의 독립성, 정규성 및 등분산성에 대해 검토할 수 있다.

표 9-7은 단회귀분석의 계수를 나타내며, 회귀식의 상수항 및 회귀계수를 확인할 수 있다. 각각의 회귀계수에 대한 유의성을 검정할 수 있으며, 식 (9.5)와 같이 최종 회귀식을 얻을 수 있다.

$$y = -0.57 + 0.80x \tag{9.5}$$

⑶ 다중 선형회귀분석 수행

다중 선형회귀분석(multiple linear regression analysis)에서는 2개 이상의 독립변수가 1개의 종속변수에 미치는 영향을 파악한다. 'Ch 09_Regression Analysis' 폴더에 있는 예제파일 'test_multiplereg.xlsx'를 불러와서 사용한다.

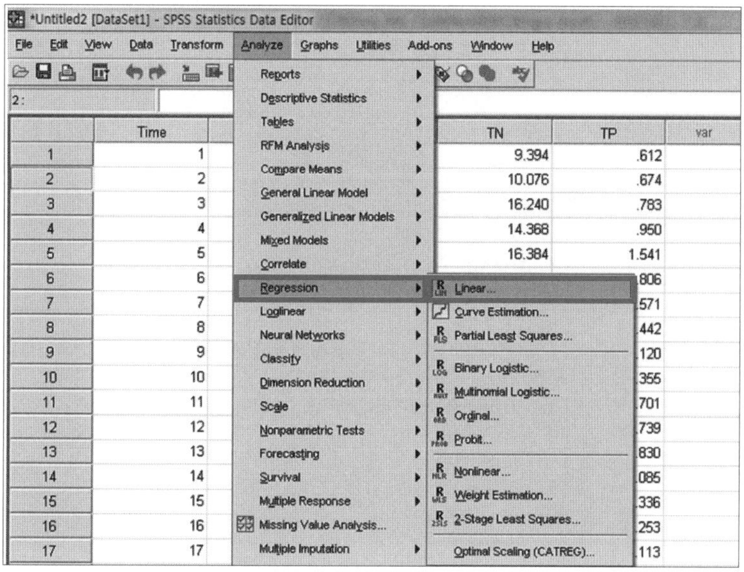

그림 9-6 다중 선형회귀분석을 실행하기 위한 경로

• 분석 순서

메뉴에서 [Analyze] → [Regression] → [Linear](단축키 Alt + A, R, L)의 순서로 진행하면 그림 9-7과 같은 창이 열린다.

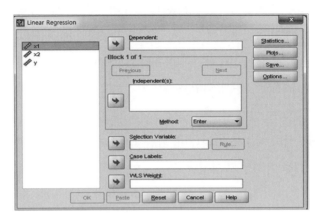

그림 9-7 다중 선형회귀분석 실행 시 첫 화면

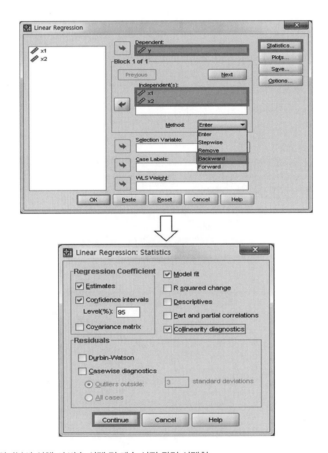

그림 9-8 다중 선형회귀분석 실행 시 변수 선택 및 계수 설정 관련 선택창

입력된 데이터의 변수 'y'를 'Linear Regression: Plots' 창에서 'Dependent:' 칸에 입력하고, 'x_1' 및 'x_2'를 'Independent(s):' 칸에 입력한다. 'Method:'에서 'Backward'를 선택하고, 'Statistics...' 버튼을 눌러 'Estimates'(추정값), 'Confidence Intervals Level(%)'(신뢰구간)은 95%, 'Model fit'(모형 적합), 'Collinearity diagnostics'(공선성 진단)를 선택한 후 'Continue' 버튼을 누른다. 오차항의 독립성 또는 자기상관관계(autocorrelation)를 검토할 경우에는 'Residual'(잔차) 항목에서 'Durbin-Watson'을 선택한다. 해당 값은 0~4까지의 값을 가지며, 2에 가까우면 오차항들이 독립성을 가진다고 판단할 수 있다.

2개 이상의 독립변수가 사용되는 다중 선형회귀분석에서는 'Method' 기능을 이용하여 독립변수의 회귀모형 진입방식에 대한 선택이 가능하다. 회귀식을 결정함에 있어서 독립변수의 수를 늘리면 겉보기에 결정계수가 높아지지만, 예측 정밀도가 나빠지거나 회귀계수가 불안정해진다. 따라서 유효한 독립변수와 불필요한 독립변수를 선별하여 최적의 회귀식을 찾는 것이 매우 중요하다고 할 수 있다(노형진, 2007). 그림 9-8과 같이 SPSS에서는 총 5가지의 독립변수 진입방식을 제공한다(SPSS Tutorial).

- 입력('Enter'): 모든 독립변수를 동시에 단일 단계에 진입시킨다.
- 제거('Remove'): 지정한 독립변수들을 동시에 단일 단계에서 탈락시킨다.
- 전진('Forward'): 종속변수와 상관관계가 높은 순으로 독립변수가 회귀식에 순차적으로 진입한다. 진입 기준에 맞는 변수가 없으면 프로시저를 중단한다.
- 후진('Backward'): 모든 독립변수를 회귀식에 투입한 후, 종속변수와 편상관관계가 가장 적은 독립변수의 순으로 제거한다. 제거 기준을 만족하는 변수가 없으면 프로시저를 중단한다.
- 단계 선택('Stepwise'): 후진과 전진을 결합한 방식으로, 단계별로 유의도에 따라 변수의 진입과 탈락을 결정한다. 포함시키거나 제거할 변수가 더 이상 없으면 프로시저를 중단한다.

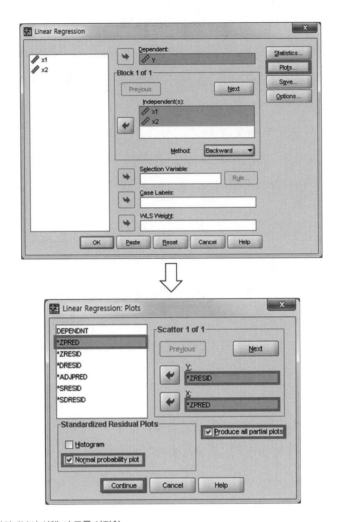

그림 9-9 다중 선형회귀분석 실행 시 도표 설정창

도표를 설정하기 위하여 'Linear Regression' 창의 'Plot...' 버튼을 누른 후 그림 9-9와 같이 'Linear Regression: Plots' 창에서 'Normal probability plot'(정규확률도표)과 'Produce all partial plots'(편회귀잔차도표 모두 출력)을 체크한다. 'Scatter'(산점도)에서는 'X:'에 '*ZPRED'(표준화 예측값)를, 'Y:'에 '*ZRESID'(표준화 잔차)를 각각 선택한 후 'Continue' 버튼을 누른다.

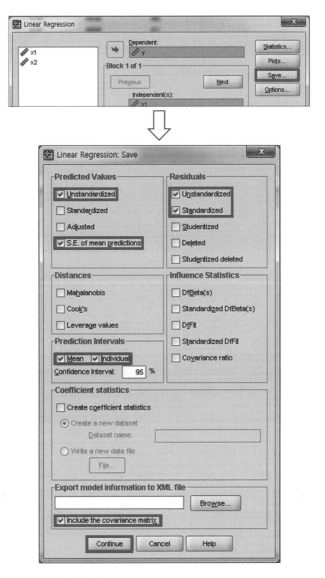

그림 9-10 다중 선형회귀분석 실행 시 저장옵션

저장옵션을 선택하기 위해서는 'Linear Regression' 창의 'Save...' 버튼을 누른다. 그림 9-10과 같이 'Linear Regression: Save' 창의 'Predicted Values' 항목에서 'Unstandardized' (비표준화)와 'S.E. of mean predictions'를 선택하고, 'Residuals' 항목에서 'Unstandardized' 와 'Standardized'(표준화)를 선택한다. 'Prediction Intervals' 항목에서는 'Mean'과 'Individual'을 선택하고, 'Confidence Interval:' 칸에 95%(기본값)를 입력한다. 선택한 옵 션을 확인한 후 'Continue' 버튼을 누른 후 'OK' 버튼을 누르면 아래 내용들을 포함한 'Output' 창이 활성화된다(표 9-8~9-10).

표 9-8 SPSS를 이용한 다중 선형회귀분석 수행 결과: Model Summary[b]

Model	R	R Square	Adjusted R Square	Std. Error of the Estimate
1	.930[a]	.865	.853	.05330

[a] Predictors: (Constant), x2, x1

[b] Dependent Variable: y

표 9-9 SPSS를 이용한 다중 선형회귀분석 수행 결과: ANOVA[b]

Model		Sum of Squares	df	Mean Square	F	Sig.
1	Regression	.402	2	.201	70.661	.000[a]
	Residual	.063	22	.003		
	Total	.464	24			

[a] Predictors: (Constant), x2, x1

[b] Dependent Variable: y

표 9-10 SPSS를 이용한 다중 선형회귀분석 수행 결과: Coefficients[a]

Model		Unstandardized Coefficients		Standardized Coefficients	t	Sig.	95.0% Confidence Interval for B		Collinearity Statistics	
		B	Std. Error	Beta			Lower Bound	Upper Bound	Tolerance	VIF
1	(Constant)	1.564	.079		19.705	.000	1.400	1.729		
	x1	.237	.056	.987	4.269	.000	.122	.352	.115	8.732
	x2	.000	.000	−1.797	−7.772	.000	.000	.000	.115	8.732

[a] Dependent Variable: y

표 9-8~9-10은 다중 선형회귀분석 수행 결과를 나타낸다. 표 9-8의 'Model Summary'에서 R^2값은 0.865이다. 이는 종속변수 y가 가지고 있는 정보 중 86.5%가 두 독립변수의 변동으로 설명될 수 있음을 의미하며, 1에 가까우므로 해당 회귀식의 예측이 유효하다고 판단할 수 있다. 또한 'Std. Error of the Estimate'(추정값의 표준오차 또는 잔차의 표준편차)를 통해 회귀식의 유효성을 판단할 수도 있는데, 해당 지표가 작을수록 유효한 회귀식이라고 볼 수 있다.

표 9-9는 분산분석의 결과로, 회귀식의 통계적 유의성을 검정할 수 있는 지표를 제공해 주며, 이를 통해 통계적으로 의미가 있는지 없는지를 판단할 수 있다. F-통계량의 유의확률(p-value)이 유의수준인 .05보다 작기 때문에, 해당 회귀식은 통계적으로 유의하다고 할 수 있다.

표 9-10은 다중 선형회귀분석의 결과로 회귀계수를 알려주며, 식 (9.6)과 같이 최종 회귀식을 얻을 수 있다.

$$y = 1.564 + 0.237x_1 - 0.0002491x_2 \tag{9.6}$$

표 9-10의 마지막 열 'Collinearity Statistics'에서는 독립변수 간의 다중공선성 여부를 확인할 수 있다. 'Tolerance'(공차한계)와 'VIF'는 서로 역수의 관계로, 공차한계값이 0.1보다 작거나 'VIF'가 10보다 크면 공선성이 있다고 판단하며, 독립변수 간의 상관관계가 있다고 볼 수 있다(성균관대학교 응용통계연구소).

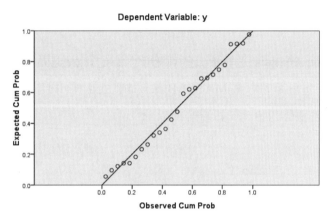

그림 9-11 회귀 표준화 잔차의 정규 P-P 도표

'Plots' 수행에 대한 결과로, 그림 9-11, 9-12와 같은 도표를 얻을 수 있다. 그림 9-11의 회귀 표준화 잔차의 정규 P-P 도표를 통해 회귀분석의 가정인 잔차의 정규성을 검토할 수 있다. 대각선을 따라 점들이 모여 있는 것을 볼 때, 표준화된 잔차들이 정규분포 선상에 가까이 분포되어 있다고 볼 수 있으며, 이는 정규성 가정을 만족한다는 것을 의미한다.

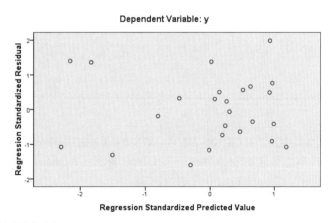

그림 9-12 회귀 표준화 잔차의 산점도

그림 9-12는 표준화 예측값을 가로축으로, 표준화 잔차를 세로축으로 하여 산점도를 작성한 것이다. 이 그래프는 종속변수 오차항의 분산이 모든 독립변수의 값에 대해 동일하다는 등분산성 가정을 검정하기 위함이다. 회귀 표준화 잔차가 0을 기준으로 무작위로 퍼져 있으므로 등분산 가정을 만족한다고 볼 수 있다(노형진, 2007)

3-2 MATLAB

(1) 데이터 입력

'Ch 09_Regression Analysis' 폴더에 있는 예제파일 'test_regression.xlsx'에서 분석에 필요한 데이터의 행과 열을 확인한 후 MATLAB 프로그램으로 데이터를 불러온다. 예제파일을 활용한 회귀분석의 실행 기본 코드는 다음과 같다.

```
%% Linear Regression Example
close all; clear all; clc;


% Load variables
Time=xlsread('test_regression.xlsx','A:A');        % Time
BOD=xlsread('test_regression.xlsx','B:B');         % BOD
SS=xlsread('test_regression.xlsx','C:C');          % SS
TN=xlsread('test_regression.xlsx','D:D');          % TN
TP=xlsread('test_regression.xlsx','E:E');          % TP


cftool;
```

MATLAB 프로그램을 이용한 회귀분석은 기본적으로 'curve fitting' toolbox를 이용하여 수행한다. 'curve fitting' toolbox 실행 명령어는 'cftool'이다. 'Editor' 창 또는 command window에 해당 명령어를 입력하여 실행하면 'Curve Fitting Tool' 창이 뜬다.

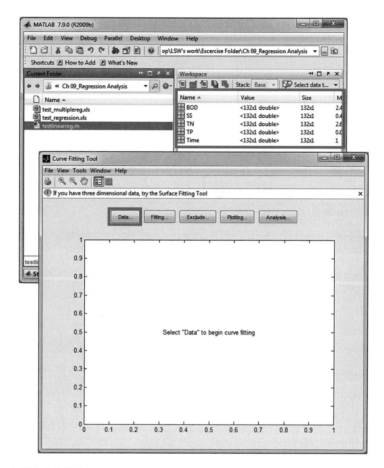

그림 9-13 'cftool' 실행 시 첫 화면

데이터를 불러오기 위해 'Data...' 버튼을 누르면 'Data sets'와 'Smooth' 탭이 보이는 창이 열리며(그림 9-14), 이 창을 통해 변수를 선택할 수 있다. 'X Data' 칸에는 변수 'TN'을, 'Y Data' 칸에는 변수 'TP'를 선택한 후 'Create data set' 버튼을 누른다. 'Close' 버튼을 누르면 그림 9-15와 같이 데이터가 plotting되며 데이터 fitting을 위해 'Fitting' 버튼을 누른다.

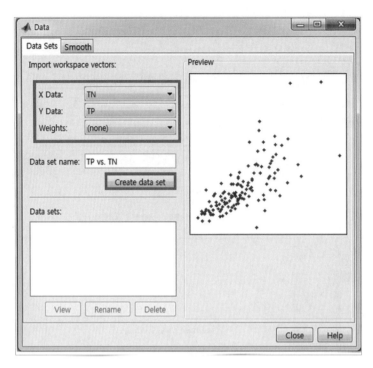

그림 9-14 MATLAB을 이용하여 회귀분석을 수행하기 위한 데이터 설정

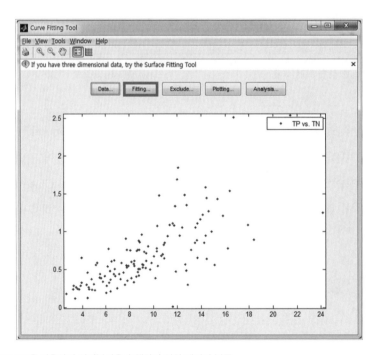

그림 9-15 MATLAB을 이용하여 회귀분석을 수행하기 위한 데이터 분포

(2) 회귀분석 수행 및 결과

'Fitting' 창에서 'New fit' 버튼을 누르면 'Fit name', 'Data set', 'Type of fit'를 입력 또는 선택할 수 있다. 'Type of fit'에서 'Polynomial'을 선택하면 보다 상세한 모형을 확인할 수 있으며, 최종 선택 후 'Apply' 버튼을 누른다. 'Apply' 버튼을 누르면 계산을 거쳐 그림 9-16과 같은 모형 결과를 보여준다. 추세요소에 대한 1차 선형식과 기울기 및 y절편값은 다음과 같다.

- Type of fit: linear polynomial
- Equation: f(x) = p1*x + p2
- Coefficients(with 95% confidence bounds):
  p1 = 0.07985; p2 = -0.05691
- Goodness of fit:
 · SSE: 11.44
 · R^2: 0.5355
 · Adjusted R-square: 0.532
 · RMSE: 0.2966

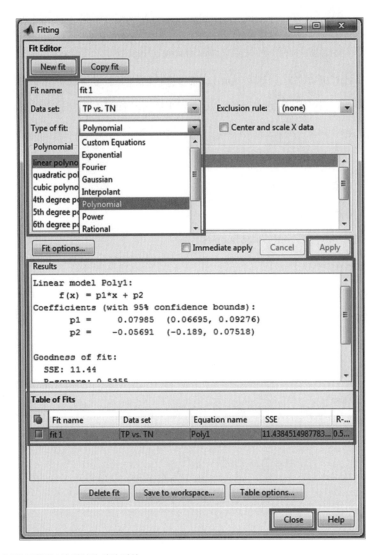

그림 9-16 회귀분석 모형의 1차 선형식 설정 절차

결과를 확인한 후 그림 9-16의 창 하단에 있는 'Close' 버튼을 누르면 그림 9-17과 같은 추세선이 포함된 시계열 데이터를 확인할 수 있다.

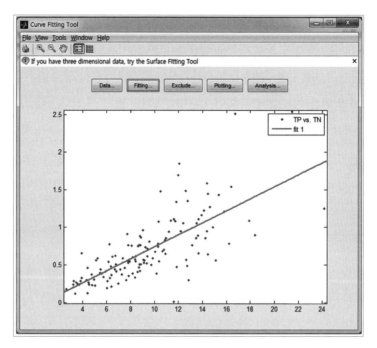

그림 9-17 회귀분석 모형 결과에 대한 추세선

4 어떻게 해석하는가?

회귀분석을 통해 얻어진 회귀식의 통계적 유의성을 검토하기 위해 다음과 같은 통계적 가설 검정을 수행한다. 분산분석표(ANOVA table)를 사용하여 검정함으로써 통계적 유의성을 판정한다(Townend, 2012).

- 귀무가설 H_0: $\beta=0$ (회귀식에는 의미가 없다.)
- 대립가설 H_1: $\beta \neq 0$ (회귀식에는 의미가 있다.)

회귀분석 결과를 분산분석표의 유의확률에 근거하여 다음과 같이 판정한다. 유의수준 α 는 일반적으로 .05로 설정되며, SPSS에서 유의확률은 p-value로 표현된다.

- 유의확률의 수치 ≤ 유의수준 α → H_0를 기각 (회귀식에 의미가 있다.)
- 유의확률의 수치 > 유의수준 α → H_0를 기각하지 않음 (회귀식에는 의미가 없다.)

회귀식의 통계적 유의성과 함께 회귀계수의 통계적 유의성 또한 검토가 필요하다. 회귀분석의 결과로 얻어지는 각각의 회귀계수에 대한 유의확률이 유의수준보다 낮으면 통계적으로 유의하다고 판단할 수 있다. 결정계수(R^2)는 회귀식의 독립변수들이 종속변수를 얼마나 잘 설명하는지 평가하기 위한 지표로 활용되며, 0부터 1까지의 값을 가진다. 1에 가까울수록 표본의 관측값이 회귀식으로 표현되는 선에 가까움을 의미한다. 또한 R^2는 회귀식에 의해 종속변수가 예측되거나 설명되는 정도를 의미하기도 한다. 만약 R^2 값이 0.8이면, 이는 종속변수의 변동 중 약 80% 정도가 독립변수에 의하여 설명이 가능하다는 것을 의미한다.

■ 참고문헌

1. Cho, K. H., Kang, J. H., Ki, S. J., Park, Y., Cha, S. M. & Kim, J. H. (2009). Determination of the optimal parameters in regression models for the prediction of chlorophyll-a: A case study of the Yeongsan Reservoir, Korea. *Science of the Total Environment*, 407(8), 2536-2545.

2. SPSS Tutorial.

3. Townend, J. (2012). *Practical Statistics for Environmental and Biological Scientists.* John Wiley & Sons.

4. 권세혁(2007). 회귀분석 데이터. 자유아카데미.

5. 노형진(2007). SPSS에 의한 다변량 데이터의 통계분석. 효산.

6. 성균관대학교 응용통계연구소. SPSS를 활용한 설문지 자료의 통계분석.

7. 최숙희(2009). 심리통계학의 이해: SPSS를 이용한 자료분석 포함. 시그마프레스.

10장

곡선일치분석
curve fitting analysis

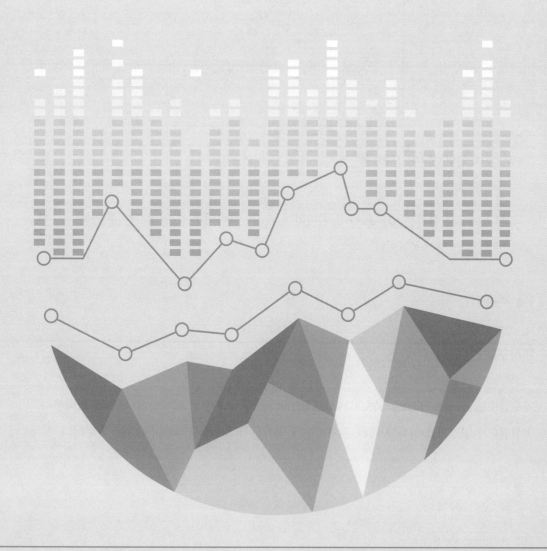

1-1 정의

곡선일치분석(curve fitting analysis)은 현실적으로 얻을 수 있는 데이터(observed data or monitoring data)를 이용하여 그 데이터들을 표현할 수 있는 가장 이상적인 직선, 혹은 곡선을 얻어내는 기술을 의미한다(Sillen, 1956).

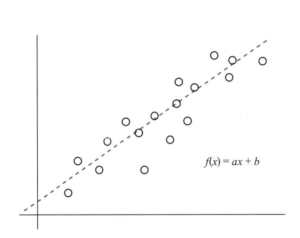

그림 10-1 추세선을 이용한 1차식 도출의 예

그림 10-1에서 직선은 $f(x)=ax+b$를 의미하며, $f(x)$가 데이터를 잘 일치시킬 수 있는 계수인 'a'와 'b'를 찾는 것이 목표이다.

1-2 이용되는 함수

1) 지수함수

지수함수(exponential function)는 기본적으로 $f(x)=a^x$의 형태이며, a는 양의 상수를 의미한다. 독립변수가 일정하게 변화할 때와 종속변수가 일정한 비율로 커질 때 이용하는 함수이다.

2) Gaussian 함수

Gaussian 함수를 식으로 나타내면 다음과 같다.

$$f(x) = a \exp\left(-\frac{x-b}{c}\right)^2 \tag{10.1}$$

여기서 a, b, c는 모두 양의 상수이며, e는 대략 2.718281828이다(오일러 수). Gaussian 그래프는 종 모양의 형태로 이루어져 있으며, a는 곡선의 피크 높이, b는 피크 중심의 위치, 그리고 c는 종의 너비를 조절한다.

3) 보간법

보간법(interpolation)은 임의의 x에 대한 함수값을 추정하는 것으로, 어떤 간격을 지니는 x와 그에 관한 함수를 알고 있을 때 사용하는 함수이다.

4) 다항식

$f(x) = ax^3 + bx^2 + cx + d$ 형태의 식을 의미하며, 여기서 각각의 ax^3, bx^2, cx, d를 항(term)이라 부르고 2개 이상의 여러 항으로 구성되었기 때문에 다항식(polynomial equation)이라 부른다. 만약 다항식의 최고 차수가 3일 경우 3차 다항식이라 부른다.

5) 거듭제곱

$f(x) = ax^b$의 형태로 a와 b는 실수, x는 해당 함수의 변수이다. 거듭제곱(power function)의 변수들은 모두 실수(real number)로 구성될 수 있으며, 일반적으로 x는 단순화를 위해 0보다 크게 한다.

1-3 정확성

곡선일치분석이 정확히 잘 이루어졌는지 확인하는 방법으로는 다음과 같이 그림으로 표현할 수 있다.

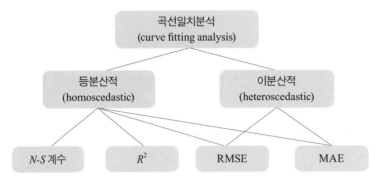

그림 10-2 곡선일치분석의 정확성 개요

1) RMSE

RMSE는 Root Mean Squared Error의 약자이며, 표준편차의 일반화된 식으로 실제값과 측정값의 차이가 얼마인지 알려준다. RMSE를 계산하는 방법으로는 오차(error) 또는 편차를 제곱한 후 이 값들의 평균을 구한 뒤 평균값의 제곱근을 계산하여 구한다. 이를 식으로 나타내면 식 (10.2)와 같다(Hyndman & Koehler, 2006; Willmott & Matsuura, 2005).

$$RMSE = \sqrt{\frac{1}{N}\sum_{i=1}^{N}(S_i - O_i)^2} \tag{10.2}$$

여기서, i는 현재 시점의 예측변수(current predictor), N은 예측변수의 수(number of predictors), S_i는 각각의 스텝에 따라 시뮬레이션된 값(simulated value for each time step), 그리고 O_i는 측정값(observed value)을 의미한다.

2) MAE

MAE는 Mean Absolute Error의 약자로, 실측값과 시뮬레이션된 값의 오차의 절대값에 대한 평균을 의미한다. 가장 널리 사용되는 방법으로, RMSE와는 달리 수치가 모호하지 않으며, 식으로 나타내면 식 (10.3)과 같다(Hyndman & Koehler, 2006; Willmott & Matsuura, 2005).

$$MAE = \frac{\sum_{i=1}^{N} |S_i - O_i|}{N} \tag{10.3}$$

여기서, i는 현재 시점의 예측변수(current predictor), N은 예측변수의 수(number of predictors), S_i는 각각의 스텝에 따라 시뮬레이션된 값(simulated value for each time step), 그리고 O_i는 측정값(observed value)을 의미한다.

3) 상관계수(R^2)

R 통계는 측정 시계열과 예측된 시계열 사이의 공통 직선성을 나타낸다. 완벽한 모델의 상관계수는 1.0으로, 1.0에 가까운 값일수록 정확성이 높다. 이를 식으로 나타내면 식 (10.4)와 같다(Krause et al., 2005)

$$R^2 = \left(\frac{\sum_{i=1}^{n} (O_i - \overline{O})(P_i - \overline{P})}{\sqrt{\sum_{i=1}^{n} (O_i - \overline{O})^2} \sqrt{\sum_{i=1}^{n} (P_i - \overline{P})^2}} \right)^2 \tag{10.4}$$

여기서, O는 측정값, P는 예측값, n은 예측변수의 개수, $\overline{O}$는 측정값 평균, $\overline{P}$는 예측값 평균을 의미한다.

4) R^2 조정값(adjusted R^2)

R^2 조정값은 모델에서 항의 개수를 조절하며 적용하는 방법이다. 새로운 항이 추가되면 항상 증가하는 R^2와는 달리, R^2 조정값의 경우에는 새로운 항이 모델을 향상시킬 경우에만 증가한

다. 이를 식으로 나타내면 식 (10.5)와 같다(Theil, 1958).

$$R^2 \text{ 조정값} = 1 - \left(\frac{SS_{resid}}{SS_{total}} \right) \times \left(\frac{n-1}{n-d-1} \right) \tag{10.5}$$

여기서, n은 데이터에서 측정한 수, d는 다항식의 차수, SS_{total}은 'A' 변수의 총제곱합에서 1을 뺀 값(total sum of squares of 'A' variable minus 1), SS_{resid}는 잔차제곱의 총합(total sum of squares of residuals)을 의미한다.

1-4 Nash-Sutcliffe 계수

Nash-Sutcliffe 계수(Nash-Sutcliffe model efficiency coefficient, NSE)는 예측 데이터를 통해 설명되는 측정분산 백분율을 나타내며, 모델이 정량적으로 정확하게 잘 맞는지를 확인하는 데 가장 많이 사용하는 측정방법이다. 이를 식으로 나타내면 식 (10.6)과 같다(Nash & Sutcliffe, 1970; Moriasi et al., 2007).

$$NSE = 1 - \frac{\sum_{i=1}^{n} (S_i - O_i)^2}{\sum_{i=1}^{n} (O_i - \overline{O})^2} \tag{10.6}$$

여기서, i는 현재의 i번째 예측변수, S_i는 각 시계열에 대해 시뮬레이션된 값, O_i는 측정값, $\overline{O}$는 모든 측정값 평균, n은 예측변수의 개수를 의미한다.

> ※ R^2와 NSE의 구분
> R^2와 NSE는 곡선일치분석의 정확성을 확인할 수 있는 방법으로 많이 이용된다. 데이터 분석 시 유사한 경향을 보이는 경우, R^2와 NSE가 유사한 수치를 보일 때도 있지만 차이를 보이는 때도 있다.

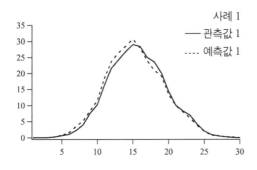
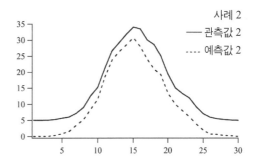

그림 10-3 사례 1과 사례 2를 이용한 R^2와 NSE의 구분

그림 10-3은 유사한 결과와 차이를 보이는 결과의 예시를 나타낸 것이다. 사례 1과 사례 2를 살펴보면, 두 그림 모두 관측 결과와 시뮬레이션 결과의 경향이 유사함을 보이고 있다. 그러나 상관계수로 둘을 비교했을 때, 사례 1의 R^2 값은 0.99, NSE 값은 0.98로 매우 근소한 차이를 보이고 있으나, 사례 2의 R^2 값은 0.99, NSE 값은 0.772로 나타났다. 이는 R^2의 경우, 두 수치의 기울기, 즉 경향을 보고 유사하면 1에 가깝게 나오는 데 반해, NSE와 같은 경우, 두 수치의 경향과 정량적 차이도 함께 비교해서 나타내는 수치이기 때문에 서로 다른 결과를 보이는 것이다. 따라서 경향성을 보기 위해서는 R^2와 NSE, 두 가지 모두 사용할 수 있으며, 정량적 차이에 대한 분석까지 함께 확인하고자 할 경우 NSE를 사용하는 것이 바람직하다.

2 어떤 데이터에 왜 사용하는가?

곡선일치분석은 분석 대상 데이터를 이용하여 직선 또는 곡선을 구한 후 식으로 표현하는 분석방법이다. 종속변수와 독립변수의 관계를 정의할 수 있는 모든 데이터에 사용할 수 있으며, 식을 유추하여 분석 대상 데이터 이후의 결과 및 분석 데이터 간 미지의 데이터에 대한 예측이 가능하다. 곡선일치분석의 실제 적용 사례는 다음과 같다.

• 퇴적물의 퇴적속도 분석에 이용한다. 곡선일치분석을 이용해 퇴적 현상 관련 상수, 몰질량, 평형상수 및 속도상수 등을 구할 때 이용된다(Stafford & Sherwood, 2004).

- ligand binding 분석에서 평균반응(mean response)과 분해물질 농도(analyte concentration) 사이의 비선형적 관계[주로 시그모이드(sigmoid)]에 대한 보정 결과를 곡선일치분석할 때 이용된다(Findlay & Dillard, 2007).

- quantitative real-time PCR 반응이 진행될 때, 불안정한 준비 및 증식(preparation & amplification) 과정으로 인해 PCR 진행 상태에 대한 기준이 불안정할 경우, sigmoid 함수를 이용한 curve fitting으로 표준을 설정한 후 과정을 비교할 때 적용한다(Rutledge, 2004).

- 시간에 따른 actin 중합(polymerization)의 농도 변화에 대한 식을 유추할 때 적용한다 (Morris et al., 2009).

- 세균이 특정 장소에서 일정 시간에 따라 증식할 경우, 이 세균이 몇 시간 후 얼마만큼 증식하였는지 식을 이용하여 유추할 때, 또는 오염물질의 이동에 따른 농도 변화에 대한 데이터를 이용하여 오염원으로부터 거리에 따른 오염인자의 농도 변화를 유추할 때 이용된다.

위에 언급한 실제 연구 사례와 같이 곡선일치분석은 데이터를 이용하여 함수를 유추해 낸 후, 다음 데이터에 대한 예측 및 중간에 생략된 데이터에 대한 정보를 알아낼 수 있다. 또한, 함수를 이용하여 곡선을 생성한 후 이를 기준으로 데이터들이 이에 적합한지 확인하고 검증할 수 있다.

3 어떻게 결과를 얻는가?

곡선일치분석 결과는 여러 상용화된 통계 프로그램 및 통계기능을 지원하는 프로그램을 사용하여 얻을 수 있다. 10장에서는 SPSS 프로그램과 MATLAB 프로그램을 사용한다.

3-1 SPSS

(1) 데이터 입력

SPSS Statistics Data Editor창에 'testexponential01.xlsx' 파일을 불러온다. 'testexponential01. xlsx' 파일에서 'microbe_1'은 시간에 따른 미생물의 수를 나타낸다.

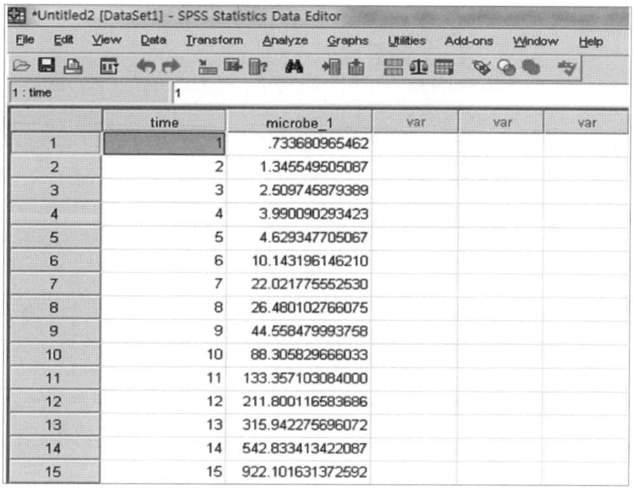

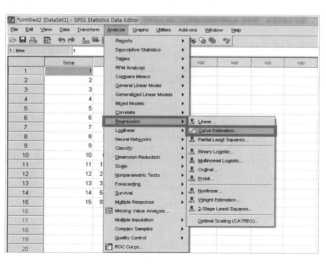

	time	microbe_1	var	var	var
1	1	.733680965462			
2	2	1.345549505087			
3	3	2.509745879389			
4	4	3.990090293423			
5	5	4.629347705067			
6	6	10.143196146210			
7	7	22.021775552530			
8	8	26.480102766075			
9	9	44.558479993758			
10	10	88.305829666033			
11	11	133.357103084000			
12	12	211.800116583686			
13	13	315.942275696072			
14	14	542.833413422087			
15	15	922.101631372592			

그림 10-4 데이터가 입력된 SPSS Statistics Data Editor 창의 화면

(2) 곡선일치분석 수행

그림 10-5 지수함수 모형에 대한 곡선일치분석을 수행하기 위한 경로

• 분석 순서

메뉴에서 [Analyze] → [Regression] → [Curve Estimation](단축키 Alt + A, R, C) 순서로 진행하면 그림 10-6과 같은 창이 열린다.

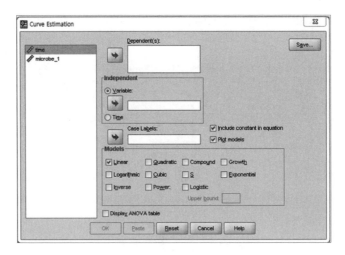

그림 10-6 Curve Estimation 실행 시 첫 화면

입력된 데이터의 변수 'microbe_1'을 'Dependent(s)' 칸에 입력하고, 'time'을 'Independent' 항목의 'Variable:' 버튼을 클릭하여 입력한다(시간에 따른 미생물의 수를 의미하기 때문). 'Models' 항목에서 분석하고자 하는 함수를 선택할 수 있으며, 지수함수 모형 분석을 위해 'Exponential'을 선택한 후 'OK' 버튼을 누르면(그림 10-7) 'Output' 창이 활성화된다.

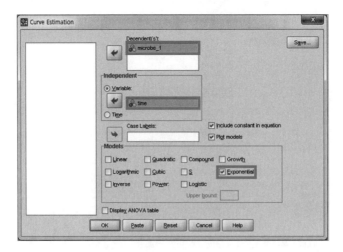

그림 10-7 Curve Estimation 실행 시 변수 선택 및 Model 선택창

(3) 곡선일치분석 결과

표 10-1 SPSS를 이용한 곡선일치분석 실행 결과: Model Description

Model Name		MOD_2
Dependent Variable	1	microbe_1
Equation	1	Exponential[a]
Independent Variable		time
Constant		Included
Variable Whose Values Label Observations in Plots		Unspecified

[a] The model requires all non-missing values to be positive.

표 10-2 SPSS를 이용한 곡선일치분석 실행 결과: Case Processing Summary

	N
Total Cases	15
Excluded Cases[a]	0
Forecasted Cases	0
Newly Created Cases	0

[a] Cases with a missing value in any variable are excluded from the analysis.

표 10-3 SPSS를 이용한 곡선일치분석 실행 결과: Variable Processing Summary

		Variables	
		Dependent	Independent
		microbe_1	Time
Number of Positive Values		15	15
Number of Zeros		0	0
Number of Negative Values		0	0
Number of Missing Values	User-Missing	0	0
	System-Missing	0	0

표 10-4 SPSS를 이용한 곡선일치분석 실행 결과: Model Summary and Parameter Estimates

Equation	Model Summary					Parameter Estimates	
	R Square	F	df1	df2	Sig.	Constant	b1
Exponential	.997	4158.913	1	13	.000	.494	.504

Dependent Variable: microbe_1
The independent variable is time.

표 10-1~10-4는 곡선일치분석 중 지수함수 모형 분석을 수행한 결과를 보여준다. 총 4개의 표가 출력되며, 이 중 표 10-1~10-3은 데이터 수 등 기본적인 정보 제공과 사용한 식, 입력된 독립변수와 종속변수에 대한 정보를 제공한다. 표 10-4에는 지수함수의 계수와 계산된 상수값, 그리고 R^2 값이 나타나 있다. 또한 지수함수 모형 분석 결과를 사용한 그래프 결과도 함께 출력되는데, 그림 10-8과 같이 계산된 그래프를 바탕으로 한 결과값과 관측값의 비교가 가능하다.

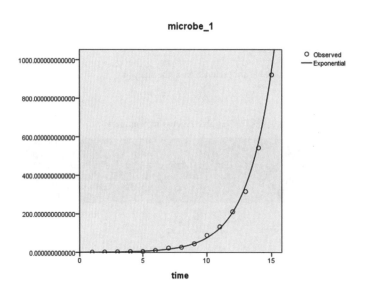

그림 10-8 SPSS의 Curve Estimation 실행 결과(그래프)

3-2 MATLAB

1) 다항식(polynomial function)

(1) 데이터 입력

'Ch 10_Curve Fitting Analysis' 폴더에 있는 예제파일 'testcftool.xlsx'에서 분석에 필요한 데이터의 행과 열을 확인한 후 MATLAB으로 데이터를 불러온다. 예제파일을 활용한 곡선 일치분석의 실행 기본 코드는 다음과 같다.

```
%% Curve Fitting Example
close all; clear all; clc;

% Load variables
A=xlsread('testcftool.xlsx','A:A');        % Time
B=xlsread('testcftool.xlsx','B:B');        % Depth
C=xlsread('testcftool.xlsx','C:C');        % Total Coliform
D=xlsread('testcftool.xlsx','D:D');        % E.coli
E=xlsread('testcftool.xlsx','E:E');        % Temperature

cftool;
```

입력변수 A에는 시간, B에는 수심, C에는 총대장균군, D에는 *E. coli*, 그리고 E에는 수온 데이터가 입력된다. 데이터의 입력 여부에 대한 확인은 MATLAB 실행창 우측 또는 설정된 위치에 있는 workspace에서 확인할 수 있다(그림 10-9).

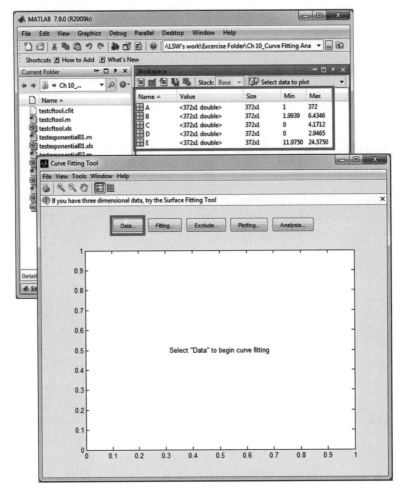

그림 10-9 cftool 실행 시 첫 화면

데이터를 불러오기 위해 'Data...' 버튼을 누르면 'Data sets'와 'Smooth' 탭이 있는 창이 열리며, 이 창을 통해 변수를 선택할 수 있다. 'Data sets' 탭에서 'X data' 칸에 변수 'A'를, 'Y data' 칸에 변수 'E'를 선택한 후 'Create data set'를 클릭한다(그림 10-10). 'Close' 버튼을 누르면 그림 10-11과 같이 데이터가 plot되며, 데이터 fitting을 위해 'Fitting' 버튼을 클릭한다.

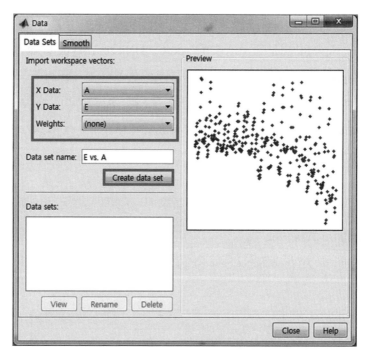

그림 10-10 다항회귀분석(polynomial regression) 모형을 이용한 곡선일치분석을 위한 MATLAB 데이터 설정 화면

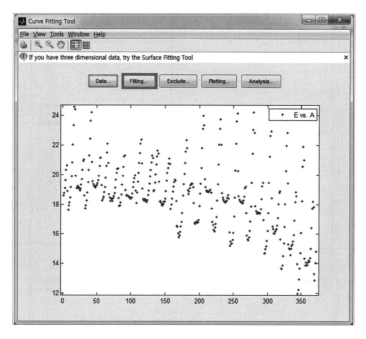

그림 10-11 다항회귀분석 모형을 이용한 곡선일치분석을 위한 MATLAB 데이터의 분산

(2) 다항식을 이용한 곡선일치분석 수행 및 결과

'Fitting' 창에서 'New fit' 버튼을 누르면 'fit name', 'Data set', 'Type of fit'을 입력 또는 선택할 수 있다. 'Type of fit'에서 'Polynomial'을 선택하면 보다 상세한 다항식 모형을 확인할 수 있으며, 적합한 식을 선택한 후 'Apply' 버튼을 누른다. 'Apply' 버튼을 누르면 계산을 거쳐 그림 10-12와 같은 모형 결과를 보여준다. 추세요소에 대한 1차 선형식과 기울기 및 y절편 값은 다음과 같다.

- Type of fit: linear polynomial
- Equation: f(x) = p1*x + p2
- Coefficients(with 95% confidence bounds): p1 = −0.01048; p2 = 20.49

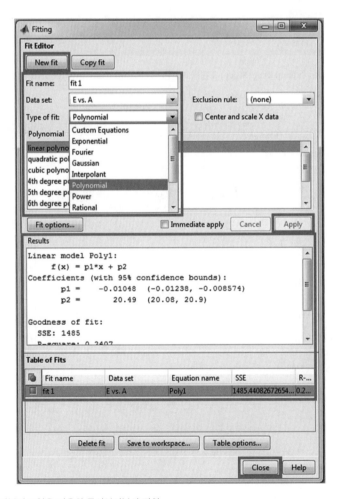

그림 10-12 다항회귀분석 모형을 이용한 곡선일치분석 절차

결과를 확인한 후 'Fitting' 창 하단의 'Close' 버튼을 누르면(그림 10-12) 그림 10-13과 같은 추세선이 포함된 시계열 데이터를 확인할 수 있다.

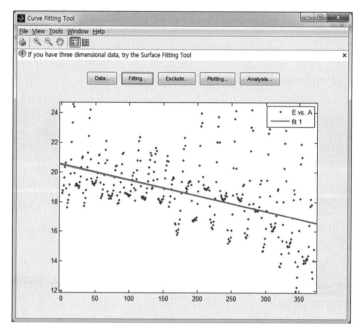

그림 10-13 다항회귀분석 모형을 이용한 곡선일치분석 결과

2) 지수함수(exponential function)

1 $y = a\exp(bx)$ 형태

(1) 데이터 입력

'Ch 10_Curve Fitting Analysis' 폴더에 있는 예제파일 'testexponential01.xlsx'에서 분석에 필요한 데이터의 행과 열을 확인한 후 MATLAB으로 데이터를 불러온다. 입력변수 A는 시간, B는 미생물의 수를 의미한다(파일명: testexponential01.m). 예제파일을 활용한 지수함수 모형 분석의 실행 기본 코드는 다음과 같다.

```
%% Curve Fitting Example - Exponential01

close all; clear all; clc;


% Load variables

A=xlsread('testexponential01.xlsx','A:A');

B=xlsread('testexponential01.xlsx','B:B');


cftool
```

'cftool' 창이 실행되면 'Data' 버튼을 눌러 해당 입력변수를 지정한 후(그림 10-14) 'Create data set' 버튼을 누른다.

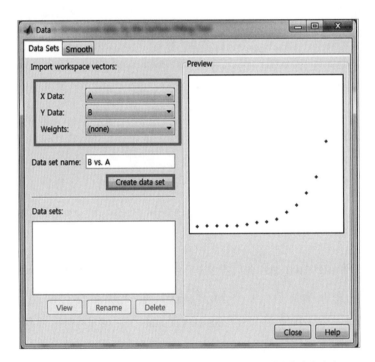

그림 10-14 지수함수 모형을 이용하여 곡선일치분석을 실행하기 위한 MATLAB 데이터 설정 화면

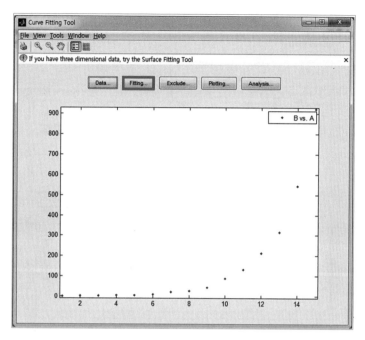

그림 10-15 지수함수 모형을 이용하여 곡선일치분석을 실행하기 위한 MATLAB 데이터의 분산

'Fitting' 창에서 'New fit' 버튼을 누르면 'fit name', 'Data set', 'Type of fit' 칸에 내용을 입력 또는 선택할 수 있다. 'Type of fit' 칸에서 'Exponential'을 선택하면 두 종류의 상세한 지수함수 모형을 확인할 수 있으며, 첫 번째 식을 최종 선택한 후 'Apply' 버튼을 누르면 미지의 상수 'a', 'b'에 대한 계산을 거쳐 그림 10-16과 같은 모형 결과를 보여준다.

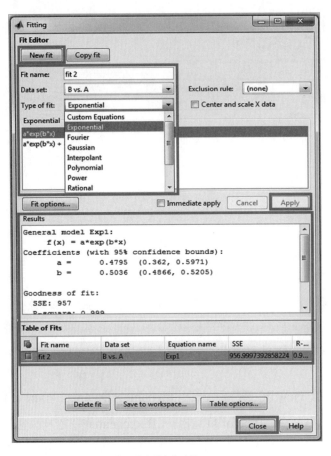

그림 10-16 지수함수[$y = a\exp(bx)$] 모형을 이용한 곡선일치분석 절차

(2) 지수함수[$y = a\exp(bx)$] 모형을 이용한 곡선일치분석 수행 및 결과

모형 결과에 대한 계수값과 R^2 값은 다음과 같다.

- Type of fit: exponential

- Equation: f(x) = a*exp(b*x)

- Coefficients(with 95% confidence bounds): a = 0.4795; b = 0.5036

- Goodness of fit

  · SSE: 957

  · R-square: 0.999

  · Adjusted R-square: 0.9989

  · RMSE: 8.58

결과를 확인한 후 'Fitting' 창 하단의 'Close' 버튼을 누르면(그림 10-16) 그림 10-17과 같은 지수함수 모형을 확인할 수 있다.

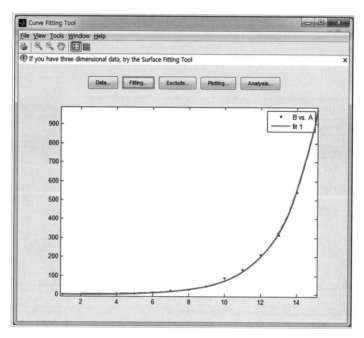

그림 10-17 지수함수[$y = a\exp(bx)$] 모형을 이용한 곡선일치분석 결과

2 $y = a\exp(bx) + c\exp(dx)$ 형태

(1) 데이터 입력

1 과 같은 방법으로 데이터를 불러온다(file name: testexponential02.m). 예제파일을 활용한 지수함수 분석의 실행 기본 코드는 다음과 같다.

```
close all; clear all; clc;


% Load variables

A=xlsread('testexponential02.xlsx','A:A');

B=xlsread('testexponential02.xlsx','B:B');


cftool
```

‘cftool’ 창이 실행되면 ‘Data’ 버튼을 눌러 해당 입력변수를 지정한 다음 ‘Fitting’ 버튼을 실행하여 ‘New fit’를 생성한 후 ‘Type of fit’ 칸에서 ‘Exponential’을 선택한다. 선택 후 아래의 창을 살펴보면 두 종류의 상세한 지수함수 모형을 확인할 수 있으며, 이 중 해당되는 두 번째 식을 클릭한 후 ‘Apply’ 버튼을 누르면 해당 식의 미지수 ‘a’, ‘b’, ‘c’, ‘d’에 관한 결과가 생성된다(그림 10-18).

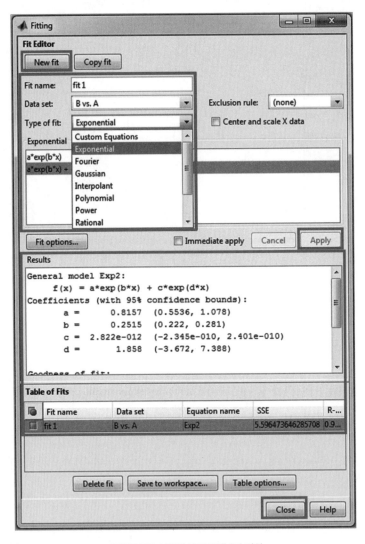

그림 10-18 지수함수[$y = a\exp(bx) + c\exp(dx)$] 모형을 이용한 곡선일치분석 절차

(2) 지수함수[$y = a\exp(bx) + c\exp(dx)$] 모형을 이용한 곡선일치분석 수행 및 결과

모형 결과에 대한 계수값과 R^2 값은 다음과 같다.

- Type of fit: exponential
- Equation: f(x) = a*exp(b*x) + c*exp(d*x)
- Coefficients(with 95% confidence bounds)
    · a = 0.8157; b = 0.2515; c = 2.822e-012; d = 1.858
- Goodness of fit
    · SSE: 5.596
    · R-square: 0.9969
    · Adjusted R-square: 0.996
    · RMSE: 0.7133

결과를 확인한 후 'Fitting' 창 하단의 'Close' 버튼을 누르면(그림 10-18) 그림 10-19와 같은 지수함수 모형을 확인할 수 있다.

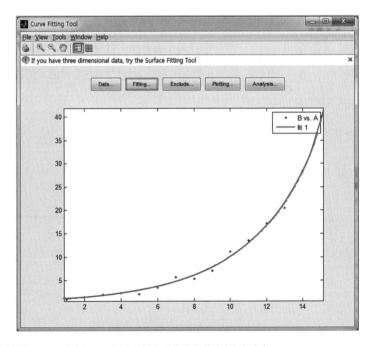

그림 10-19 지수함수[$y = a\exp(bx) + c\exp(dx)$] 모형을 이용한 곡선일치분석 결과

3) Gaussian 함수 $\left(y = a\exp\left(-\dfrac{x-b}{c}\right)^2 \right)$

(1) 데이터 입력

1과 같은 방법으로 데이터를 불러온다(파일명: testgaussian.m). 입력변수 A는 시간 변화에 따른 순번, B는 측정 시간, 그리고 C는 초기 강우에 따른 탁도의 변화량을 의미한다. 예제파일을 활용한 Gaussian 함수 모형 분석의 실행 기본 코드는 다음과 같다.

```
close all; clear all; clc;


% Load variables

A=xlsread('testgaussian.xlsx','A:A');

B=xlsread('testgaussian.xlsx','C:C');


cftool
```

'cftool' 창이 실행되면 'Data' 버튼을 눌러 해당 입력변수를 지정한다. 그런 다음 'Fitting' 버튼을 실행하여 'New fit'를 생성한 후에 'Type of fit' 칸에서 'Gaussian'을 선택한다. 선택 후 아래의 창을 살펴보면 다양한 종류의 Gaussian 함수 모형을 확인할 수 있으며, 이 중 해당되는 첫 번째 함수를 선택한 후 'Apply' 버튼을 누르면 해당 식의 미지수 'a', 'b', 'c'에 관한 결과가 생성된다(그림 10-20).

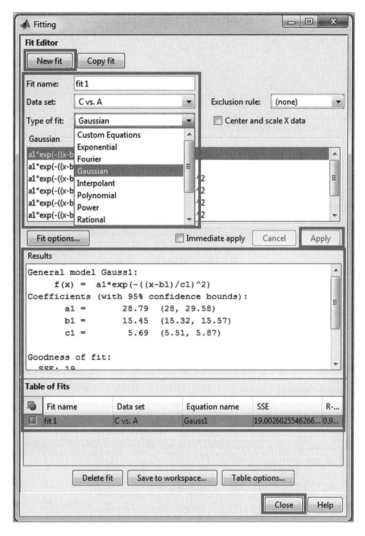

그림 10-20 Gaussian 함수 모형을 이용한 곡선일치분석 절차

(2) Gaussian 함수 모형을 이용한 곡선일치분석 수행 및 결과

모형 결과에 대한 계수값과 R^2값은 다음과 같다.

- Type of fit: gaussian
- Equation: f(x) = a1*exp(-((x-b1)/c1)^2)
- Coefficients(with 95% confidence bounds)
  - a = 28.79; b = 15.45; c = 5.69
- Goodness of fit
  - SSE: 19
  - R^2: 0.9939
  - Adjusted R-square: 0.9935
  - RMSE: 0.8389

결과를 확인한 후 'Fitting' 창 하단의 'Close' 버튼을 누르면(그림 10-20) 그림 10-21과 같은 Gaussian 함수 모형을 확인할 수 있다.

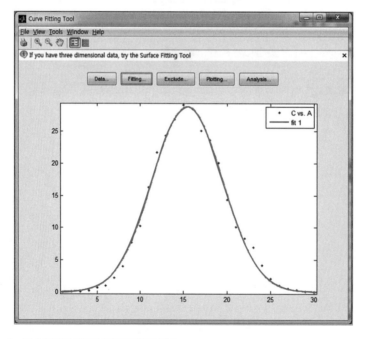

그림 10-21 Gaussian 함수 모형을 이용한 곡선일치분석 결과

4) 사용자 함수(custom equations)

(1) 데이터 입력

MATLAB 'cftool' toolbox에 정의된 함수 이외의 식을 적용하여 곡선일치분석을 수행하는 경우 식을 직접 편집하여 분석을 수행할 수 있다. 여기서는 시그모이드(Sigmoid) 함수를 직접 입력하여 수행한다.

> Sigmoid 함수
>
> $$y = \frac{1}{1 + \exp(-ax)}$$

1과 같은 방법으로 데이터를 불러온다(파일명: testsigmoid.m). 입력변수 A는 상대적 거리로, 하천 중간 지점을 0으로 했을 때 상류를 10, 하류를 −10으로 표현하였으며, 입력변수 B는 해당 지점에서의 TP 농도를 의미한다. 예제파일을 활용한 Sigmoid 함수 모형 분석의 실행 기본 코드는 다음과 같다.

```
close all; clear all; clc;


% Load variables
A=xlsread('testsigmoid.xlsx','A:A');
B=xlsread('testsigmoid.xlsx','B:B');


cftool
```

'cftool' 창이 실행되면 'Data' 버튼을 눌러 해당 입력변수를 지정한다. 그런 다음 'Fitting' 버튼을 실행하여 'New fit'를 생성한 후에 'Type of fit' 칸에서 'Custom Equations'를 선택한다. 선택 후 그림 10-22와 같이 'New' 버튼을 눌러서 'General Equations' 탭을 선택한 후 'Independent variable'과 'Equation' 항목에 Sigmoid 함수를 입력한다.

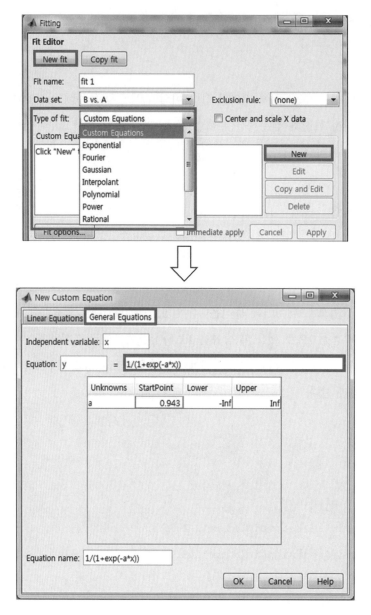

그림 10-22 Custom Equation을 이용한 곡선일치분석을 수행하기 위한 'New Custom Equation' 입력과정

'OK' 버튼을 누른 후(그림 10-23) 'Fitting' 창의 'Apply' 버튼을 실행하여 함수의 미지수인 'a'에 대한 결과를 확인한다(그림 10-24).

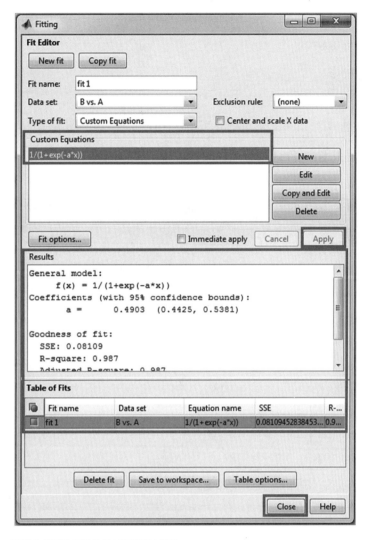

그림 10-23 Sigmoid 함수 모형을 이용한 곡선일치분석 절차

(2) Sigmoid 함수 모형을 이용한 곡선일치분석 수행 및 결과

모형 결과에 대한 계수값과 R^2값은 다음과 같다.

- Type of fit: customs
- Equation: f(x) = 1/(1+exp(-a*x))
- Coefficients(with 95% confidence bounds): a = 0.4903
- Goodness of fit
  · SSE: 0.08109

· R^2: 0.987

· Adjusted R^2: 0.987

· RMSE: 0.04503

결과를 확인한 후 'Fitting' 창 하단의 'Close' 버튼을 누르면(그림 10-23) 그림 10-24와 같은 Sigmoid 함수 모형을 확인할 수 있다.

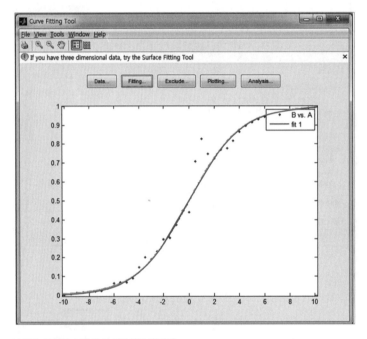

그림 10-24 Sigmoid 함수 모형을 이용한 곡선일치분석 결과

4 어떻게 해석하는가?

곡선일치분석을 이용하여 각 함수에 해당하는 계수를 찾으면, 계수를 함수에 대입하여 데이터가 가지고 있는 특성에 대한 함수를 알게 된다. 즉, 구해진 함수를 이용하여 데이터를 예측할 수 있다.

4-1 지수함수 모형 결과의 해석

① 시간의 경과에 따른 '미생물_1'의 변화량에 대한 데이터를 지수함수[$y = a \exp(bx)$] 모형에 적용하여 곡선일치분석을 수행한 결과 다음과 같은 계수를 얻었다.

$a = 0.4795(0.362, 0.5971)$, $b = 0.5036(0.4860, 0.5205)$

(괄호 안은 95% 신뢰구간에 해당하는 수치를 의미한다.)

이 결과를 바탕으로 '미생물_1'의 경우, $y = 0.4795 \exp(0.5036x)$의 함수를 따른다. 미생물의 증식은 시간의 흐름에 따라 일정 시간마다 그 수가 일정 배율씩 증가하며, 본 함수를 이용하여 x의 시간이 지났을 때 변화되는 미생물 y의 값을 예측할 수 있다.

② 일정 간격으로 시간의 경과에 따른 '미생물_2'의 변화량에 대한 데이터를 이용하여 지수함수 $y = a \exp(bx) + c \exp(dx)$에 적용한 후, 다음과 같은 계수를 얻었다.

$a = 0.8157(0.5536, 1.078)$, $b = 0.2515(0.222, 0.281)$,

$c = 2.822 \times 10^{-12}(-2.345 \times 10^{-10}, 2.401 \times 10^{-10})$, $d = 1.858(-3.672, 7.388)$

(괄호 안은 95% 신뢰구간에 해당하는 수치를 의미한다.)

이 결과를 바탕으로 '미생물_2'의 경우, $y = 0.8157 \exp(0.2515x) + 2.822 \times 10^{-12} \exp(1.858x)$의 식을 구할 수 있으며, 이를 통해 시간 x의 경과에 따른 '미생물_2'의 변화량을 유추할 수 있다.

4-2 Gaussian 함수 모형 결과의 해석

시간의 경과에 따른 초기 강우 유출수 내 탁도의 수치 변화를 Gaussian 함수 모형을 통해 확인하여 다음과 같은 계수를 얻었다.

$a = 28.79(28, 29.58)$, $b = 15.46(15.32, 15.57)$, $c = 5.69(5.51, 5.87)$

(괄호 안은 95% 신뢰구간에 해당하는 수치를 의미한다.)

위의 결과를 바탕으로 $y = 28.79\exp\left(-\dfrac{x-15.46}{5.69}\right)^2$ 의 식을 구할 수 있으며, 이를 통해 시간의 변화에 따른 초기 농도의 변화율을 확인할 수 있다.

4-3 Custom 함수(ex_sigmoid) 모형 결과의 해석

거리에 따른 오염인자 TP의 농도 변화를 S자형의 곡선 형태를 이루는 Sigmoid 함수에 대입하여 다음과 같은 계수를 얻었다.

$a = 0.4903(0.4425, 0.5381)$

(괄호 안은 95% 신뢰구간에 해당하는 수치를 의미한다.)

이 결과를 바탕으로 $y = \dfrac{1}{1+\exp(-0.4903x)}$ 의 식을 구할 수 있으며, 이를 통해 해당 지역에서의 거리에 따른 TP 농도의 변화를 예측할 수 있다.

■ 참고문헌

1. Findlay, J. W. A. & Dillard, R. F. (2007). Appropriate calibration curve fitting in ligand binding assays. *The AAPS Journal*, 9(2), 260-267.

2. Hyndman, R. J. & Koehler, A. B. (2006). Another look at measures of forecast accuracy. *International Journal of Forecasting*, 22(4), 679-688.

3. Krause, P., Boyle, D. & Bäse, F. (2005). Comparison of different efficiency criteria for hydrological model assessment. *Advances in Geosciences*, 5, 89-97.

4. Moriasi, D., Arnold, J., Van Liew, M., Bingner, R., Harmel, R. & Veith, T. (2007). Model evaluation guidelines for systematic quantification of accuracy in watershed simulations. *Transactions of the ASABE*, 50(3), 885-900.

5. Morris, A. M., Watzky, M. A. & Finke, R. G. (2009). Protein aggregation kinetics, mechanism, and curve-fitting: A review of the literature. *Biochimica et Biophysica Acta(BBA)-Proteins & Proteomics*, 1794(3), 375-397.

6. Nash, J. E. & Sutcliffe, J. (1970). River flow forecasting through conceptual models part I—A discussion of principles. *Journal of Hydrology*, 10(3), 282-290.

7. Rutledge, R. (2004). Sigmoidal curve-fitting redefines quantitative real-time PCR with the prospective of developing automated high-throughput applications. *Nucleic Acids Research*, 32(22), e178.

8. Sillen, L. G. (1956). Some graphical methods for determining equilibrium constants. II. On 'Curve-fitting' methods for two-variable data. *Acta Chem. Scand*, 10(2), 186-202.

9. Stafford, W. F., Sherwood, P. J. (2004). Analysis of heterologous interacting systems by sedimentation velocity: curve fitting algorithms for estimation of sedimentation coefficients, equilibrium and kinetic constants. *Biophysical Chemistry,* 108(1), 231-244.

10. Theil, H. (1958). *Economic Forecasts and Policy.* Amsterdam: North-Holland Pub. Co.

11. Willmott, C. J. & Matsuura, K. (2005). Advantages of the mean absolute error(MAE) over the root mean square error(RMSE) in assessing average model performance. *Climate Research*, 30(1), 79.

4부에서는 지구환경 현장에서 모니터링되고 있는 데이터의 시공간적 속성을 가시화하고 해석할 수 있는 방법에 대해 설명한다.

- 11장 시계열 자료 분석(time-series analysis)
- 12장 시공간 분석(spatial and temporal data analyses)

4부

시공간 분석

11장

시계열 자료 분석
time-series analysis

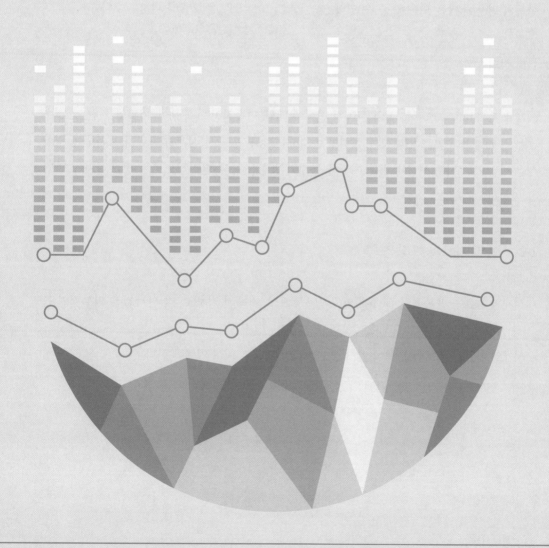

1 시계열 자료 분석이란?

시계열 자료는 일상에서 쉽게 접할 수 있는 데이터로, 특정 자료의 시간에 따른 수치 변화에 대한 그래프와 같은 형태로 볼 수 있다. 예를 들어, 시간에 따른 주식 변동, 계절별, 월별 및 일별 기온 및 강우량 변화 등 실생활에 큰 영향을 미치거나 직접 연관된 자료들이 대표적인 예이다. 이런 자료들의 특징으로는 과거부터 현재까지의 관측값을 시계열(time-series)에 기반하여 기록하였으며, 그 목적에 따라 특정 시점까지 향후 예상되는 예측치가 나열된다는 것이다. 이런 시계열 자료들은 실생활뿐만 아니라 상업 및 산업 분야에서도 많이 볼 수 있다.

환경 데이터의 예들 중 시간 경과에 따라 뚜렷한 주기성을 보이는 수온, 기온, 일사량 및 증발산량과 같은 항목의 경우, 이를 예측함으로써 이와 연관된 토양, 수질 및 대기와 관련된 항목의 연구에 많은 도움을 줄 수 있다.

1-1 정의

시계열 분석(time-series analysis)은 특정 변수에 대한 연속적인 기록(과거) 자료를 기반으로, 수많은 불특정 변수들로 인해 불확실성이 존재하는 상황 속에서 시계열 자료가 보여주는 경향성을 바탕으로 미래 시점에 대한 예측을 통계적 방법을 통해 합리적으로 추정해 나가는 방법을 말한다.

1-2 시계열 자료의 특징

- 시계열 자료는 반복적인 관측에 의해 연속적으로 기록된 정보로, 각 관측값은 외부적인 특정 변수의 영향들이 일시적으로 포함되어 있다.
- 시계열 자료는 시계열 분석에 앞서 불연속적인 형태로 되어 있어야 한다.

1-3 시계열 자료 분석방법

1) 평활법

평활법(smoothing method)은 시계열 자료가 내포하고 있는 불규칙한 변동을 완화시키고, 그 자료가 갖고 있는 전체적인 추세를 찾기 위해 과거 자료를 평균화한다. 크게 고정평균법과 이동평균법으로 구분된다.

(1) 고정평균법

고정평균법(box average)은 시계열 자료를 평활하게 만들기 위해 산술평균을 산정할 때 사용하는 데이터 개수를 일정하게 고정시킨다. 따라서 시계열의 처음부터 마지막 시점까지의 관측값들이 동일 간격으로 묶여 평균화된다.

(2) 이동평균법

① 단순 이동평균법

단순 이동평균법(moving average method)은 산술평균을 산정하기 위해 사용하는 데이터 개수를 일정하게 고정시킨다는 면에서는 고정평균법와 유사하지만, 매 시점마다 연속적으로 산술평균을 수행한다는 점에서는 다르다. 관련 식은 식 (11.1)과 같으며, N은 전체 데이터 개수, k는 이동평균길이를 나타낸다.

$$A_t = \frac{Y_t + Y_{t-1} + Y_{t-2} + \cdots + Y_{t-k+1}}{N}, \quad F_{t+1} = A_t \qquad (11.1)$$

여기서, A_t: t 시점의 평균값

$\quad\quad\quad Y_t$: t 시점의 실측값

$\quad\quad\quad F_{t+1}$: $t+1$ 시점의 예측값

② 가중 이동평균법

모든 데이터에 동일한 가중치를 두고 평균값을 산정하는 단순 이동평균법과는 달리, 가중 이동평균법(weighted moving average method)은 자료를 평균화할 때 최근 수치에 가중치를 두고 계산하기 때문에 과거 시점에서 현재 시점에 근접할수록 자료에 대한 가중치가 커진다.

$$A_{t+1} = w_1 Y_t + w_2 Y_{t-1} + \cdots + w_k Y_{t-k+1} \tag{11.2}$$

$$0 \leq w_i \leq 1, \quad \sum_{i=1}^{k} w_i = 1, \quad w_1 \geq w_2 \geq w_3$$

여기서, A_{t+1}: $t+1$ 시점의 예측값

$\qquad Y_t$: t시점의 실측값

$\qquad w_i$: i기간에 부여된 가중값

$\qquad k$: 이동 평균길이

2) 시계열 요소 분해법

시계열 자료를 통해 아직 일어나지 않은 불명확한 미래 시점을 예측하기 위해서는 시계열 데이터의 경향 및 반복 주기를 분석 및 파악하고, 그것을 요소(component)별로 분리하는 과정이 필요하다. 시계열 요소 분해법(decomposition)이란 추세(trend), 주기 및 순환(periodic or cyclic), 기타 불규칙(random/irregular) 요소들의 결합으로 이루어진 시계열 자료에 대해 그것이 내포하고 있는 변동 요소들을 회귀분석법을 통해 개별적으로 분해하고, 다시 그 요소들을 조합함으로써 미래 시점에 대해 예측하는 것이다.

(1) 시계열 자료의 요소 구분

시계열 자료는 3개의 주요한 요소, 즉 추세요소(trend component), 주기 또는 순환요소(periodic or cyclic component), 불규칙 요소(random/irregular component)로 구성되어 있다.

추세요소란 자료 관측값이 변화하는 패턴을 말하며, 장기적인 선형적(linear) 또는 지수적인(exponential) 증가 및 감소 형태로 표현된다(예: 연도별 인구 증가 및 연평균 해수 수온 증가).

$$x_T(t) = a + bt \tag{11.3}$$

일반적인 계절(seasonal) 요소는 주기 또는 순환요소의 가장 대표적인 사례로, 1년의 주기로 규칙적이고 일정한 주기성을 가지며 반복적인 증가 및 감소 경향을 보인다(예: 계절별 기온 및 강우량 변화, 계절별 전력소모량). 반면, 순환요소는 관측값의 주기 변화가 '주기 또는 순환요소'에 비해 비교적 짧고 불규칙한 반복성을 가지는 것이 특징이다(예: 제품의 가격 변동, 주식 가격, 환율 변화).

$$x_F(t) = a_0 + \sum_{n=1}^{\infty} (a_n \sin nx \times w + b_n \cos nx \times w) \qquad (11.4)$$

불규칙 요소는 전체 시계열 자료에 내포되어 있는 미세 주기로, 관측값이 불규칙적이고 비체계적으로 변동하며, 자연재해, 전쟁 및 사고와 같은 예측이 불가능한 사건(event)에 의해 유발된다. 또한 위의 요소들로 설명되지 않는 부분들이 일종의 오차로 간주되어 불규칙 요소에 포함되기도 한다.

$$z = \frac{x - \mu}{\sigma}, \quad x_R(t) = Z_n \sigma_k \qquad (11.5)$$

3) Box-Jenkins: 자기회귀 통합적 이동평균(ARIMA) 모형

ARIMA는 'autoregressive integrated moving average'의 약어로, 자기회귀(autoregressive, AR)모형과 이동평균(moving average, MA)모형으로 나뉜다. 자기회귀모형은 연속적인 관측 값들 사이의 경향성을 설명하며, 이동평균모형은 어느 시점의 관측값으로부터 그 다음 시점 까지의 난발(a random shock)의 지속성(persistence)을 설명한다. ARIMA 모형은 연륜연대학 (dendrochronology), 수문학(hydrology) 및 계량경제학(econometrics) 분야에서 많이 사용된다.

ARIMA 모형의 주요 특징은 과거 자료만으로 시계열 자료값을 예측하는 것이며, 정상적 시계열 자료가 자기회귀 이동평균 모형(ARMA)으로 표현되는 것에 반해, ARIMA 모형은 비 정상 시계열 자료에 대한 분석을 할 경우 사용된다. 기본 가정으로는 샘플링 분포의 정상상 태(normality of sampling distribution), 변량의 동질(homogeneity of variance), 이상치의 부재(no obvious outliers)가 있다. ARIMA 모형을 사용하기에 앞서 모형의 식별과정이 수행되어야 한 다.

(1) 모형 식별

모형 식별(model identification) 과정은 주어진 시계열 자료분석 시 이 자료가 어떤 모형에 적합 하고 그 차수(order)가 얼마인지를 찾는 과정으로, 이때 자기상관계수(autocorrelation, AC)와 편자기상관계수(partial autocorrelation, PAC)에 대한 분석이 필요하다(이원우, 2011).

① 자기상관계수

모든 시점에 대해 근접한 서로 다른 시점의 데이터 사이의 상관계수를 확인할 때 사용한다. 즉, t 시점에서의 y_t 값이 $t-1$ 시점에서의 y_{t-1} 값과 얼마나 상관관계가 있는지를 확인하는 작업이다. 자기상관계수(r_k)를 식으로 나타내면 다음과 같으며, k는 시차(lag)를 의미한다(EPM Information Development Team, 2009).

$$r_k = \frac{\sum_{t=k+1}^{n}(y_t - \bar{y})(y_{t-k} - \bar{y})}{\sum_{t=1}^{n}(y_t - \bar{y})^2} \tag{11.6}$$

② 편자기상관계수

시계열 자료에서 다른 시차(lag)들에 의한 영향을 제거한(partial out) 후 주어진 시차에 대한 상관계수를 의미한다.

 2 **어떤 데이터에 왜 사용하는가?**

2-1 평균법(averaging method)

1) Case Ⅰ: 잡음(noisy)이 많은 데이터에 대한 장기적인 경향 파악

원본(raw) 시계열 자료는 대부분 경향 파악이 쉽지 않다. 환율 변동, 주식의 주가 변동, 제품의 재고량 변동이 대표적인 예이다. 이러한 자료는 관측값이 짧은 주기로 반복되는 불규칙한 변동을 보이기 때문에 장기적으로 기록된 시계열 자료에 대한 그래프를 그려 보면 잡음이 많은 것을 볼 수 있으며, 그것이 내포한 경향을 파악하기 쉽지 않다. 이때 이동평균법은 잡음의 변동에 대한 진폭을 평활하게(smoothing) 함으로써 자료의 경향성을 파악하는 데 유용하게 사용된다(왕창근, 2000).

2) Case II: 향후 일어날 일에 대한 자료 예측

이동평균법을 이용한 자료 예측은 데이터의 현재 시점(t)을 기준으로, 미래 시점($t+1$)에 대한 예측값을 현 시점에서 가지고 있는 과거 데이터를 평균화하여 추정하는 것이다(이원우, 2011). 과거의 모든 측정 데이터의 평균값을 바탕으로 예측값을 산정하는 방법과는 달리, 이 방법은 현재 시점에 근접한 지정된 개수(k)만큼의 과거 데이터를 사용한다. 따라서 시점이 $t+1$ 방향으로 변함에 따라 사용되는 데이터의 범위는, $t_{과거}+1$만큼 한 칸씩 이동하게 된다. 이동평균법의 가장 큰 장점은 지속적인 평균값 산정을 통해 잡음을 제거하고, 지정된 개수(k)만큼의 과거 데이터를 사용하여 예측값을 추정하기 때문에, 데이터의 양이 증가하더라도 연산량은 일정하므로 동적 시스템에 적합한 방법이라는 것이다(김성필, 2010).

3) Case III: 시계열 자료의 결측값 존재

데이터 관측(monitoring) 및 기록 측면에서 데이터를 완벽하게 수집하는 것은 쉽지 않은 일이다. 수질 데이터의 경우 간혹 모니터링 장비의 갑작스러운 고장으로 인해 데이터 수집이 중단되거나, 혹은 잘못된 기기 보정(calibration)으로 관측값이 오류가 나는 등 예측하지 못한 상황 등으로 인하여 시계열에 대한 모든 관측값들의 수집이 불가능한 경우가 발생하기도 한다. 이런 상황에서 이동평균법은 과거 자료를 토대로 결측값에 대한 복구가 가능하다.

③ 어떻게 결과를 얻는가?

시계열 분석 결과는 여러 상용화된 통계 프로그램 및 통계 기능을 지원하는 프로그램을 사용하여 얻을 수 있다. 11장에서는 MATLAB, Microsoft EXCEL(MS Excel), SPSS(the Statistical Package for the Social Sciences) 프로그램을 사용한다.

3-1 MATLAB

1) 시계열 자료의 요소별 분해

본 예제에 사용된 데이터(그림 11-1)는 미국 캘리포니아 주 남서부에 위치한 헌팅턴 비치 (Huntington beach) 인근 브룩허스트 가(Brookhurst street)의 다리에서 매 시간 단위로 관측된 하천수 유속값을 수직축 범위(range)만 변형한 자료이다(Grant et al., 2001).

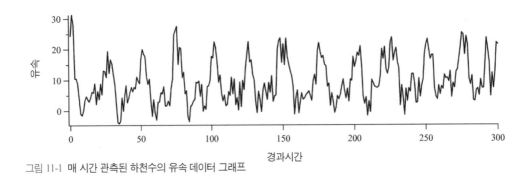

그림 11-1 매 시간 관측된 하천수의 유속 데이터 그래프

[1단계] 데이터 입력

MATLAB 프로그램으로 데이터를 로딩하기 위해서는 시계열 자료를 MATLAB 프로그램 에 벡터 형태의 변수들로 정의한 후, 이 변수들을 'Curve Fitting Tool'에서 x, y 데이터로 각 각 지정해야 한다. 이를 위해 'Ch 11_Time Series Analysis' 폴더에 있는 예제파일 'raw_ data.xlsx'를 확인한다.

> Column A(time): 총 300시간에 걸친 매 시간 단위 시계열
> Column B(data): 하천수의 유속에 대한 관측값

(1) 각 데이터를 MATLAB workspace의 각 변수들로 정의
'raw_data.xlsx'의 Column A와 Column B에 있는 데이터들을 각각 변수 'a'와 'b'로 정의 한 후(그림 11-2), 'Curve Fitting Tool'을 실행한다. 본 예제에 대한 코드 파일은 'Ch 11_Time Series Analysis' 폴더의 'raw_data_trend.m' 이름으로 제공되며, 예제파일을 활용한 curve fitting 실행 기본 코드는 다음과 같다.

```
close all; clear all; clc;


a=xlsread('raw_data.xlsx','A:A');

b=xlsread('raw_data.xlsx','B:B');


cftool
```

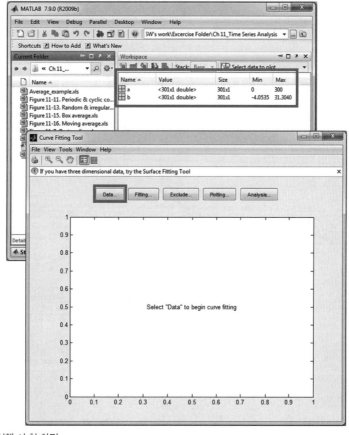

그림 11-2 cftool 실행 시 첫 화면

데이터를 불러오기 위해 'Data...' 버튼을 누르면 그림 11-3과 같이 'Data sets' 탭과 'Smooth' 탭이 있는 창이 열리며, 변수 'a'와 'b'를 선택할 수 있다. 'X Data:' 칸에 변수 'a'를 선택하고, 'Y Data:' 칸에 변수 'b'를 선택한 후 'Create data set' 버튼을 누른다. 그리고나서 'Close' 버튼을 누르면, 그림 11-4와 같이 데이터가 분포되며, 데이터의 곡선일치분석을 위해 'Fitting' 버튼을 누른다.

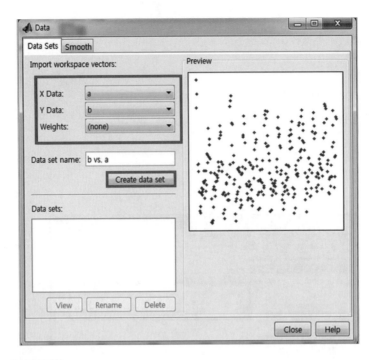

그림 11-3 변수 a와 b의 선택창

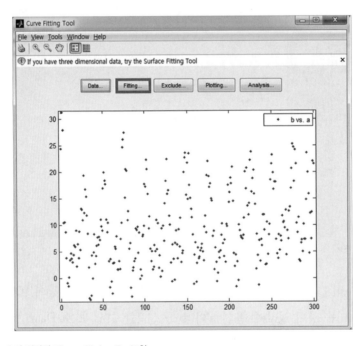

그림 11-4 변수 a, b가 입력된 'Curve Fitting Tool' 창

[2단계] 추세요소 분해

선형성을 띠고 있는 비형식적 시계열 자료의 경우, 최소자승법(least squares method)을 이용한 기울기와 절편값을 추정하는 방법인 회귀분석(regression analysis)이 가능하다(이원우, 2011). 그림 11-5는 시계열 자료에 포함된 추세요소를 다항회귀분석(polynomial regression) 모형의 1차 선형식으로 곡선접합(curve fitting)하여 기울기 및 절편값을 추정하는 과정을 보여준다.

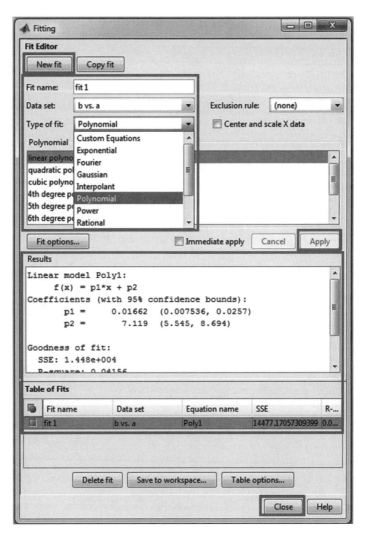

그림 11-5 다항회귀분석(polynomial regression) 모형의 1차 선형식을 이용한 curve fitting 절차

‘Fitting’ 창에서 ‘New fit’ 버튼을 누르면 ‘Fit name’, ‘Data set’, ‘Type of fit’ 칸에 입력하거나 선택할 수 있다. ‘Type of fit’ 칸에서 ‘Polynomial’을 선택하면 보다 상세한 모형을 확인

할 수 있으며, 최종 선택 후 'Apply' 버튼을 누르면 계산을 거쳐 그림 11-5와 같은 모형 결과를 보여준다. 추세요소에 대한 1차 선형식과 기울기, y 절편값은 다음과 같다.

- Type of fit: linear polynomial
- Equation: f(x) = p1*x + p2
- Coefficients(with 95% confidence bounds): p1 = 0.01662; p2 = 7.119

결과를 확인한 후 'Fitting' 창 하단의 'Close' 버튼을 누르면(그림 11-5) 그림 11-6과 같은 추세선이 포함된 시계열 데이터를 확인할 수 있다.

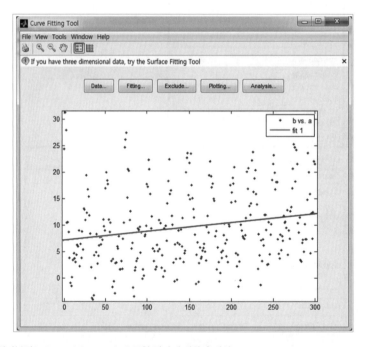

그림 11-6 다항회귀분석(polynomial regression) 모형 결과에 대한 추세선

회귀분석의 추정값들은 그림 11-7의 C열에 사용된 함수식에 적용되며, 최종적으로 원본 데이터의 추세요소를 제거하는 디트렌딩(de-trending) 과정을 거친다.

추세요소 제거를 위한 함수식: 원본 데이터(B열) - (p2+p1*시계열(A열))

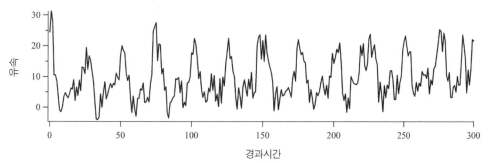

그림 11-7 추정된 회귀식 파라미터를 이용한 시계열 데이터에서의 추세요소 제거

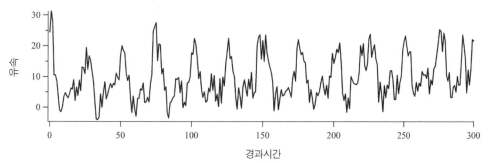

그림 11-8 추세요소가 제거된 유속 그래프

추세요소 제거(de-trending)란?
추세요소가 포함된 비정상(non-stationary) 시계열 자료의 선형적인 추세를 제거함으로써 정상 (stationary) 상태의 시계열 자료로 변환하는 것을 의미한다. 주어진 시계열 자료가 어떤 모델에 적합한지를 찾는 모델 식별(model identification) 과정이 정상상태의 시계열 자료일 경우에만 가능하기 때문에, 반드시 필요한 자료변환방법이다.

[3단계] 주기 및 순환요소 분해

시계열 데이터의 추세요소 분석 및 제거를 위해 다항식을 이용하여 추세식 파라미터를 구한 것과 같이, 주기(periodic) 또는 순환(cyclic)요소 분해에는 일반적으로 Fourier식이 사용된다 (그림 11-9, 11-10). 여기에 데이터와 좀 더 접합된 Fourier식 파라미터값의 추정을 원한다면 사인과 코사인 함수가 추가된 식을 사용하면 된다.

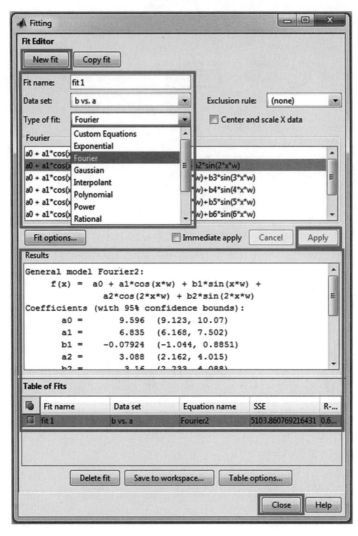

그림 11-9 Fourier식을 이용한 주기 및 순환요소 분석 절차

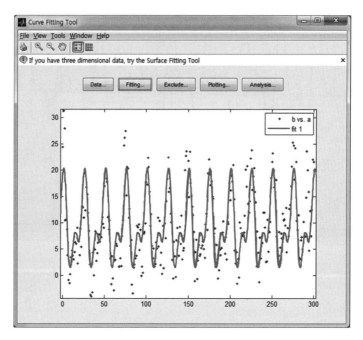

그림 11-10 Fourier식을 이용한 주기 및 순환요소 분석 결과

한편 Fourier식 이외에도 이 식을 수정한 사용자 식(custom functions)을 만들어 요소분해를 할 수 있으며, 본 예제에도 이 식이 사용되었다. 그림 11-11, 11-12는 주기 및 순환요소 분석과정과 결과를 나타내며, 사용자 식과 파라미터값은 다음과 같다.

- Type of fit: Custom Equations

- Equation: $f(x) = a0*\cos(w1*x+6) + a1*\sin(w1+6) + b0*\cos(w2*x+1) + b1*\sin(w2*x+1)$

- Coefficients: $a0 = 3.6829$; $a1 = 2.5115$; $b0 = 3.4297$; $b1 = 5$; $w1 = 0.5024$; $w2 = 0.2512$

	D2		f_x	=3.6829*COS(0.5024*A2+6)+2.5115*SIN(0.5024*A2+6)+3.4297*COS(0.2512*A2+1)+5*SIN(0.2512*A2+1)							
	A	B	C	D	E	F	G	H	I	J	K
1	time	data	detrend	periodic or cyclic components							
2	0	24.43722	17.31782	8.894888867							
3	1	31.30403	24.16801	9.965287805							
4	2	27.94059	20.78795	9.646697201							
5	3	10.51136	3.342099	7.906925193							
6	4	10.56326	3.377379	5.004569896							
7	5	8.738124	1.535624	1.435866181							
8	6	3.792208	-3.42691	-2.174078593							
9	7	-0.91431	-8.15005	-5.20965077							
10	8	-1.46806	-8.72042	-7.199514597							
11	9	0.159107	-7.10987	-7.915593363							
12	10	3.411144	-3.87446	-7.412883976							

그림 11-11 엑셀에서 주기 및 순환요소에 대한 사용자 식(Custom Equations) 적용

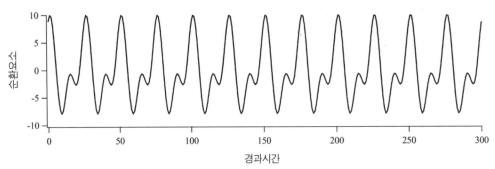

그림 11-12 주기 및 순환요소 분석 결과 그래프

[4단계] 불규칙 요소 분해

불규칙(random/irregular) 요소는 시계열 데이터에서 추세요소, 주기 및 순환요소를 제외한 나머지 요소를 의미한다(그림 11-13 참조).

불규칙 요소 = (추세요소가 제거된 데이터) − (주기 및 순환요소)

	E2		f_x	=C2-D2		
	A	B	C	D	E	F
1	time	data	detrend	periodic or cyclic components	deperiod	
2	0	24.43722	17.31782	8.894888867	8.422932	
3	1	31.30403	24.16801	9.965287805	14.20273	
4	2	27.94059	20.78795	9.646697201	11.14125	
5	3	10.51136	3.342099	7.906925193	-4.56483	
6	4	10.56326	3.377379	5.004569896	-1.62719	
7	5	8.738124	1.535624	1.435866181	0.099758	
8	6	3.792208	-3.42691	-2.174078593	-1.25283	
9	7	-0.91431	-8.15005	-5.20965077	-2.9404	
10	8	-1.46806	-8.72042	-7.199514597	-1.5209	
11	9	0.159107	-7.10987	-7.915593363	0.80572	
12	10	3.411144	-3.87446	-7.412883976	3.538428	

그림 11-13 엑셀을 이용한 불규칙 요소 산정

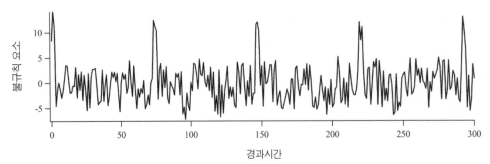

그림 11-14 산정된 불규칙 요소에 대한 그래프

3-2 EXCEL

1) 평활법을 이용한 시계열자료 분석

(1) 고정평균법

앞에서 기술한 바와 같이 이 방법은 사용자가 설정한 이동평균길이(k)만큼 데이터가 세트로 묶여 산술평균이 산정된다. 그림 11-15는 결측값이 없는 경우(case I)와 그렇지 않은 경우(case II)에 대한 고정평균법 산정 결과이다. 본 예제에 대한 엑셀파일은 'Ch 11_Time Series Analysis' 폴더의 'Average_example.xlsx' 이름으로 제공되며, 고정평균법을 위한 함수는 다음과 같다.

> 엑셀에서의 함수: AVERAGE('5셀의 데이터 범위')(k=5) (예: 그림 11-15)

	A	B	C	D	E	F	G
	Time	Case I	BA (fixed window)		Case II	BA (fixed window)	
3	0	24.71427			27.04893		
4	1	22.01433					
5	2	29.36146	20.71712448		28.89631	23.76102342	
6	3	13.91577			15.33783		
7	4	13.57979					
8	5	5.409202			4.90574		
9	6	0.810475			6.037923		
10	7	-0.75173	1.217103259		-0.54575	1.098709148	
11	8	4.016259					
12	9	-3.39869			-6.00307		

그림 11-15 Case I과 Case II의 시계열 자료에 대한 고정평균법(BA) 예시

(2) 이동평균법(moving average)

이동평균은 이동평균길이에 따라 산출 결과가 다르게 나타난다. 그림 11-16은 엑셀 시트의 D열과 E열, I열과 J열은 window size(이동평균길이 k)를 각각 5개와 21개로 설정했을 때의 결과이다. 다음은 그에 따른 엑셀에서의 함수식 입력 형태이다.

> 이동평균길이(k=5): =AVERAGE('5셀의 데이터 범위')
> 이동평균길이(k=21): =AVERAGE('21셀의 데이터 범위')

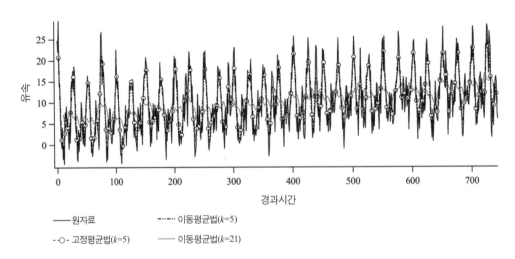

Time	Case I	BA (fixed window)	MA window size 5	21		Case II	BA (fixed window)	MA window size 5	21
0	24.71427					27.04893			
1	22.01433								
2	29.36146	20.71712448	20.71712448			28.89631	23.76102342	23.76102342	
3	13.91577		16.85611114			15.33783		16.37996065	
4	13.57979		12.61534044					13.7944512	
5	5.409202		6.592701797			4.90574		6.433936535	
6	0.810475		4.612799604			6.037923		3.46597051	
7	-0.75173	1.217103259	1.217103259			-0.54575	1.098709148	1.098709148	
8	4.016259		0.124026412					-0.575081356	
9	-3.39869		-0.948765005			-6.00307		-2.702163792	
10	-0.05618		0.096943733	7.084561112		-1.78942		-3.420968022	6.587294409
11	-4.55348		0.838114844	5.933660022		-2.47041		-3.420968022	5.125749145
12	4.476814	2.773543747	2.773543747	5.097212031			1.621626062	1.621626062	5.143348621
13	7.722115		4.616900149	4.341203865				5.334730744	4.118975606
14	6.278454		6.23279934	4.404506751		9.124707		8.098180292	3.806236112
15	9.1606		6.589411667	4.421768972		9.349892		8.098180292	4.789603559
16	3.526014		5.586400979	5.000565516		5.819942		6.028184606	4.781861143
17	6.259876	4.136483458	4.136483458	5.576173621			4.317083304	4.317083304	5.441988831
18	2.707062		3.215265216	6.500195646		-0.1818		2.229184818	6.744925264
19	-0.97113		2.619131586	7.133309892		2.280302		1.032265846	6.926068931

그림 11-16 Case I과 Case II의 시계열 자료에 대한 이동평균법 예시

이 방법은 고정평균법과는 달리 모든 데이터 포인트를 순차적으로 이동시키면서 산술평균에 대한 값을 산출하기 때문에, 결과값이 연속적이며 보다 평활한(smoothing) 그래프 결과(그림 11-17)를 얻을 수 있다.

그림 11-17 Case I에 대한 원자료, 고정평균법(k=5), 이동평균법(k=5), 이동평균법(k=21)의 비교

3-3 SPSS

1) ARIMA 모형을 이용한 시계열 자료 분석

(1) 데이터 입력

'Ch 11_Time Series Analysis' 폴더에 있는 예제파일 'testARIMA.xlsx'를 SPSS Statistics Data Editor 창으로 불러온다. 'testARIMA.xlsx' 파일은 12년(144개월) 동안의 월별 이용 승객 수(Passengers 항목)로, 그림 11-18과 같이 'Month', 'Passengers', 'LogPassengers' 항목이 있다.

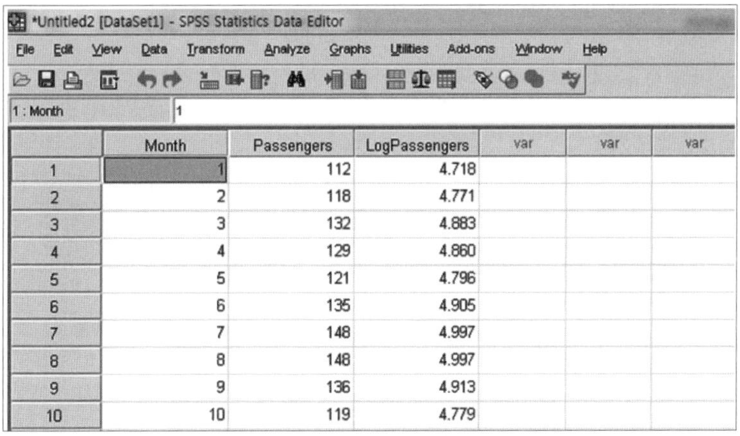

	Month	Passengers	LogPassengers	var	var	var
1	1	112	4.718			
2	2	118	4.771			
3	3	132	4.883			
4	4	129	4.860			
5	5	121	4.796			
6	6	135	4.905			
7	7	148	4.997			
8	8	148	4.997			
9	9	136	4.913			
10	10	119	4.779			

그림 11-18 데이터가 입력된 SPSS Statistics Data Editor 창의 화면

(2) 분석 순서

메뉴에서 [Analyze] → [Forecasting] → [Create Models...](단축키 Alt + A, T, C) 순서로 진행하면 그림 11-19, 11-20과 같은 창이 열린다.

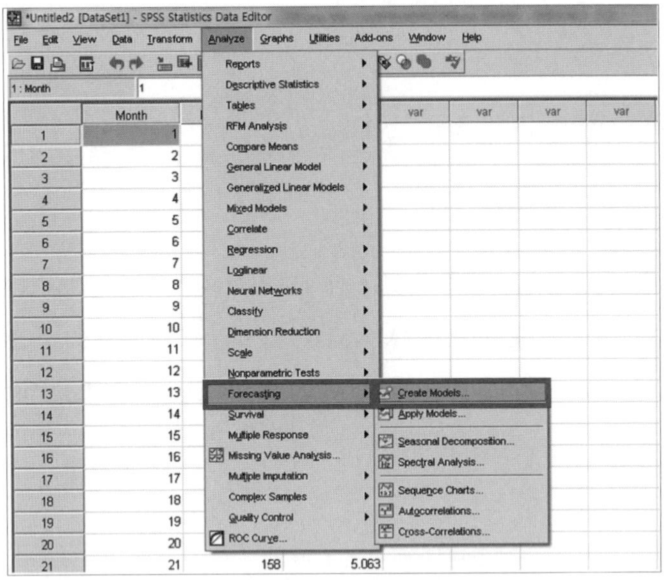

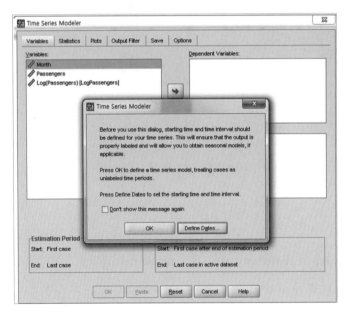

그림 11-19 ARIMA 모형을 수행하기 위한 경로

그림 11-20 ARIMA 모형 수행 첫 화면

시계열 속성을 정의하기 위해 'Time Series Modeler' 창에서 'Define Dates...' 버튼을 누르면 그림 11-21의 아래와 같은 'Define Dates' 창이 열린다. 'Cases Are:'에서 'Years, months'를 선택하고 'OK' 버튼을 누른다.

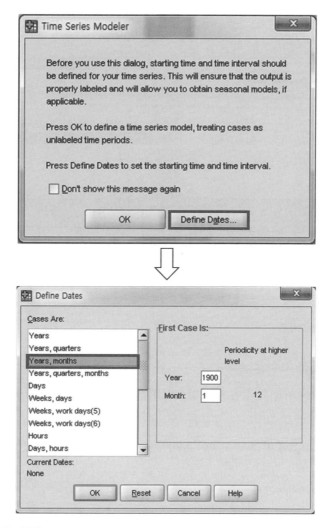

그림 11-21 시계열 속성 선택창

(3) 변수 및 모델 설정

'Variables' 탭에서 'Month', 'Passengers', 'Log(passengers)' 등 세 변수 중 'Dependent Variables:' 칸에는 'Passengers'를 입력하고, 'Independent Variables:' 칸에는 'Month'를 입력한다. 그리고 'Method:' 항목에서 ARIMA를 선택한다.

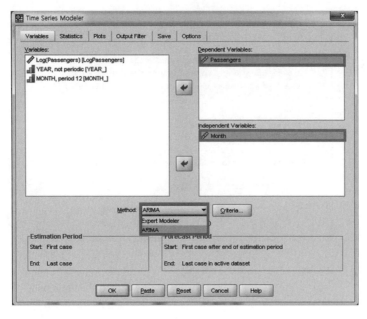

그림 11-22 변수 및 모델 설정 선택

(4) ARIMA 모형에 대한 차수 설정

ARIMA 모형에 대한 차수 결정은 ARIMA 모형을 이용한 시계열 자료 분석에서 어떤 모형
을 사용할 것인지에 대해 결정하는 중요한 부분이다. 왜냐하면 여기서 설정될 p, d, q 요소에
대한 각각의 차수(order)에 따라서 모형이 AR, MA, ARMA, ARI, IMA, ARIMA로 전환되
기 때문이다.

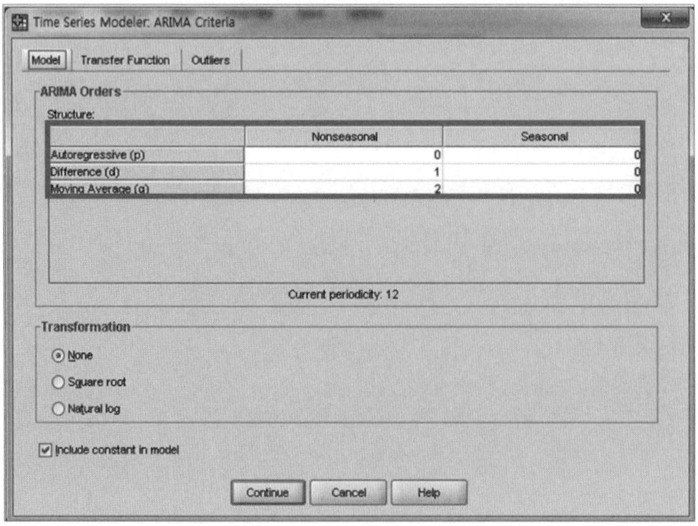

그림 11-23 변수 및 모델 설정 선택

그림 11-22의 'Method:' 우측에 위치한 'Criteria...' 버튼을 누르면 그림 11-23과 같은 'Time Series Modeler: ARIMA Criteria' 창이 열린다. 이 창은 ARIMA 모형에 대한 차수 결정을 하는 창으로, 'ARIMA Orders' 항목의 'Structure'에서 p, d, q 요소에 대한 차수를 입력할 수 있다. p, d, q를 아래와 같이 입력한 후 'Continue' 버튼을 누른다.

$p = 0$, $d = 1$, $q = 2$

본 시계열 자료에 대한 모형은 ARIMA(0, 1, 2) 모형으로서 ARIMA 모형을 이용한 자료 분석이다.

* p, d, q 요소와 차수 정보(이원우, 2011; SPSS software 도움말)

① 자기회귀(p): 모형의 자기회귀 차수
자기회귀 차수는 시계열 자료에 대한 현재 값을 예측할 때 이전 값을 어느 정도 사용할 것인지 지정하는 항목이다. 만약 사용자가 p값을 3으로 설정하였다면, 이는 현재 값에 근접한 3개의 이전 값을 사용하여 현재 값을 예측한다는 의미다.

② 차분(d): 차분의 차수
추세요소(trend component)를 포함한 비정상적인 시계열 자료를 분석할 경우, 이 자료를 정상적인 시계열 형태로 변환하기 위해 차분(difference)과정을 거쳐야 한다. 또한 자료의 추세 형태에 따라 적합한 차분의 차수도 변하게 된다. 따라서 데이터에 대한 추세를 정확히 파악하고 얼마만큼의 차분을 할 것인지에 대해 결정해야 한다. 만약 d가 1이라면 1차 선형 추세가 제거되며, d가 2라면 1차 선형 추세와 2차 추세가 모두 제거된다.

③ 이동평균(q): 이동평균 차수
이동평균법의 현재 값(Y_t)에 대한 예측방법을 설정하는 부분으로, 설정된 값 q만큼의 이전(at lag q) 값(Y_{t-q})에 대한 계열 평균편차를 고려한다는 의미다. 예를 들어 이동평균 차수가 2라면, 현재 값을 예측할 때 지난 시간 주기(at lag 2) 2개에 대한 계열 평균값(Y_{t-2})과의 편차가 고려된다.

⑸ 모형분석 결과 설정

ARIMA 모형을 분석하기 위해서는 'Time Series Modeler' 창의 'Plots' 탭에서 'Plots for Individual Models' 항목에 있는 여러 옵션을 선택해야 한다. 기본적으로 'Series', 'Observed values', 'Forecasts' 옵션이 체크되어 있다. 그림 11-24와 같이 옵션들을 선택한 후 'OK' 버튼을 누르면 최종 결과물이 'Output' 창에 출력된다.

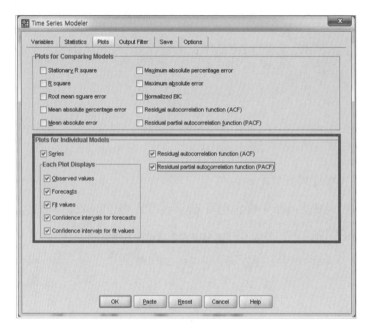

그림 11-24 ARIMA 모형 분석 결과 설정창

* 각 옵션 정보

☑ Series: 분석 결과창에 시계열 자료에 대한 그래프 결과를 나타냄(옵션 체크 시, 'Each Plot Displays' 부분의 옵션이 활성화됨)

☑ Residual autocorrelation function(ACF): 잔차(residual)에 대한 자기상관계수의 결과 보기

☑ Residual partial autocorrelation function(PACF): 잔차에 대한 편자기상관계수의 결과 보기

* Each Plot Display 옵션 정보

☑ Observed values: 관측값 표시

☑ Forecasts: 시계열 자료가 갖고 있는 최종 시점 이후의 예측값 표시

☑ Fit values: 추정된 예측값 표시

☑ Confidence intervals for forecasts: 예측값에 대한 상위 한계점(UCL)과 하위 한계점 (LCL)을 표시

☑ Confidence intervals for fit values: 관측값에 대한 상위 한계점(UCL)과 하위 한계점 (LCL)을 표시

4 어떻게 해석하는가?

4-1 ARIMA 결과 해석

그림 11-25는 자기상관계수(AC)와 편자기상관계수(PAC)에 대한 결과이다. 앞에서 기술한 바와 같이, 두 계수 AC와 PAC는 모형의 식별과정에 필요한 계수이다. 모형 식별 판단기준은 계수값이 급격히 변하는 경향(spikes)을 따져보면 된다. 일반적으로 MA 모형에서는 AC의, AR 모형에서는 PAC의 경향을 뚜렷하게 확인할 수 있으며, ARMA 모형의 경우 AC와 PAC가 모두 순차적으로 작아지는 결과를 보인다(이원우, 2011). 또한 그림 11-25에서 검은색 선은 신뢰구간을 의미하며, AC의 경우 특정 시차(lag)들에서 이 신뢰구간을 벗어나지 못하는 것을 알 수 있다. 이것은 특정 시차 구간에서는 두 값 사이의 관계가 관련이 없는 무작위 상태임을 의미한다.

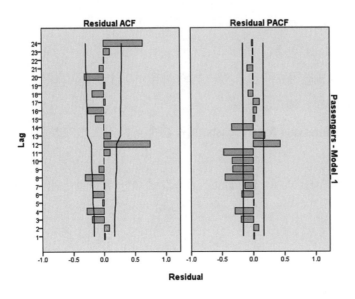

그림 11-25 ARIMA 모형 분석의 ACF 및 PACF 결과

그림 11-25의 결과를 통해 PAC보다 AC의 변화에서 경향이 빈번하게 나타나기 때문에 MA 모형에 적합한 시계열 자료라고 할 수 있다.

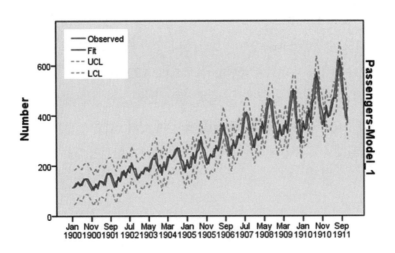

그림 11-26 ARIMA 모형 그래프 결과(관측값, fitting 값 및 상하 경계선)

그림 11-26은 ARIMA(0, 1, 2) 모형을 통한 예측치와 상하 경계선을 보여주고 있다. 본 결과는 ARIMA 모형을 통해 예측값이 관측값을 상당히 잘 추정하고 있음을 보여준다.

■ 참고문헌

1. *Concise Dictionary of Mathematics*. Christopher Clapham and James Nicholson.

2. EPM Information Development Team, Oracle® Crystal Ball(2009). Fusion Edition: Statistical Guide.

3. Grant, S. B., Sanders, B. F., Boehm, A. B., Redman, J. A., Kim, J. H., Mrse, R. D., Chu, A. K., Goldin, M., Mcgee, C. D., Gardiner, N. A., Jones, B. H., Svejkovsky, J., Leipzig, G. V. & Brown, A. (2001). Generation of enterococci bacteria in a coastal saltwater marsh and its impact on surf zone water quality. *Environmental Science & Technology*, 35(12), 2407-2416.

4. SPSS software 도움말.

5. 김성필(2010). MATLAB® 활용 칼만필터의 이해. 도서출판 아진.

6. 왕창근 외 5인 공역(2000). 수질데이타의 통계적 해석. 동화기술.

7. 이원우(2011). 시계열 자료분석 예측을 위한 통계적 기법.

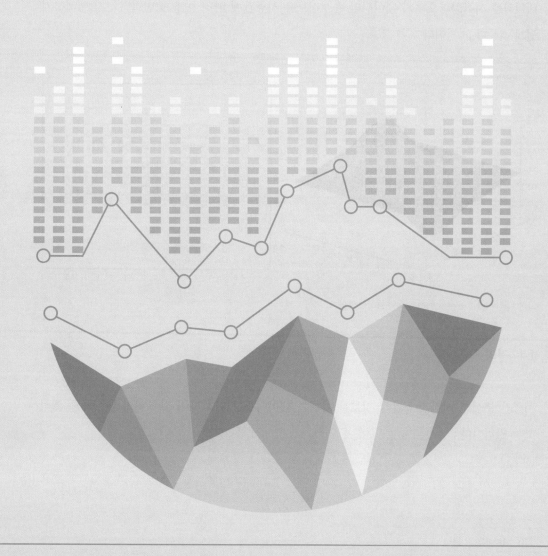

12장

시공간 분석
spatial and temporal data analyses

시공간 데이터(spatial and temporal data)는 시간적인 정보와 공간적인 정보를 동시에 갖는 데이터로, 시간에 따른 대상의 공간상 변화를 나타낸 데이터다(Cho & Seo, 2006). 이러한 시공간 데이터를 분석하기 위해서는 시계열 분석에 적용되는 1차원 모델과 달리, 다차원 모델을 필요로 한다. 이는 환경 데이터 중 유역 환경과 같이 한 대상 지역 내 여러 지점에서 발생하는 다양한 변수의 시계열 데이터는 기본적으로 2차원 이상이기 때문이며, 시계열 및 공간 데이터를 동시에 표현하기 위한 목적에 따라 3차원 이상의 데이터를 표현하는 방법이 필요할 수 있다. 일반적으로 환경을 대상으로 하는 연구에서 발생하는 시공간 데이터의 전형적인 표현 방법은 지도(map)와 등고선(contour)이다(그림 12-1). 시공간 분석의 장점은 다차원적인 복잡한 데이터를 시각화함으로써 데이터의 속성정보를 시공간에 따라 어떻게 변화하는지 이해하기 쉽게 해준다는 점이다.

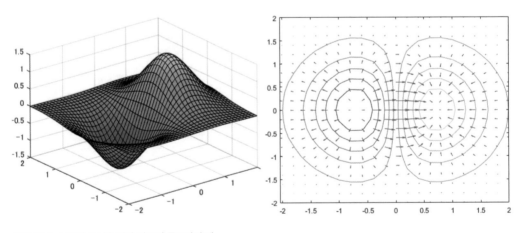

그림 12-1　시공간 분석을 위한 지도와 등고선의 예

1-1　정의

시공간 분석은 시간적/공간적 정보를 가지는 데이터를 시각화하여 고차원의 데이터를 분석하는 방법이다.

1-2 제한 및 가정

시공간 분석을 위한 윤곽형성(contouring)을 수행하기 위해서는 다음과 같은 조건을 만족해야 한다.

1) 윤곽형성(contouring) 규칙

- 등고선(contour line)은 교차하면 안 되고, 다른 등고선과 병합되어도 안 된다.
- 등고선은 등고점(contour point) 사이를 통과한다.
- 등고선은 지도의 경계에서 끝나거나 닫혀야 한다.

2) 윤곽형성 조건

- 기준면이 있어야 한다.
- 등고선은 간격이 일정해야 한다.

1-3 이해의 예

- 시간(T)의 변화에 따른 연구 대상 지역별(S) 토지 이용도 변화
- 시간(T)의 변화에 따른 호수 또는 강의 관측 지점별(S) 수질 변화

2 어떤 데이터에 왜 사용하는가?

시공간 분석에 사용되는 데이터는 한 개 이상의 공간에서 시간정보의 변화에 따른 속성정보를 표현한다. 시공간 데이터에 대한 데이터베이스 구축은 크게 속성정보, 시간정보 및 공간정보 구축으로 분류된다. 속성정보 구축은 특정 자료에 대해 시공간적으로 접근하기 위해 자료유형을 정리한 것을 의미한다. 이러한 속성정보는 시간에 따라 변화하는 특징이 있기 때문에 공간적인 속성도 함께 할당되어야 한다. 시간정보는 속성정보가 측정된 시간을 정리한 것이

며, 공간정보는 속성정보가 측정되는 위치를 정리한 것이다.

시공간 데이터 분석의 실제 적용 사례는 다음과 같다.
- 하천 및 호소수의 시간별/계절별 모니터링 결과에 대한 시공간 분석(Cha et al., 2010; Kang et al., 2009; Ki et al., 2007, 2009)
- 시간의 변화에 따른 지역별 강우특성 조사(Lee et al., 2012) 및 도시 조망 환경의 시공간적 분석(Haworth et al., 2013)
- 인공구조물 설치 후 시간의 경과에 따른 호소 깊이 변화의 시공간 분석(Lee et al., 2009)
- 시공간적 토지 이용 변화 분석(Estoque & Murayama, 2011; Tian, 2011)

3 어떻게 결과를 얻는가?

시공간 분석 결과는 미리 구축된 데이터베이스를 바탕으로 여러 범용 GIS 프로그램 및 그래픽 기능을 지원하는 프로그램을 사용하여 얻을 수 있다. 이 장에서는 MATLAB 프로그램을 사용한다.

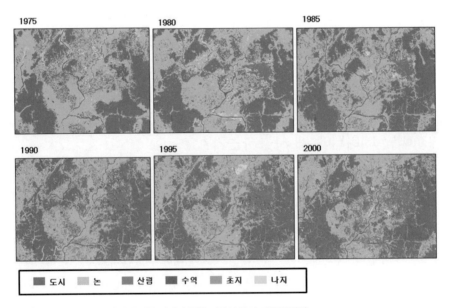

그림 12-2 GIS를 이용한 시간의 변화에 따른 영산강 중류 지역의 토지 이용도 변화

그림 12-2는 GIS를 이용하여 영산강 중류지역(공간정보, S)의 1975년부터 2000년까지 5년 주기(시간정보, T)로 토지 이용도(속성정보)의 변화를 나타낸 자료이다. 시간 변화에 따라 붉은색 grid에 해당하는 도시지역의 면적이 점차 확대되어 가는 것을 확인할 수 있다. 또한 상대적으로 논과 초지지역이 줄어드는 경향을 확인할 수 있다. 이처럼 대상지역이 정해진 자료는 GIS를 이용하면 간단하게 시공간 분석을 할 수 있다. 하지만 시공간에 따른 수질분석과 같은 분석을 하는 데는 MATLAB을 이용하는 것이 편리하다.

3-1 MATLAB

MATLAB은 1차원 공간부터 다차원 공간까지 다양한 시공간 분석이 가능하다. 1차원 및 2차원 분석은 MATLAB 이외에 다른 다양한 그래픽 관련 프로그램으로도 쉽게 가능하기 때문에, 이 장에서는 MATLAB을 활용한 3차원과 4차원 시공간 분석에 대해 다루고자 한다.

1) 3차원 시공간 분석

'Ch 12_Spatio-Temporal Analysis' 폴더에 있는 3개의 spread sheet 파일(contour3d_time, contour3d_site, & contour3d_TP) 내용을 확인한 후 MATLAB으로 데이터를 불러온다. 시공간 데이터를 분석하기 위해서는 기본적으로 속성, 시간 및 공간정보가 필요하므로 예제에서 3개의 spread sheet 파일로 정보를 분류하였다. 시공간 contour를 위한 데이터베이스 구축 시 가장 중요한 점은, 세 가지 정보 모두 행과 열의 수가 일치해야 한다는 것이다. 예제파일을 활용한 3차원 시공간 분석 실행 기본 코드는 다음과 같다.

```
clear all; close all; clc;

X=xlsread('contour3d_site.xlsx'); % read n*m matrix from excel file
Y=xlsread('contour3d_time.xlsx'); % read n*m matrix from excel file
Z=xlsread('contour3d_TP.xlsx'); % read n*m matrix from excel file
contour3(X,Y,Z,20) % draw 3-D contour plot of matrix x*y*z with n
contour level
```

```
surface(X,Y,Z,'EdgeColor',[.8 .8 .8],'FaceColor','none') % creat
surface object
grid off % remove the major and minor grid line
colormap jet % select the color of map
xlabel('x axis');
ylabel('t axis');
zlabel('con axis');
```

기본 코드 작성 후 실행 버튼을 누르면, 그림 12-3과 같은 창이 생성된다. X축은 모니터링 지점(거리), Y축은 모니터링 시간(hr), Z축은 총인 농도[TP concentration(mg/L)]를 나타낸다. 그림에서와 같이 전반적으로 인공습지 내에서는 시간과 거리의 경과에 따라 총인 농도가 감소하고 있음을 확인할 수 있다.

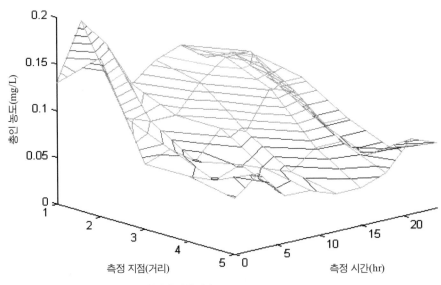

그림 12-3 MATLAB을 활용한 3D 시공간 분석 실행 결과

2) 4차원 시공간 분석

'Ch 12_Spatio-Temporal Analysis' 폴더에 있는 예제파일 'contour4d.xlsx'에서 분석에 필요한 데이터를 확인한 후 MATLAB 프로그램으로 데이터를 불러온다. 4차원 시공간 분석은

3차원 분석과 달리 공간정보를 2차원으로 표현할 수 있다. 파일 내부의 데이터베이스를 살펴보면 첫 번째 column은 x축 위치, 두 번째 column은 y축 위치, 세 번째 column은 시간, 네 번째 column은 총인 농도이다. 예제파일을 활용한 4차원 시공간 분석의 실행 기본 코드는 다음과 같다.

```
clear all; close all; clc;


%% read spatio-temporal database
table = xlsread('contour4d.xlsx');
x = table(:,1);
y = table(:,2);
t = table(:,3);
c = table(:,4);


%% set and arrange the database for constructing the contour


xmax = max(x);
ymax = max(y);
tmax = max(t);


xstep = max(diff(x));
ystep = max(diff(y));
tstep = max(diff(t));


xstep_len = 1/xstep;
ystep_len = 1/ystep;
tstep_len = 1/tstep;
```

```
inc = 1;
for i = 1:1:xmax*xstep_len
    for j = 1:1:ymax*ystep_len
        for k=1:1:tmax*tstep_len
            col(i,j,k) = c(inc);
            inc=inc+1;
        end
    end
end


x=1:xstep:xmax;
y=1:ystep:ymax;
t=1:tstep:tmax;
[x,y,t] = meshgrid(x,y,t);


%% draw the 4-d contour

hx = slice(x,y,t,col,[],[],[1,2,3,4,5]);
set(hx,'FaceColor','interp','EdgeColor','none')
view(3);
axis tight;
daspect([1 1 1]);
colormap(jet);
camlight;
lighting phong;
colorbar;
xlabel('x axis');
ylabel('y axis');
zlabel('t axis');
```

기본 코드 작성 후 실행 버튼을 누르면 그림 12-4와 같은 창이 생성된다. X축은 속성의 x축 공간정보, Y축은 속성의 y축 공간정보, Z축은 속성의 시간정보, 레이어의 색은 속성정보를 나타낸다.

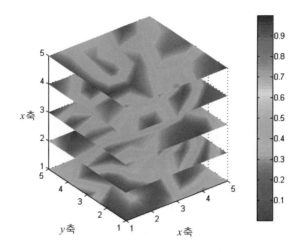

그림 12-4 MATLAB을 이용한 4D 시공간 분석의 실행 결과

 어떻게 해석하는가?

시공간 분석을 통해 출력된 차원상의 가시화된 결과는 연구자가 원하는 시간과 위치에 해당하는 속성의 특성을 다른 시간과 다른 위치의 속성들과 상대적으로 어떻게 다른지 파악할 수 있도록 한다. 또한 시간 변화에 따른 공간에서의 속성 변화 패턴을 해석할 수 있다.

시공간 분석 결과 자체는 정량적인 해석이 불가능하다. 따라서 정량적인 해석을 하기 위해서는 시공간 분석 이후 연구 목적에 맞는 통계적 분석방법과의 결합이 필요하다. 예를 들어 시공간 변화에 따른 총인의 변화에 대해 분석할 때, 시간과 공간은 종속변수로 설정하고 총인의 변화를 독립변수로 설정할 경우 MANOVA 적용이 가능하다. 만약 시공간 분석 결과 시간에 의한 변화가 우세할 경우 시계열 분석을 통한 속성값의 변화 양상을 추적할 수 있으며, 공간에 의한 변화가 우세할 경우 ANOVA 또는 *t*-검정을 통해 공간별 차이를 보다 명확하게 구별할 수 있다. 즉 시공간 분석은 독립적으로 의미 있는 결과를 도출하는 데 한계가 있으나, 타 분석법과 결합할 때보다 합리적인 현상 해석과 결론을 도출해 낼 수 있다.

■ 참고문헌

1. Cha, S. M., Lee, S. W., Park, Y., Cho, K. H., Lee, S. & Kim, J. H. (2010). Spatial and temporal variability of fecal indicator bacteria in an urban stream under different meteorological regimes. *Water Science and Technology*, 61(12), 3102-3108.

2. Cho, J. & Seo, I. (2006). Multidimensional model for spatiotemporal data analysis and its visual representation. *Journal of Information Technology Applications and Management*, 13(1), 137-147.

3. Estoque, R. C. & Murayama, Y. (2011). Spatio-temporal urban land use/cover change analysis in a hill station: The case of Baguio City, Philippines. *Procedia-Social and Behavioral Sciences*, 21, 326-335.

4. Haworth, B., Bruce, E. & Iveson, K. (2013). Spatio-temporal analysis of graffiti occurrence in an inner-city urban environment. *Applied Geography*, 18, 53-63.

5. Kang, J. H., Lee, Y. S., Lee, Y. G., Cha, S. M., Cho, K. H. & Kim, J. H. (2009). Characteristics of wet and dry weather heavy metal discharges in the Yeongsan watershed, Korea. *Science of the Total Environment*, 407(11), 3482-3493.

6. Ki, S. J., Lee, Y. G., Kim, S. W., Lee, Y. J. & Kim, J. H. (2007). Spatial and temporal pollutant budget analyses toward the total maximum daily loads management for the Yeongsan watershed in Korea. *Water Science & Technology*, 55(1-2), 367-374.

7. Ki, S. J., Kang, J. H., Lee, Y. G. & Lee, Y. S. (2009). Statistical assessment for spatio-temporal water quality in Angkor, Cambodia. *Water Science & Technology*, 59(11), 2167-2178.

8. Lee, J. J., Kwon, H. H. & Kim, T. W. (2012). Spatio-temporal analysis of extreme precipitation regimes across South Korea and its application to regionalization. *Journal of Hydro-environment Research*, 6(2), 101-110.

9. Lee, Y. G., An, K. G., Ha, P. T., Lee, K. Y., Kang, J. H., Cha, S. M., Cho, K. H., Lee, Y. S., Chang, I. S., Kim, K. W. & Kim, J. H. (2009). Decadal and seasonal scale changes of an artificial lake environment after blocking tidal flows in the Yeongsan Estuary region, Korea. *Science of the Total Environment*, 407, 6063-6072.

10. Tian, G., Jiang, J., Yang, Z. & Zhang, Y. (2011). The urban growth, size distribution and spatio-temporal dynamic pattern of the Yangtze River Delta megalopolitan region, China. *Ecological Modeling*, 222, 865-878.

5부에서는 복잡한 데이터에 대한 1차원적인 해석(one-dimensional interpretation)이 불가능할 경우, 주성분분석 및 군집분석을 통해 다차원적 관계를 찾고 해석하는 방법에 대해 기술한다.

- 13장 주성분분석(Principal Component Analysis, PCA)
- 14장 군집분석(cluster analysis)

5부

다차원 해석

13장

주성분분석
Principal Component Analysis(PCA)

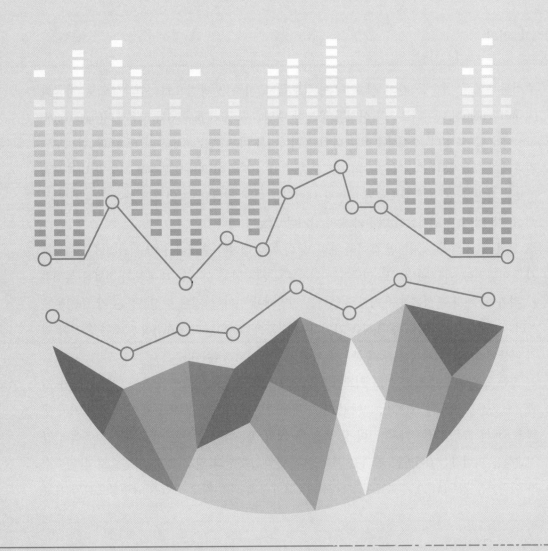

주성분분석이란?

복잡한 구조의 고차원 데이터에 해당하는 다변량 데이터는 해석이 어려울 뿐만 아니라 일반화시키는 데 많은 한계점이 있다. 이를 해결하기 위한 방법으로 고차원 데이터를 저차원 공간에 표현함으로써 데이터 해석을 보다 단순화하는 분석법이 데이터 해석 분야에서 다양하게 활용되고 있다. 저차원 공간에 표현하는 것은 차원 축소이며, 복잡한 원자료(raw data)를 표현하기 위해 해당 원자료를 더 낮은 차원의 적합한 공간으로 투영시키는 과정이라고 할 수 있다. 1901년 피어슨(Karl Pearson)에 의해 고안된 주성분분석(Pearson, 1901)은 이러한 차원 축소를 통한 분석방법 중 하나이며, 탐색적 자료분석(exploratory data analysis) 및 모델 예측(predictive model)의 수단으로 이용된다.

1-1 정의

주성분분석은 변수들 간의 상호 의존 정도를 분석하는 방법으로, 수학적으로 정규화(normalization)된 데이터로부터 산정된 공분산 행렬(covariance matrix)의 고유벡터(eigenvector) 구성이라 할 수 있다. 주성분분석은 다변량 데이터를 차원 축소(dimension reduction)함으로써 결과적으로 생성되는 더 적은 수의 새로운 변수를 이용하여 원자료로부터 가능한 대부분의 정보를 설명할 수 있게 함으로써 다변량 데이터를 다시 해석할 수 있도록 한다. 그렇기 때문에 주성분의 수는 원자료의 변수의 수와 같거나 그보다 적다.

차원 축소 과정을 거치면 데이터 표현 및 차후의 데이터 분석에서 더 직관적이고 해석하기 용이해진다. 이를 바탕으로 연구자는 원자료로부터 얻을 수 있는 대부분의 정보를 설명하기 위해 몇 개의 주성분을 유지할 것인지를 결정해야 한다. 산정된 주성분들은 각 주성분들끼리 서로 연관성이 없다는 특징을 가지며 다중공선성(multicollinearity)이 없다는 특징이 있기 때문에 회귀분석과 같은 종속분석에 의해서는 해석되지 않는다.

모든 주성분 요소들은 서로 직교관계를 갖고 있다. 3차원 이상의 공간에 대한 이해가 직관적으로는 어려울 수 있지만, 그에 대한 수학적 증명은 가능하다. 예를 들어 6×6 크기의 행렬은 6개의 고유벡터를 가지며, 이 중 특정 두 개의 고유벡터 연산은 서로 다른 고유벡터 간 직교성을 의미하는 0이라는 결과를 보여준다. 만약 d차원의 원자료가 k차원으로 차원축소가 이뤄졌을 경우($k<d$), 원자료에 해당하는 k개만큼의 선형 직교 결합을 규명함으로써 가능

한 많은 정보들에 대한 설명이 가능해질 것이다. 이때 처음 도출된 변량의 대표가 가장 많은 정보들에 대한 설명을 할 수 있으며, 그 다음에 순차적으로 도출된 대표적 변량값들은 처음 변량의 대표보다 더 적은 양의 정보들에 대한 설명을 가능하게 한다. 이러한 형태의 과정을 거듭하면, k개의 주성분을 이용하여 원자료 대부분의 변량을 설명할 수 있다.

1-2 제한 및 가정

주성분분석은 다음과 같은 가정을 전제로 한다.

- 자료 수집의 무작위성(randomness of data acquisition)
- 변수들 간의 상호 연관성(inter-correlation among variables)

1-3 이해의 예

주성분분석의 물리적 개념을 이해하기 위해 예제를 통해(예제파일 'Basics.xlsx' 참조) 주성분 분석이 원자료로부터 어떻게 정보를 추출하는지 자세히 알아본다. 예제의 원자료는 다양한 수질항목에 대한 모니터링 정보이며, 주성분분석을 상세하게 이해하기 위해 3개 변수[수온 (temperature), 대장균군 수(*Escherichia coli*, *E. coli*), 용존산소[Dissolved Oxygen, DO]]만을 고려한다. 이 자료는 수년 동안 68개 지점으로부터 모니터링된 것이며, 편의를 위해 83개 표본자료를 이용한다.

　3개 변수에 대한 83개 표본자료(8×3 크기의 데이터 행렬)로부터 정보를 분석하고 해석하기 위한 첫 번째 과정은 데이터를 정규화(normalization)하는 것이다. 정규화는 각 표본의 변수들로부터 평균을 뺀 후, 각 변수들의 표준편차로 나눈 것을 의미한다(Lattin et al., 2003). 이러한 데이터 정규화는 평균이 0이고 단일화된 표준편차를 가진 무차원 데이터를 생성한다. 초기 상태의 변수들은 서로 다른 단위를 갖고 있고 이런 데이터에 대한 분석은 간단하지 않지만, 데이터 정규화 과정은 이러한 제약을 상쇄시킨다. 데이터의 3차원 분산형태의 예는 그림 13-1과 같으며, 이러한 분산형태로부터의 정보 해석은 간단하지 않다. 데이터에 대한 더 명확한 이해를 위해 해당 형태는 6개의 2차원 분산형태로 나누며, 이를 통해 최소한 1개 이상의 상관관계에 대한 정보를 얻을 수 있다(그림 13-2).

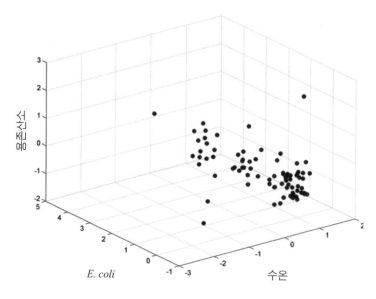

그림 13-1 정규화된 데이터의 3차원 분산형태의 모식도

그림 13-2는 변수들 간의 일반적인 상관관계에 대한 내용이다. 이를 통해 수온과 용존산소는 음의 상관관계를 갖는 반면, 수온과 대장균군 수 및 대장균군 수와 용존산소 사이에는 아무런 상관관계가 없음을 알 수 있다. 변수들 간의 상관관계는 각 변수의 변량과 함께 표 13-1에 정리되어 있으며, 이를 통해 변량은 데이터로부터 얻어진 결과로부터 산정됨을 알 수 있다. 3차원 분산형태를 2차원 형태로 전환하여 해석할 때 몇 가지 정보를 얻을 수 있으며, 이를 근거로 주성분분석의 차원 축소에 대한 개념을 정립할 수 있다.

표 13-1 선택된 정규화 변수들 간의 상관관계

정규화 변수	수온	대장균	용존산소
수온	1.00	0.17	−0.73
E. coli	0.17	1.00	−0.21
용존산소	−0.73	−0.21	1.00
분산	var(Temperature) = 1.00	var(*E. coli*) = 1.00	var(DO) = 1.00

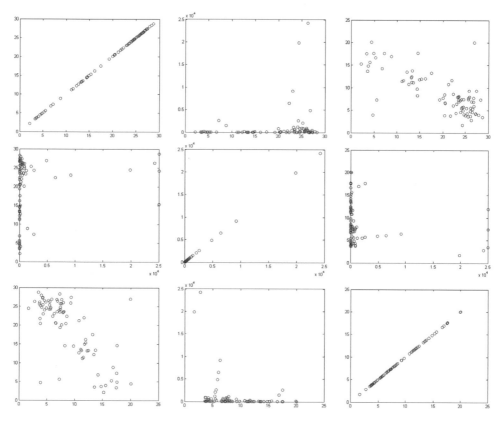

그림 13-2 정규화된 데이터의 3차원 분산형태에 대한 6가지 다른 관점에서 하는 2차원 해석

표 13-2 상관관계 내 고유벡터 및 고유값(eigenvalue) 산정 결과

고유벡터	$\mathbf{u}_1$	$\mathbf{u}_2$	$\mathbf{u}_3$
벡터값	0.68	−0.20	0.71
	−0.31	−0.95	0.03
	−0.67	0.24	0.70
고유값	$\lambda_1 = 1.82$	$\lambda_2 = 0.91$	$\lambda_3 = 0.27$

주성분분석은 원자료로부터 유의미한 정보를 추출하기 위해 차원을 축소시키는 분석방법으로, 최대 변량을 의미하는 데이터의 선형조합이다. 이는 최대 변량 방향 내 데이터를 통해 확장되는 단일 선형에 대한 각 데이터 포인트 투영을 의미하며, 변량이 클수록 데이터로부터 해석할 수 있는 정보도 많아진다. $\mathbf{u}_1 = (u_{11}, u_{12}, u_{13})$을 원자료의 각 데이터 포인트 투영이 이뤄지는 축방향을 의미하는 벡터라고 할 때, 이러한 투영으로 인해 생성되는 변수는 최대 변량을 해석할 수 있으며 이러한 변수를 Z_1으로 표현한다. 행렬 연산값 $\mathbf{z}_1 = \mathbf{Xu}_1$은 $\mathbf{u}_1$ 벡터 방향 선형 위에 투영된 각 데이터 포인트들이다. 이 새로운 변수 Z_1의 변량은 1.82로, 다른 정규화

된 변수들의 변량과 비교해 2배 이상이다.

정규화된 변수 혹은 투영된 변수의 총변량은 항상 변수의 수와 같으므로 총변량은 3이다. 따라서 새로운 변수 Z_1은 60.67%의 변량을 해석할 수 있으며(1.82/3.0 = 0.6067), 이는 나머지 40%에 해당하는 정보의 해석을 위해 Z_2, Z_3 등 다른 변수들이 필요하다는 것을 의미한다. 이를 위해 Z_1을 위한 $\mathbf{u}_1$ 벡터처럼 Z_2, Z_3를 위한 벡터 $\mathbf{u}_2$, $\mathbf{u}_3$가 필요하다. 여기서 $\mathbf{u}_1$, $\mathbf{u}_2$, $\mathbf{u}_3$ 벡터들 간의 중요한 특성은 이들 벡터가 서로에 대해 직교성이 있다는 것이다. 수학적으로 1개의 행렬은 직교성이 있는 고유벡터와 고유값을 포함하는 2개의 행렬로 분할할 수 있다. 표 13-1과 같이 정규화된 데이터의 상관관계를 산정하면, 이러한 상관관계의 고유벡터($\mathbf{u}_1$, $\mathbf{u}_2$, $\mathbf{u}_3$)와 고유값(λ_1, λ_2, λ_3)을 표 13-2와 같이 산정할 수 있다. 이러한 고유벡터 간의 직교성은 벡터 연산을 통해 확인할 수 있다.

서로 다른 두 벡터에 대한 연산 결과가 0이라는 것은 해당 벡터들이 서로 직교한다는 것을 의미하며, 이는 3차원 공간상에서 벡터들이 서로 직교하는 것을 의미한다. 3개 이상의 벡터에 대한 직교성을 물리적으로 개념화하기는 어렵지만, 일반적으로 $n \times n$ 크기의 행렬은 n개의 직교성 고유벡터를 가진다. 이는 원자료에 대한 90% 이상의 해석을 위해 5개의 주성분이 필요하다면, 각각에 대한 직교성이 있는 5개의 벡터가 필요하다는 것을 알 수 있다. 고유값은 주성분이 해석할 수 있는 변량에 대한 정보를 제공해 주며, 예제의 경우 첫 번째, 두 번째 및 세 번째 주성분에 의한 변량은 각각 1.82, 0.91, 0.27이다. 이를 통해, 첫 번째 주성분에 의해 60.67%, 두 번째 주성분에 의해 30.33% 등 두 개의 주성분에 의해 91%의 변량에 대한 해석이 가능함을 알 수 있다. 이처럼 많은 변수들로 구성된 원자료에 대해 90%의 해석이 가능한 몇 개의 주성분들이 도출되도록 원자료의 차원을 감소시킬 수 있으므로, 주성분분석을 통해 더 효율적으로 데이터를 분석할 수 있다. 나머지 주성분들은 전체 데이터 중 9%에 해당하는 데이터를 해석할 수 있지만, 개별적으로 1~2%에 해당하는 데이터만 해석할 수 있기 때문에 이러한 주성분들은 큰 의미가 없다고 할 수 있다.

score matrix($Z = [Z_1, Z_2, Z_3]$)는 정규화된 데이터에 고유벡터를 먼저 곱해 줌으로써 얻을 수 있다. 이러한 곱셈연산은 고유벡터에 의해 정규화된 데이터의 투영과정으로, 2개 벡터 간의 벡터 연산과 개념적으로 같다고 할 수 있다. 정규화된 데이터의 첫 번째 행을 열(row) 벡터로, 고유벡터 행렬의 첫 번째 열을 행(column) 벡터로 하는 연산은 첫 번째 벡터에 대한 투영이라고 할 수 있다. 행 벡터를 순차적으로 고유벡터 행렬의 두 번째 및 세 번째 열로 대체함으로써 정규화된 데이터의 전체 변수에 대한 첫 번째 투영과정을 마무리할 수 있다. 이와 같은 형태의 연산을 반복함으로써, 정규화된 데이터의 각 변수들에 대한 모든 관측값의 모든 고유벡터에 대한 투영 결과를 생성할 수 있다. Z 요소들의 변량과 관련된 상관관계는 표 13-3에 나타내었다. 유의할 점은 Z행렬은 상관관계가 없다는 점이다. Z_1, Z_2, Z_3는 서로 상관관계가 없으며 정규화된 데이터와 연관관계가 있다. 이러한 Z행렬과 정규화된 데이터와의 상관관계는 로딩 행렬이라고 하며, 주성분들을 해석하는 데 중요한 역할을 한다. 예제에 대한 로딩 행렬의 내용은 표 13-4와 같다.

표 13-3 score matrix 상관관계

Z 요소	Z_1	Z_2	Z_3
상관관계	1.00	0.00	0.00
	0.00	1.00	0.00
	0.00	0.00	1.00
분산	var(Z_1)=1.82	var(Z_2)=0.91	var(Z_3)=0.27

표 13-4 주성분 부하량

정규화 변수	Z_1	Z_2	Z_3
수온	−0.90	0.23	0.36
E. coli	−0.42	−0.91	0.02
용존산소	0.91	−0.19	0.37

표 13-4와 같이 Z_1은 용존산소와 양의 상관관계, 수온과 음의 상관관계를 가짐으로써 수온과 용존산소 간의 관계를 구별하고 있다. Z_2의 대장균군 수와의 상관관계는 대장균군 수에 대한 정보를 통해 수온과의 관계를 보여준다. 또한 각 주성분별로 해석할 수 있는 변수의 변량은 로딩값으로 확인할 수 있다. 다중선형회귀분석으로부터 산출되는 상관계수(R^2)는 서로 다른 변수들을 이용한 변량의 해석 정도이다. 이러한 개념으로, 첫 번째 주성분에 의한 수온 변량에 대한 해석은 R^2=0.81의 관계가 있으며, 두 번째 주성분에 의한 수온의 변량에 대한 해석은 단지 R^2=0.05의 관계가 있다. 따라서 첫 번째와 두 번째 주성분에 의해 원자료의 수온에 대한 정보를 86%까지 해석할 수 있다.

주성분분석을 이용한 차원 축소를 통해 원데이터로부터 정보를 추출하는 과정을 요약하면 다음과 같다.

① 원자료를 평균이 0이고 표준편차가 1인 무차원 데이터로 변경하기 위한 정규화(normalization)를 진행한다. 이러한 정규화는 분석과정에서 서로 다른 단위체계를 갖는 변수들이 서로 다른 물리적 정량값을 갖기 때문에 발생할 수 있는 한계를 상쇄시킨다.

② 변수들 간의 상관관계와 상관계수를 파악하기 위해 정규화된 데이터의 상관관계를 찾는다.

③ 상관관계의 행렬변환을 이용하여 고유벡터 행렬과 고유값으로 분류한다. 이를 통해 원자료 해석을 위한 투영 방향의 설정(고유벡터 행렬)과 주성분으로 설명할 수 있는 변량의 산정(고유값)을 수행한다.

④ 고유벡터에 대한 데이터 포인트 투영을 통해 최대의 변량을 갖는 score matrix를 생성한다. 이는 가중치가 적용된 고유벡터와 정규화된 데이터 간의 선형조합이다.

⑤ 정규화 처리된 데이터와 score matrix 간의 상관관계는 주성분 요소들을 해석하는 데 도움이 되는 로딩값을 제공한다.

1-4 주성분분석의 수학적 이론

수학적으로 주성분을 산정하기 위한 3단계 과정은 다음과 같다.

① 공분산 행렬의 산정
② 공분산 행렬의 고유벡터 산정
③ 정규화된 원자료와 고유벡터와의 연산. 첫 번째 주성분(PC1)은 가중치가 적용된 첫 번째 고유벡터와 정규화된 데이터 간의 선형조합이다.

$n \times d$ 차원의 데이터 행렬 X에 대한 정규화된 데이터(normalized data; 단위가 없고, 평균이 0이며, 표준편차가 1이 되도록 정규화 과정이 적용된 데이터)가 있다고 가정할 때, $n \times d$ 크기의 정규화 처리된 행렬 X_c에 대한 주성분 행렬 Z는 식 (13.1)~(13.7)의 과정을 통해 계산된다.

$$S = \frac{\sum_{i=1}^{n}(x_i - \overline{x})(x_i - \overline{x})}{(n-1)s_x s_x} \tag{13.1}$$

S의 j 및 k번째 요소는 식 (13.2)와 같이 계산된다.

$$S_{jk} = \frac{1}{(n-1)}\sum_{i=1}^{n}(x_{ij} - \overline{x_j})(x_{ik} - \overline{x_k}) \tag{13.2}$$

이어서 상관계수 S에 대한 고유값과 고유벡터를 찾는다. 고유벡터는 데이터 포인트들에 대한 투영과정의 방향성을 제시해 준다. 수학적으로 고유벡터와 고유값은 식 (13.3)과 같이 계산된다(Kreyszig, 2006; Lay, 2012).

$$|S - \lambda I|u = 0 \tag{13.3}$$

이때 λ_j = 1, 2, 3, $\cdots$, d, I는 $d \times d$ 크기의 단위행렬, $|S - \lambda I|$는 행렬식, u는 고유벡터를 의미한다. 각 $\lambda_j(j$ = 1, 2, 3, $\cdots$, d)에 대한 식을 연산함으로써 d개의 고유값을 도출할 수 있다. 식 (13.4)에 고유값들을 대입함으로써 각 고유값에 대한 d개의 고유벡터들을 도출할 수 있다.

$$(S - \lambda_j I)u_j = 0 \tag{13.4}$$

고유벡터는 서로 직교하므로 같은 고유벡터끼리의 연산 결과는 1이지만 서로 다른 고유벡터와의 연산은 0이다. 이는 수학적으로 식 (13.5)와 같이 표현할 수 있다. 유의할 점은 식에 포함된 0은 실수 개념의 0이 아니라 모든 요소가 0인 행렬을 의미한다는 것이다.

$$u_i^T u_i = 1$$
$$u_i^T u_j = 0 \tag{13.5}$$

각 행(column)이 고유벡터인 행렬 U는 $d \times d$ 크기의 고유벡터 행렬을 구성한다. 다양한 형태의 행렬들은 고유벡터를 이용한 행렬 연산을 통해 직교 행렬로 변환될 수 있다. 따라서 S 행렬 내 자료들 간의 상관관계는 고유값과 함께 직교 행렬 L로 변환될 수 있다. 이러한 고유값들은 내림차순으로 정렬된 고유벡터와 함께 같은 형태로 정렬된다. U 행렬을 이용하여 S 행렬을 L 행렬로 변환하는 것은 식 (13.6)을 통해 수행된다.

$$L = U^T S U \tag{13.6}$$

이러한 연산과정의 최종 목표는 주성분 로딩과 점수(score)의 연산이다. 주성분의 점수는 각각의 정규화된 데이터 X_c와 고유벡터의 연산을 통해 산정된다. j번째 주성분(z_j)과 주성분 행렬 Z는 식 (13.7)을 통해 도출된다.

$$z_j = u_j^T(X_{c,j})$$
$$Z = X_c U \tag{13.7}$$

식 (13.7)은 주성분들이 u_j를 계수로 갖는 정규화 변수의 선형조합임을 보여준다. 변환된 변수(주성분)와 정규화된 데이터의 변수 간 상관관계 및 주성분 로딩값 V는 식 (13.8)을 통해 산정된다.

$$V = \frac{\sum_{i=1}^{n}(z_i - \overline{z})(x_{c,i} - \overline{x_c})}{(n-1)s_z s_x} \tag{13.8}$$

로딩값에 대한 연산 결과는 앞에서 기술한 바와 같이 주성분분석 결과를 해석하는 데 이용되기 때문에 매우 중요하다.

각 주성분에 의해 실질적으로 원자료에 대해 얼마나 많은 변량에 대한 해석이 가능한지 여부는 그림 13-3을 통해 확인할 수 있다. 그림 13-3에서 데이터 요소를 지나가는 첫 번째 축은 첫 번째 고유벡터의 방향 내에 있으며, 이 축은 원자료로부터 추출된 가능한 많은 정보의 변량에 대해 설명할 수 있다. 데이터 포인트들에 대한 투영 결과는 서로 잘 구분되며, 첫 번째 주성분에 의해 상대적으로 큰 변량이 해석될 수 있다. 두 번째로 큰 변량은 두 번째 주성분에 의해 설명될 수 있으며, 그 방향은 첫 번째 고유벡터와 직각 방향인 두 번째 고유벡터의 방향이다. 데이터 변량의 크기는 상대적으로 더 적게 분류되는데(그림 13-3), 이는 첫 번째 주성분에 의해 해석된 정보에 비해 더 적은 정보들이 해석되기 때문이다. 또한 그림 13-3을 통해 고유벡터가 포함된 데이터의 선형조합의 원리를 확인할 수 있다.

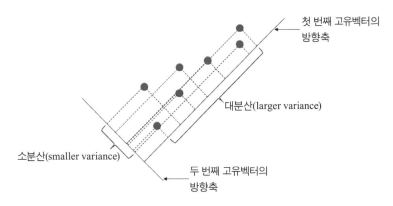

첫 번째 고유벡터의
방향축

대분산(larger variance)

소분산(smaller variance)

두 번째 고유벡터의
방향축

그림 13-3 두 개의 주성분 변화에 대한 데이터 포인트들의 주성분축에 대한 투영

데이터 행렬 X는 score matrix Z와 loading matrix V로 나뉘며, 이러한 행렬분할은 식 (13.9)에 의해 가능하다.

$$X = V^T Z \tag{13.9}$$

이때 행렬 X와 Z의 크기는 서로 같으며, 역행렬 V차원의 수는 주성분 문제와 연관된 변수들의 수와 같다는 점을 강조할 수 있다. 행렬 Z와 X의 크기가 같은 이유는 Z 행렬이 p개의 주성분에 의한 X 행렬의 각각의 데이터 포인트에 대한 투영 결과이기 때문이며, 결과적으로 행렬 X와 Z 내 요소들의 수가 비슷하기 때문이다. loading matrix V^T는 p개의 변수가 p개의 고유벡터 또는 주성분을 갖는 $p \times p$ 크기의 행렬이다.

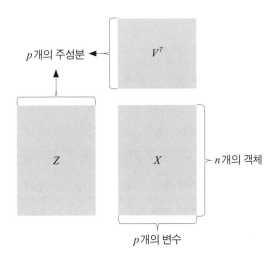

p개의 주성분

V^T

Z

X

n개의 객체

p개의 변수

그림 13-4 행렬 Z와 역행렬 V^T에 대한 행렬 X의 구성

변수들 간에 충분한 상관관계가 있기 때문에 주성분분석의 적용이 적합하다고 가정하더라도, 실제 주성분분석을 통해 생성된 데이터들은 서로 상관관계가 없을 수 있다. 또 데이터의 상관관계 도출 후 변수들 간의 상관관계가 작다는 것을 확인할 경우, 주성분분석의 적용이 적합한지를 판단하는 것도 직관적으로 판단하기 어려운 일이다. 분석하고자 하는 원자료를 주성분분석에 적용할 수 있는지에 대한 여부는 Bartlett 구형도 검정(Bartlett's test of sphericity)으로 결정할 수 있다(Bartlett, 1950). 이 검정법은 카이제곱검정(chi-square test)과 유사하며, 식 (13.10)과 같이 계산된다.

$$\chi^2 \left[\frac{(p^2-p)}{2} \right] = - \left[(n-1) - \frac{(2p+5)}{6} \right] \log|M| \tag{13.10}$$

이때,

· $\log|M|$: 정규화된 데이터 내 상관관계 행렬식의 자연 로그값

· $\dfrac{(p^2-p)}{2}$: 카이제곱검정 관련 자유도

· p: 변수의 개수

· n: 관측값의 개수

변수들이 서로 독립적일 경우 변수들 간의 상관관계는 존재하지 않으며, 자신과 유사한 변수들과의 상관관계는 단위행렬과 유사한 상관계수를 나타낸다. 따라서 가상의 좌표 공간에 변수들의 데이터를 분포시킨다고 가정했을 때, 상관관계가 있는 데이터들은 상관관계가 가장 높은 방향으로 모이기 때문에 찌그러진 축구공과 같은 타원형태로 정렬된다. 하지만 데이터들 간의 상관관계가 존재하지 않는다면 변수들은 구의 형태로 분산되며, 이러한 이유 때문에 구형도 검정이라고 불린다. Bartlett 검정의 귀무가설은 정규화된 데이터의 상관관계는 단위행렬이라는 것이다. 이 귀무가설에 따르면 모든 직교 요소는 1로 산정되며, 그 외의 요소는 0으로 산정된다. 이러한 경우의 행렬식이 1일 경우, 식 (13.10)의 우측 항은 자연 로그에 의해 검정 결과가 0으로 산정된다. 변수들 간의 상관관계로 인해 비직교 요소들의 산정 결과가 0을 벗어날 경우 행렬식은 1보다 작은 값을 산정하며, 이로 인해 식 (13.10)의 우측 항에 더

큰 값을 부여할 수 있다. 주어진 자유도와 95% 신뢰수준에서 식 (13.10) 우측 항의 산정 결과가 한계값을 넘을 경우, 해당 원자료에 대해 주성분분석을 적용할 수 있다. 주성분분석의 연구 적용 사례는 다음과 같다.

- 라오스 지역 내 메콩 강 유역에 위치한 우물의 비소 및 기타 중금속에 의한 오염에 관한 연구를 통해, 일반적인 수질 특성과 비소 및 기타 중금속들 간의 연관관계를 PCA를 통해 규명(Chanpiwat et al., 2011)
- 캄보디아, 라오스, 태국 지역의 비소에 의한 지하수 오염을 다중선형회귀분석(Multiple Linear Regression, MLR) 및 인공신경망(Artificial Neural Network, ANN)과 결합된 주성분분석방법을 이용하여 분석(Cho et al., 2011)
- SWRO 공정과정에서 선택된 16개의 변수와 주성분분석을 통해 8개로 감소된 차원에서 원자료의 83.78%에 해당하는 정보에 대한 해석을 수행, 고유벡터와 함께 선택된 8개의 주성분 간의 선형관계를 통해 관련 식을 제안(Berry et al., 2010)
- 인천지역 내 black carbon(BC), 입자상 물질(PM10 and PM2.5) 및 가스상 오염물질[일산화탄소(CO), 이산화질소(NO_2), 이산화황(SO_2), 벤젠, 톨루엔, 자일렌 등] 측정 결과 해석 및 차원 축소(Yoo et al., 2011)

③ 어떻게 결과를 얻는가?

주성분분석 결과는 여러 범용 통계 프로그램 및 통계기능을 지원하는 프로그램을 사용하여 얻을 수 있다. 13장에서는 SPSS 프로그램과 MATLAB Statistical toolbox 및 function을 사용한다.

3-1 SPSS

(1) 데이터 입력
'Ch 13_Principal Component Analysis' 폴더에 있는 예제파일 'PCA_Example.xlsx'를 SPSS Statistics Data Editor 창으로 불러온다(그림 13-5). 본 데이터 세트는 앞서 설명한 8개 변

수(DO, BOD, COD, SS, TN, NH_3-N, NO_3-N, TP)의 132개 관측값이 있는 132×8 크기의 데이터다.

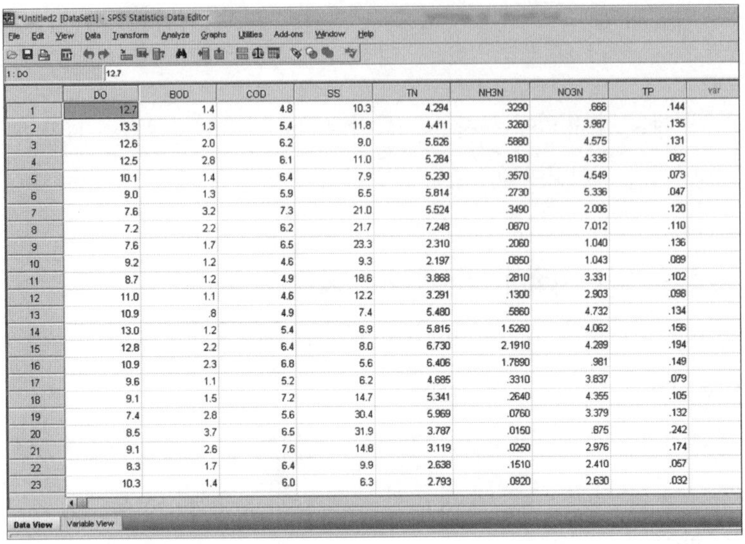

	DO	BOD	COD	SS	TN	NH3N	NO3N	TP
1	12.7	1.4	4.8	10.3	4.294	.3290	.666	.144
2	13.3	1.3	5.4	11.8	4.411	.3260	3.987	.135
3	12.6	2.0	6.2	9.0	5.626	.5880	4.575	.131
4	12.5	2.8	6.1	11.0	5.284	.8180	4.336	.082
5	10.1	1.4	6.4	7.9	5.230	.3570	4.549	.073
6	9.0	1.3	5.9	6.5	5.814	.2730	5.336	.047
7	7.6	3.2	7.3	21.0	5.524	.3490	2.006	.120
8	7.2	2.2	6.2	21.7	7.248	.0870	7.012	.110
9	7.6	1.7	6.5	23.3	2.310	.2060	1.040	.136
10	9.2	1.2	4.6	9.3	2.197	.0850	1.043	.089
11	8.7	1.2	4.9	18.6	3.868	.2810	3.331	.102
12	11.0	1.1	4.6	12.2	3.291	.1300	2.903	.098
13	10.9	.8	4.9	7.4	5.480	.5860	4.732	.134
14	13.0	1.2	5.4	6.9	5.815	1.5260	4.062	.156
15	12.8	2.2	6.4	8.0	6.730	2.1910	4.289	.194
16	10.9	2.3	6.8	5.6	6.406	1.7890	.981	.149
17	9.6	1.1	5.2	6.2	4.685	.3310	3.837	.079
18	9.1	1.5	7.2	14.7	5.341	.2640	4.355	.105
19	7.4	2.8	5.6	30.4	5.969	.0760	3.379	.132
20	8.5	3.7	6.5	31.9	3.787	.0150	.875	.242
21	9.1	2.6	7.6	14.8	3.119	.0250	2.976	.174
22	8.3	1.7	6.4	9.9	2.638	.1510	2.410	.057
23	10.3	1.4	6.0	6.3	2.793	.0920	2.630	.032

그림 13-5 데이터가 입력된 SPSS Statistics Data Editor 창의 화면

(2) 주성분분석 수행

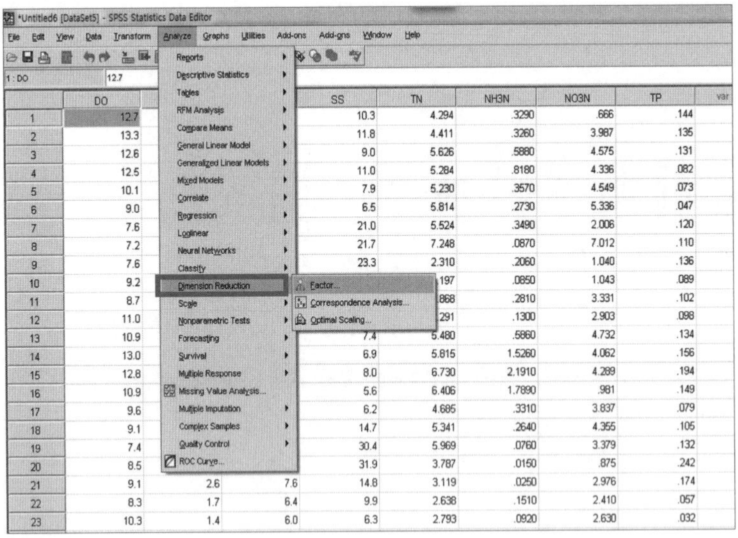

그림 13-6 데이터가 입력된 SPSS Statistics Data Editor 창의 화면

• 분석 순서

메뉴에서 [Analyze] → [Dimension Reduction] → [Factor...](단축키 Alt + A, D, F) 순서로 진행하면 그림 13-7과 같은 창이 열린다.

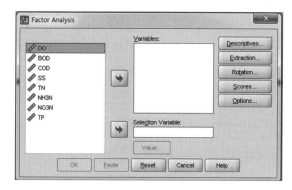

그림 13-7 주성분분석을 하기 위한 'Factor Analysis' 실행 시의 첫 화면

그림 13-7과 같이 'Factor Analysis' 창이 열리면 분석하고자 하는 모든 변수를 'Variables:' 칸으로 옮긴다. 주성분분석에 필요한 상세 옵션을 선택하기 위해 'Descriptives...' 버튼을 누른 후 'Statistics' 항목의 'Univariate descriptives', 'Correlation Matrix' 항목의 'Coefficients', 'KMO and Bartlett's test of sphericity'를 선택한 후 'Continue' 버튼을 누른다.

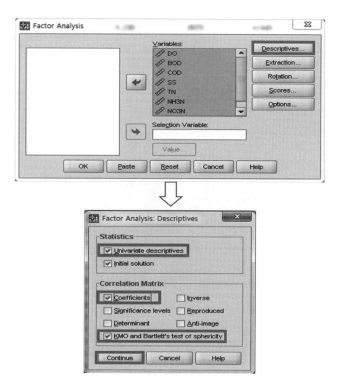

그림 13-8 주성분분석을 하기 위한 변수 선택 및 기술조건 설정

단일 변인 통계법(univariate statistics)은 앞에서 상세히 설명한 바와 같이 원데이터의 평균과 표준편차를 산정하며, 산출된 계수들은 결과 해석을 위해 정규화된 데이터의 상관관계를 나타낸다. KMO와 Bartlett 구형도 검정은 상관관계를 검토하며, 상관관계의 비직교 요소는 0의 값을, 그렇지 않을 경우 단위행렬 형태의 결과를 산출한다. 검정 결과, 변수들이 서로 독립적이라고 할 수 있을 때 해당하는 데이터에 대해서는 주성분분석을 적용할 수 없다.

주성분을 추출하기 위해 'Factor Analysis' 대화창에서 'Extraction...' 버튼을 누르면 'Factor Analysis: Extraction' 창이 열린다. 주성분분석을 하기 위한 SPSS 프로그램의 초기 조건에 의해 주성분이 이미 선택되어 있으며, 사용자가 원하는 성분 추출방법을 선택하여 주성분 추출조건을 지정할 수 있다. 'Factor Analysis: Extraction' 창의 'Analyze' 항목에서 'Correlation matrix'를 선택한 후, 'Unrotated factor solution'과 'Scree plot'을 선택한다. 그런 다음 'Extract' 항목에서 'Based on Eigenvalue'를 선택한 후 Eigenvalue의 비교 기준을 1로 지정한다.

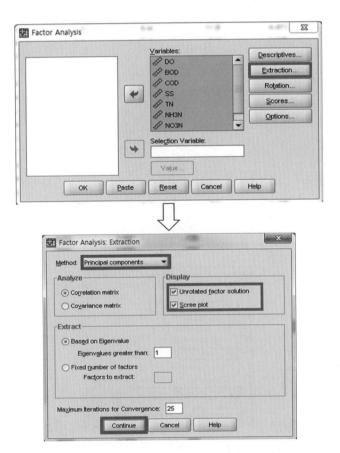

그림 13-9 주성분분석을 하기 위한 주성분 추출조건 설정

위의 과정을 통해 예제 데이터에 대한 주성분분석이 수행되며, 이를 통해 1보다 큰 고유값을 가진 주성분들이 추출된다. 추출된 주성분에 대한 해석은 그림 13-9에서와 같은 과정을 거치는 '비순환' 조건에서의 내용이며, '순환' 조건에서의 내용과 SPSS상에서의 옵션 선택은 차후에 설명하도록 한다.

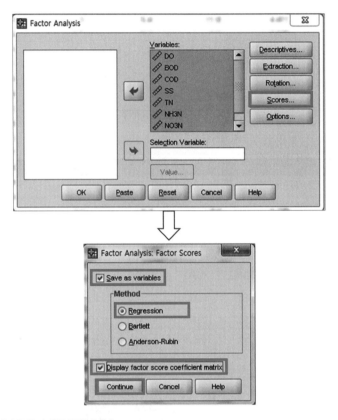

그림 13-10 주성분분석을 하기 위한 주성분 추출

'Continue' 버튼을 클릭하여 'Factor Analysis' 대화창으로 돌아온 후 'Score...' 버튼을 누르면 'Factor Analysis: Factor Scores' 창이 열린다. 'Save as variables'와 'Display factor score coefficient matrix'를 체크한 후 'Method' 항목의 'Regression' 옵션을 지정한다. 이러한 옵션의 선택은 주성분을 추출하기 위한 데이터의 회귀분석 수행 후 해당 추출요소를 저장하도록 하며, factor score 계수를 산출한다. 옵션 선택 과정은 그림 13-10과 같으며, 추출된 요소들은 그림 13-12와 같이 저장된다. 저장된 요인들은 서로의 상관관계 분석을 통해 확인되며, 추출된 각 주성분들은 상호 상관관계가 없이 독립적이어야 한다.

표 13-5 원자료에 대한 주성분분석 수행 이전의 SPSS 통계분석 결과: Descriptive Statistics

	Mean	Std. Deviation	Analysis N
DO	9.905	2.1291	132
BOD	1.958	0.7597	132
COD	5.711	1.2250	132
SS	12.642	7.4039	132
TN	4.230	1.5741	132
NH_3N	0.301	0.4187	132
NO_3N	2.515	1.1969	132
TP	0.130	0.0590	132

표 13-6 원자료에 대한 주성분분석 수행 이전의 SPSS 통계분석 결과: Correlation Matrix

		DO	BOD	COD	SS	TN	NH_3N	NO_3N	TP
Correlation	DO	1.000	0.128	−0.051	−0.486	0.234	0.388	0.372	−0.011
	BOD	0.128	1.000	0.398	0.144	0.210	0.127	0.142	0.270
	COD	−0.051	0.398	1.000	0.009	0.162	0.183	0.068	0.057
	SS	−0.486	0.144	0.009	1.000	−0.120	−0.260	−0.252	0.275
	TN	0.234	0.210	0.162	−0.120	1.000	0.438	0.602	0.282
	NH3N	0.388	0.127	0.183	−0.260	0.438	1.000	0.320	0.268
	NO3N	0.372	0.142	0.068	−0.252	0.602	0.320	1.000	−0.008
	TP	−0.011	0.270	0.057	0.275	0.282	0.268	−0.008	1.000

표 13-7 원자료에 대한 주성분분석 수행 이전의 SPSS 통계분석 결과: KMO and Bartlett's Test

Kaiser-Meyer-Olkin Measure of Sampling Adequacy.		0.598
Bartlett's Test of Sphericity	Appox. Chi-square	244.815
	df	28
	Sig.	.000

　　주성분분석 수행의 최종 목적은 결과를 분석하고 해석하는 것으로, 해당 분석 결과들은 표 13-5~13-7의 표와 같은 형식으로 나타난다. 표 13-5의 결과는 각 변수들의 평균, 표준편차 및 관측값 개수 등을 보여주며, 표 13-6의 결과를 통해 각 변수들 간의 상관관계 정도를 확인할 수 있다. KMO 및 Bartlett 구형도 검정 결과는 주성분 추출을 위한 분석으로, 주성분분석이 타당한 방법론인지 판단하기 위한 근거가 된다. 변수들 간의 낮은 상관관계로 인해 각 변수들이 상호 독립적이라고 하더라도, Bartlett 검정 결과를 통해 주성분 추출을 위한 주성

분분석방법의 적용 가능성을 판단할 수 있다.

그림 13-11은 주성분 수의 변화에 따른 고유값의 변화를 보여주는 scree plot이다. 이 그림에서 1보다 큰 고유값을 갖도록 하는 주성분 수는 3개임을 알 수 있으며, 이는 8개의 변수를 3개의 주성분으로 설명할 수 있음을 의미한다. 이 외에도 주성분의 수를 결정하기 위한 다른 기준을 이용할 수 있으며, 이는 분석자의 의도에 따라 결정될 수 있다.

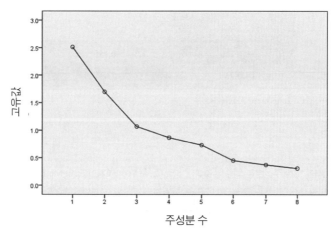

그림 13-11 주성분 수의 변화에 따른 고유값(eigenvalue)의 변화

표 13-8 정규화된 데이터에 대한 주성분분석 수행 결과: Total Variance Explained

Component	Initial Eigenvalue			Extraction Sums of Squared Loadings		
	Total	% of Variance	Cumulative %	Total	% of Variance	Cumulative %
1	2.515	31.434	31.434	2.515	31.434	31.434
2	1.697	21.217	52.651	1.697	21.217	52.651
3	1.068	13.352	66.003	1.068	13.352	66.003
4	0.866	10.820	76.823			
5	0.728	9.106	85.929			
6	0.448	5.599	91.529			
7	0.370	4.631	96.159			
8	0.307	3.481	100.000			

Extraction method: Principal Component Analysis.

표 13-9 정규화된 데이터에 대한 주성분분석 수행 결과: Component Matrix[a]

	Component		
	1	2	3
DO	0.640	−0.422	−0.050
BOD	0.370	0.605	−0.387
COD	0.285	0.470	−0.701
SS	−0.427	0.690	0.260
TN	0.762	0.174	0.252
NH_3N	0.723	0.026	0.140
NO_3N	0.730	−0.151	0.079
TP	0.261	0.634	0.517

Extraction method: Principal Component Analysis.

[a] 3 components extracted.

표 13-10 정규화된 데이터에 대한 주성분분석 수행 결과: Component Score Coefficient Matrix

	Component		
	1	2	3
DO	0.254	−0.249	−0.047
BOD	0.147	0.357	−0.362
COD	0.113	0.277	−0.656
SS	−0.170	0.407	0.243
TN	0.303	0.102	0.236
NH_3N	0.288	0.015	0.131
NO_3N	0.290	−0.089	0.074
TP	0.104	0.373	0.484

Extraction method: Principal Component Analysis.

Component Scores.

표 13-11 정규화된 데이터에 대한 주성분분석 수행 결과: Component Score Covariance Matrix

Component	1	2	3
1	1.000	0.000	0.000
2	0.000	1.000	0.000
3	0.000	0.000	1.000

Extraction method: Principal Component Analysis.

Component Scores.

scree plot에서도 주성분의 수가 3개임을 알 수 있으며, 표 13-8과 같이 정규화된 데이터에 대한 주성분분석 수행 결과에서도 3개의 주성분이 도출됨을 알 수 있다. 표 13-8은 전체 변량에 대한 설명이며, 각 주성분에 의해 해석할 수 있는 데이터 해석량과 비율 및 누적량을 확인할 수 있다. 표 13-9, 13-10에서 주성분 관련 정보와 주성분 점수 관련 정보를 통해 로딩값과 점수값을 확인할 수 있으며, 로딩값 정보로 PC1은 DO, TN, NH_3-N, NO_3-N, PC2는 BOD, SS, TP, PC3는 COD에 관해 설명할 수 있음을 알 수 있다. 이러한 결과를 바탕으로, BOD와 COD의 경우 서로 다른 주성분에 의해 해석되며, 이에 대한 원인을 설명하기 위한 데이터 해석이 가능할 수 있다. 보다 합리적인 결과를 도출하기 위해 주성분들을 순환할 수 있으며, 표 13-11을 통해 추출된 주성분들이 서로 상관관계가 존재하지 않음을 확인할 수 있다.

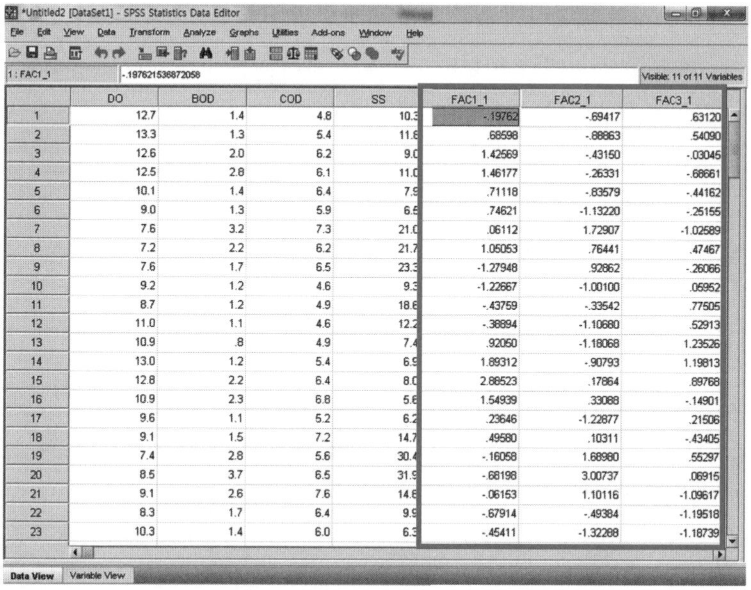

	DO	BOD	COD	SS	FAC1_1	FAC2_1	FAC3_1
1	12.7	1.4	4.8	10.3	-.19762	-.69417	.63120
2	13.3	1.3	5.4	11.8	.68598	-.88863	.54090
3	12.6	2.0	6.2	9.0	1.42569	-.43150	-.03045
4	12.5	2.8	6.1	11.0	1.46177	-.26331	-.68661
5	10.1	1.4	6.4	7.9	.71118	-.83579	-.44162
6	9.0	1.3	5.9	6.5	.74621	-1.13220	-.25155
7	7.6	3.2	7.3	21.0	.06112	1.72907	-1.02589
8	7.2	2.2	6.2	21.7	1.05053	.76441	.47467
9	7.6	1.7	6.5	23.3	-1.27948	.92862	-.26066
10	9.2	1.2	4.6	9.3	-1.22667	-1.00100	.05952
11	8.7	1.2	4.9	18.6	-.43759	-.33542	.77505
12	11.0	1.1	4.6	12.2	-.38894	-1.10680	.52913
13	10.9	.8	4.9	7.4	.92050	-1.18068	1.23526
14	13.0	1.2	5.4	6.9	1.89312	-.90793	1.19813
15	12.8	2.2	6.4	8.0	2.88523	.17864	.89768
16	10.9	2.3	6.8	5.6	1.54939	.33088	-.14901
17	9.6	1.1	5.2	6.2	.23646	-1.22877	.21506
18	9.1	1.5	7.2	14.7	.49580	.10311	-.43405
19	7.4	2.8	5.6	30.4	-.16058	1.68980	.55297
20	8.5	3.7	6.5	31.9	-.68198	3.00737	.06915
21	9.1	2.6	7.6	14.6	-.06153	1.10116	-1.09617
22	8.3	1.7	6.4	9.9	-.67914	-.49384	-1.19518
23	10.3	1.4	6.0	6.3	-.45411	-1.32288	-1.18739

그림 13-12 데이터 세트에 저장된 주성분 요소값

최대 변량에 대해서는 추출된 3개의 주성분 중 첫 번째 주성분에 의해 설명될 수 있으며, 뒤로 갈수록 설명이 가능한 변량이 순차적으로 줄어들고 있음을 확인할 수 있다.

각 주성분이 서로 다른 변수 영역을 얼마만큼 해석할 수 있는지에 대해서는 주성분 회전(rotation)을 통해 비교할 수 있다. 주성분 회전방법은 순환 이후의 새로운 축이 직교하지 않는 사선형 회전과, 직교하는 직교형 회전으로 대별된다. 가장 널리 이용되고 있는 주성분 회전방법은 직교형 회전방법의 하나인 배리맥스 회전(varimax rotation)이다. 배리맥스 회전을 통한 주성분분석 결과는 누적 해석량은 같으나, 각 주성분에 의한 해석량은 주성분 회전에 따라

서로 다르기 때문에 비교가 가능하다.

　행렬의 회전에 관해 설명하기 위해 임의로 25×2 크기의 데이터를 생성하여 예제로 이용한다. 이 예제에 관한 데이터는 'Rotate_it.xlsx'에서 확인할 수 있다. 이 행렬을 회전시키기 위해서는 회전행렬이 필요하다. 예제와 같이 2개의 변수가 있을 경우, 회전행렬 R은 다음과 같다.

$$R = \begin{bmatrix} \cos\theta & -\sin\theta \\ \sin\theta & \cos\theta \end{bmatrix}$$

　데이터 행렬과 회전행렬을 연산하면 θ가 90°일 경우 데이터 행렬은 90° 회전한다. 그림 13-13을 통해 예제의 데이터 행렬에 대한 회전행렬과의 연산 전후를 비교할 수 있다. 이는 임의로 생성된 $n \times 3$ 크기의 데이터에 아래의 순환행렬 R을 곱한 후, 원데이터와 순환행렬이 곱해진 데이터의 3차원 분산형태를 비교함으로써 순환행렬 R이 어떻게 적용되는지 파악할 수 있다.

$$R = \begin{bmatrix} 1 & 0 & 0 \\ 0 & \cos\theta & -\sin\theta \\ 0 & \sin\theta & \cos\theta \end{bmatrix}$$

　최종적으로 3×3 크기의 회전행렬 내 두 개의 행(column)에 대한 벡터연산을 수행하여 0의 값이 산출될 경우, 행으로 표현된 **R**-벡터는 직교성을 갖게 되며, 이를 직교성 순환회전이라고 한다. 주성분 분석과정에서 로딩값 순환분석은 이와 같은 원리로 수행된다.

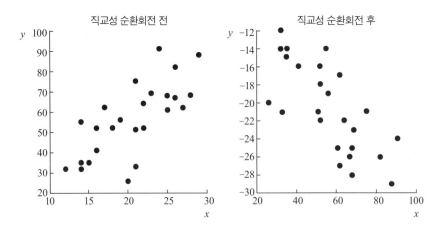

그림 13-13 25×2 크기의 데이터 행렬을 대상으로 회전행렬을 이용한 순환조건 적용 전후의 결과 비교

SPSS상의 주성분 분석과정에서 'Factor Analysis' 창의 'Rotation' 버튼을 누르면 'Factor Analysis: Rotation' 창이 열리고, 'Method' 항목에서 'Varimax'를 선택한다. 'Display' 항목에서 'Rotated solution' 옵션을 체크한 후 'Continue' 버튼을 누른 다음 'Factor Analysis' 창에서 'OK' 버튼을 누르면(그림 13-14) 'Output' 창이 활성화된다.

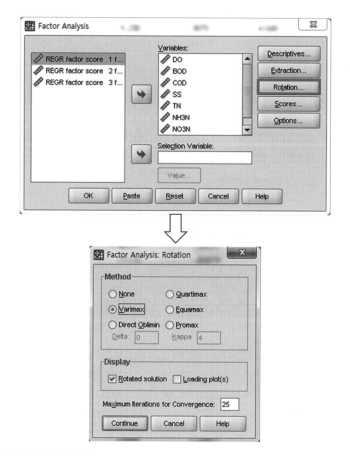

그림 13-14 주성분분석의 회전방법 선택창

표 13-12에 설명된 총변량은 주성분분석의 비회전분석과 회전분석에 의한 다른 결과, 즉 개별 주성분들이 해석할 수 있는 정보량의 차이를 보여준다. 표 13-13은 순환분석방법 적용 전후의 추출 주성분의 로딩값을 나타낸다. 이 결과로 다음을 설명할 수 있다.

· PC1: DO, TN, NH_3-N, NO_3-N

· PC2: SS, TP

· PC3: BOD, COD

표 13-12 주성분분석 내 비회전 및 회전 로딩값 비교

Total Variance Explained

Component	Initial Eigenvalues			Extraction Sums of Squared Loadings			Rotation Sums of Squared Loadings		
	Total	% of Variance	Cumulative %	Total	% of Variance	Cumulative %	Total	% of Variance	Cumulative %
1	2.515	31.434	31.434	2.515	31.434	31.434	2.404	30.051	30.051
2	1.697	21.217	52.651	1.697	21.217	52.651	1.461	18.263	48.313
3	1.068	13.352	66.003	1.068	13.352	66.003	1.415	17.690	66.003
4	0.866	10.820	76.823						
5	0.728	9.106	85.929						
6	0.448	5.559	91.529						
7	0.370	4.631	96.159						
8	0.307	3.841	100.000						

Extraction method: Principal Component Analysis.

표 13-13 비회전 및 회전조건에서의 주성분 로딩값 비교

	Component Matrix[a]			Rotated Component Matrix[b]		
	Component			Component		
	1	2	3	1	2	3
DO	0.640	−0.422	−0.050	0.662	−0.387	−0.028
BOD	0.370	0.605	−0.387	0.165	0.225	0.759
COD	0.285	0.470	−0.701	0.024	−0.071	0.888
SS	−0.427	0.690	0.260	−0.447	0.720	0.093
TN	0.762	0.174	0.252	0.766	0.263	0.138
NH_3N	0.723	0.026	0.140	0.723	0.079	0.121
NO_3N	0.730	−0.151	0.079	0.741	−0.098	0.064
TP	0.261	0.634	0.517	0.284	0.807	0.067

Extraction method: Principal Component Analysis.

Rotation Method: Varimax with Kaiser Normalization.

[a] 3 components extracted.

[b] Rotation converged in 5 iterations.

표 13-13을 살펴보면, 첫 번째 그룹에는 질소 관련 항목들이 DO와 함께 같은 항목에 할당되어 있는 것을 알 수 있다. 이를 통해 회전된 분석 결과가 더 합리적이라는 판단을 할 수 있다. 두 번째 그룹에는 총인(TP)과 부유물질(SS) 관련 데이터가 할당되었으며, 이는 총인이 하천 및 수로 등의 수체 하부에 쌓인 퇴적물과 관련이 있음을 의미한다. 세 번째 그룹에는 산소요구량 관련 항목(BOD, COD)이 할당됨으로써, 상기의 분석 결과가 비순환 분석이 적용된 결과보다 더 논리적인 결과임을 알 수 있다.

3-2 MATLAB

'Ch 13_Principal Component Analysis' 폴더에 있는 예제파일 'PCA_Example.xlsx'에서 분석에 필요한 데이터의 행과 열을 확인한 후 MATLAB 프로그램으로 데이터를 불러온다. 예제의 'princoman.m'은 MATLAB 실행파일로, 주성분분석을 하기 위한 MATLAB 함수들로 구성되어 있다. 이 파일을 이용하기 전에 MATLAB 프로그램의 명령어창에 'help princoman'을 입력하면 이 명령파일이 어떻게 구동되는지에 대한 설명과 이 명령파일의 이용을 위한 입력자료 및 출력 정보에 대한 정보를 확인할 수 있다. MATLAB과 SPSS를 이용한 주성분분석 결과 및 특징을 비교하기 위해 SPSS에서 이용된 같은 예제 데이터 파일을 이용한다. 이 MATLAB 함수를 이용하기 위한 데이터를 생성하기 위해 다음의 명령어를 이용하여 원데이터의 수치정보 및 문자정보를 인식하여 불러올 수 있다.

```
[data,txt,raw] = xlsread('PCA_Example.xlsx');
```

'PCA_Example.xlsx' 파일 내 데이터 행렬의 크기는 132×8이며, princoman 함수의 실행 기본 코드는 다음과 같다.

```
% clear all variables from workspace and clear command window
close all; clear all; clc;

% create data set for PCA
[data,txt,raw] = xlsread('PCA_Example.xlsx');
```

```
% Use princoman function to find
% 1. Loadings
% 2. Scores
% 3. Variance accounted for by each PC individually
% 4. Cumulative variance accounted for by each PC
[Loadings,Scores,VI,VT] = princoman(data,1,1,1)
```

MATLAB에 의한 주성분분석 결과와 주성분 수의 변화에 따른 고유값의 변화는 그림 13-15, 13-16과 같다. 그림 13-16에서 파란 선은 고유값이 1임을 의미하며, 이보다 높은 고유값을 나타내는 주성분 개수는 3개라는 것을 보여준다. 각 주성분에 대한 로딩값은 그림 13-15에서 확인할 수 있다. 이러한 로딩값의 결과는 SPSS의 결과와 그 수치는 같지만 일부 값에서 부호가 반대로 나타나는데, 이는 고유벡터의 연산과정과 관련되어 있으며, 표시되는 부호 자체보다 해당 벡터들이 서로 직교성을 갖는지가 더 중요한 문제라고 할 수 있다. 즉, 벡터 간의 직교성이 확인되면 산출 결과의 부호 자체는 문제가 되지 않는다.

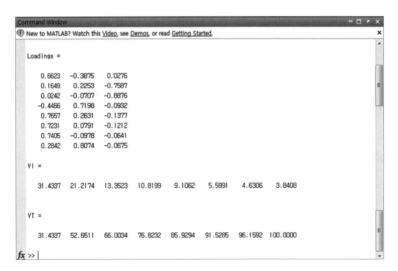

그림 13-15 MATLAB을 이용하여 원자료로부터 주성분을 추출한 결과

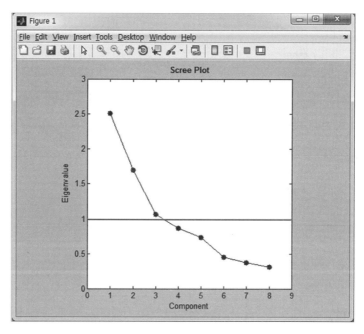

그림 13-16 주성분 수의 변화에 따른 고유값 변화(고유값 > 1일 경우 유효)

앞에서 설명한 바와 같이 2×2 크기의 회전행렬 R이 있을 경우, 해당 회전행렬은 다음과 같이 다른 형태로 표현될 수 있다.

$$R = \begin{bmatrix} \cos\theta & -\sin\theta \\ \sin\theta & \cos\theta \end{bmatrix} = \begin{bmatrix} \sin\theta & \cos\theta \\ \cos\theta & -\sin\theta \end{bmatrix} = \begin{bmatrix} \cos\theta & \sin\theta \\ -\sin\theta & \cos\theta \end{bmatrix}$$

상기의 각기 다른 형태의 행렬들의 θ값이 90°라면, 항상 같은 회전 결과를 얻을 수 있다. MATLAB 프로그램의 함수파일을 통해, 사용자가 원하는 수준의 고유값이나 원데이터로부터 해석 가능한 정보의 비율에 해당하는 주성분을 지정하여 추출할 수 있으며, 전체 주성분을 유지할 수도 있다.

1) 역산을 통한 원데이터의 복원(recovering original data)

주성분을 추출하기 위한 방법으로 지금까지는 행렬연산을 이용하였다. 행렬연산은 역산이 가능한데, 이는 주성분을 얻기 위해 수행된 연산을 통해 원데이터를 복원하는 역산이 가능함을 의미한다. MATLAB 프로그램을 이용한 원데이터로의 역산은, 앞에서 기술한 바와 같이 주성분은 계수로서의 고유벡터를 포함한 정규화 데이터의 선형조합이기 때문에, 이러한 연산은 식 (13.11)과 같다.

$$Z_s = ZU \qquad\qquad (13.11)$$

여기서, Z_s는 주성분 점수, Z는 정규화된 데이터, U는 고유벡터가 행인 행렬을 의미한다. 역산을 위해 식의 양쪽에 역행렬 U^{-1}를 연산($UU^{-1}=I$)하여 행렬 Z(원자료)를 얻을 수 있다. 이러한 과정을 통해 식 (13.11)은 식 (13.12)와 같이 표현할 수 있다.

$$Z = Z_s U^{-1} \qquad\qquad (13.12)$$

2) MATLAB 예제파일을 통한 PCA의 이해

예제파일 'showmovie.m'은 주성분분석을 시각적으로 이해하는 데 도움을 준다. MATLAB 명령어 'showmovie'를 입력하면 'showmovie.m' 파일이 실행되어 데이터 정규화와 데이터 체계 내 축의 삽입 등의 과정을 원데이터의 3차원 분산형태를 이용하여 시각적으로 확인할 수 있다. 평균보다 작은 값들은 초기에 원자료에서 배제되며, 배제된 값들은 평균에 근접하여 연속적으로 증가하고 축의 범위도 변화하기 시작한다. 최종적으로 평균값들은 배제되고 x, y, z 축의 범위도 조정되는데, 이는 데이터들이 집중화되었다는 것을 의미한다. 집중화된 데이터들의 평균은 표준편차에 의해 나뉘며, 변수들 간의 상관관계를 최대한 광범위하게 설명할 수 있는 축이 데이터 포인트를 지나가는 것임을 확인할 수 있다.

회전행렬 적용 후 두 번째로 생성되는 주성분축은 첫 번째 주성분축과 직교 관계이다. 마찬가지로, 세 번째 주성분축은 앞선 두 개의 주성분축과 직교 관계이며, 3개의 축에 대한 데이터의 투영을 통해 주성분의 score를 산정할 수 있다. 선행적으로 생성된 축들에 대해 직교 관계인 축들을 더 삽입하여 차원이 더 높은 데이터 공간을 생성하는 것도 수학적으로 만족시키는 것이 가능하지만, 물리적인 이해를 위한 개념으로는 적절하지 않다. 'rotate3d' 명령어를 이용하여 n개의 주성분축이 서로 직교하고 있음을 n차원 공간에서 확인할 수 있으며, 이를 통해 주성분분석이 수행되는 과정을 이해할 수 있다.

■ 참고문헌

1. Bartlett, M. S. (1950). Tests of significance of factor analysis. *British Journal of Psychology*, 3(2), 77-85.

2. Berry, M., Kim, J. H. & Repke, J.-U. (2010). Membrane-based SWRO pretreatment: Knowledge discovery in databases using principal component analysis regression. *Desalination and Water Treatment*, 15, 160-166.

3. Chanpiwat, P., Sthiannopkao, S., Cho, K. H., Kim, K. W., San, V., Suvanthong, B. & Vongthavady, C. (2011). Contamination by arsenic and other trace elements of tube-well water along the Mekong River in Lao PDR. *Environmental Pollution*, 159(2), 567-576.

4. Cho, K. H., Sthiannopkao, S., Pachepsky, Y. A., Kim, K.-W. & Kim, J. H. (2011). Prediction of contamination potential of groundwater arsenic in Cambodia, Laos, and Thailand using artificial neural network. *Water Research*, 45(17), 5535-5544.

5. Kreyszig, E. (2006). *Advanced Engineering Mathematics*. John Wiley & Sons, Inc.

6. Lattin, J., Douglas, C. J. & Green, P. E. (2003). *Analyzing Multivariate Data*. Thomson Learning, Inc.

7. Lay, D. C. (2012). *Linear Algebra and Its Applications*. Pearson Education, Inc.

8. Pearson, K. (1901). On lines and planes of closest fit to systems of points in space. *Philosophical Magazine*, 2(11), 559-572.

9. Yoo, H.-J., Kim, J., Yi, S.-M. & Zoh, K.-D. (2011). Analysis of black carbon, particulate matter, and gaseous pollutants in an industrial area in Korea. *Atmospheric Environment*, 45(40), 7698-7704.

14장

군집분석
cluster analysis

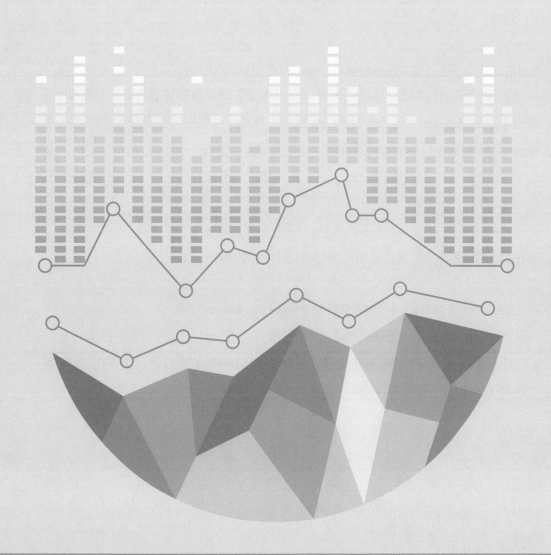

군집분석이란?

컴퓨터 사양의 발달과 고차원 사회로의 기술적·환경적 변화는 데이터의 규모, 차원 및 복잡성을 증가시켰다. 이러한 데이터를 유용한 정보로 가공하기 위해 인공신경망(Artificial Neural Network, ANN), 유전 알고리즘(Genetic Algorithms, GA), 의사결정나무(Decision Trees), 서포트 벡터 머신(Support Vector Machine, SVM)과 같은 데이터마이닝(data mining) 기술에 대한 관심이 커지고 있다(Antonenko et al., 2012). 여기서 데이터마이닝은 대용량의 데이터에서 유용한 패턴이나 연관성을 발견하는 과정을 말하며(Nisbet et al., 2009), 군집분석(cluster analysis)도 데이터마이닝의 한 범주에 속한다.

1-1 정의

군집분석은 다변량 통계기법(multivariate analysis)의 하나로, 대용량의 데이터를 유사한 특성을 갖는 몇 개의 집단으로 군집화한 후 각 집단의 특성을 파악하는 방법이다. 이렇게 형성된 각 그룹을 군집(cluster)이라고 정의한다. 즉, 비슷한 데이터 특성은 같은 군집에 속하고, 특성이 다른 데이터들은 다른 군집에 속한다.

1-2 특징

군집분석은 다음과 같은 특징이 있다(Berthold & Hand, 2007).

- 그룹의 개수 및 분류는 미리 정의되지 않는다(not pre-defined).
- 정규분포(normal distributions) 가정이 필요하지 않다.
- 독립변수(independent variables)와 종속변수(dependent variables)에 대한 구분 없이, 상호 의존적인 연관성을 정의한다(interdependent relationships are examined).

1-3 이해의 예

- 지역별 주거 유형 분류
- 연령대별 소비패턴 분류
- A 회사 직장인들의 수입과 지출 상관관계에 따른 분류

1-4 군집분석의 분류

군집분석은 그림 14-1과 같이 계층적 방식(hierarchical methods)과 비계층적 방식(non-hierarchical methods)으로 구분되며, 계층적 방식은 다시 응집식(agglomerative methods)과 분할식(divisive methods)으로 나눌 수 있다.

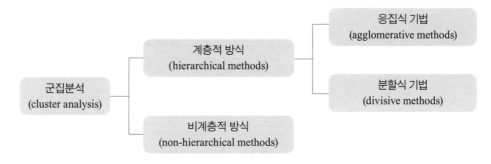

그림 14-1 **군집분석의 분류**

1) 계층적 방식

계층적 방식에서는 n개의 독립된 대상이 n개의 독립군집이 되어 다른 독립군집들과 군집을 이루기 시작한다. 형성된 군집들끼리 연속적으로 군집화가 일어나면서 군집의 수(number of cluster)가 감소하게 된다(Han & Oh, 2012). 응집식 기법은 n개의 독립군집에서 시작하여 가까운 대상끼리 순차적으로 묶어 점차 군집의 수를 줄여 나가는 상향식(bottom-up) 접근법인 반면, 분할식 기법은 모든 대상들이 소속된 단일군집(single cluster)에서 출발하여 분할을 통해 새로운 군집들을 형성하는 하향식(top-down) 접근법이다(Berthold & Hand, 2007). 일반적으로 응집식 기법이 분할식 기법보다 더 많이 사용되고 있다.

① 거리 산출방법

계층적 방식의 군집분석에서는 각각의 독립된 개체들이 유사성에 근거하여 군집을 형성하기 때문에 유사성을 판단할 이론적 근거가 필요하다. 대부분 거리(distance)를 유사성 판단의 척도로 이용하며, 거리가 가까운 개체끼리 동일 군집 내에 존재하도록 한다(Song & Chang, 2010). 두 개체 사이의 거리를 산출하는 방법에는 유클리드 거리(Euclidean distance), 민코프스키 거리(Minkowski distance), 마할라노비스 거리(Mahalanobis distance) 등이 있으며 다음과 같이 정의된다(Lattin et al., 2003).

• 민코프스키 거리(Minkowski distance)

민코프스키 거리를 식으로 나타내면 다음과 같다.

$$d_{ij}(p) = \left[\sum_k |x_{ik} - x_{jk}|^p \right]^{\frac{1}{p}} \tag{14.1}$$

여기서 p는 매트릭스의 개수를 의미한다. 유클리드 거리와 맨해튼 거리(Manhattan distance)는 민코프스키 거리 산출법의 특별한 경우에 해당한다.

• 유클리드 거리(Euclidean distance)

가장 널리 사용되는 방법으로, 두 개체의 변량값 자체의 차가 작으면 두 개체의 거리가 가깝다고 정의한다. 민코프스키 거리에서 $p=2$인 경우로, 유클리드 거리를 구하는 식은 다음과 같다.

$$d_{ij} = \left[\sum_k (x_{ik} - x_{jk})^2 \right]^{\frac{1}{2}} \tag{14.2}$$

여기서, d_{ij}는 개체 i와 j 사이의 유클리드 거리를, x는 i와 j 개체 각각의 변량값을 의미한다.

한편, 민코프스키 거리 산출식에서 $p=1$인 경우를 맨해튼 거리 또는 품종 간 거리(city-block distance)라고 하며, 식 (14.3)으로 계산된다.

$$d_{ij}(1) = \sum_k |x_{ik} - x_{jk}| \tag{14.3}$$

그림 14-2는 유클리드 거리와 맨해튼 거리 산출방법을 비교한 그림이다(Townend, 2002). A와 B 두 지점의 거리를 구한다고 가정할 때, 유클리드 거리는 두 지점을 가로지르는 최단 거리를 의미하며, 맨해튼 거리는 두 지점 사이의 세로축과 가로축 사이의 차이를 모두 합산한 값으로 얻어진다.

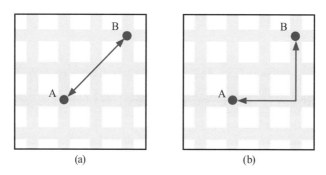

그림 14-2 유클리드 거리(a)와 맨해튼 거리(b) 산출방법(Townend, 2002).

• 마할라노비스 거리(Mahalanobis distance)

마할라노비스 거리는 유클리드 거리에 데이터의 공분산(covariance)을 고려한 개념으로, 식으로 나타내면 다음과 같다.

$$D_{ij}^2 = (X_i - X_j)' \sum{}^{-1} (X_i - X_j) \tag{14.4}$$

여기서, X는 변량값으로 이루어지는 열벡터이며, $\sum$는 X 데이터 행렬의 공분산 행렬이다. 그림 14-3의 A와 B점이 타원의 중앙이 origin인(centered at the origin) 정규분포를 따를 때, origin으로부터 A와 B점까지 마할라노비스 거리는 같다(Lattin, 2003).

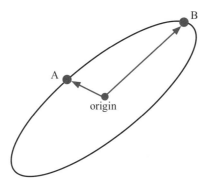

그림 14-3 마할라노비스 거리에 대한 개념도

② 군집 간 연결방법

둘 이상의 군집(cluster)을 묶거나 나누는 것을 결정하기 위해서는 군집 간 거리를 계산해야 한다. 두 군집 사이를 결합하기 위해 다음과 같은 방법들이 이용된다(Berthold & Hand, 2007).

- 최단거리법(nearest neighbor) 또는 단순결합방식(single-linkage): 한 군집에 속한 개체와 다른 군집에 속한 개체 사이의 거리가 가장 최소가 되는 경우 두 군집이 하나로 결합되는 방식이다.
- 최장거리법(furthest neighbor) 또는 완전결합방식(complete-linkage): 최단거리법과 대조되는 방식으로, 한 군집에 속한 개체와 다른 군집에 속한 개체 사이의 거리가 가장 최대가 되는 경우 두 군집이 하나로 결합하여 새로운 군집을 형성한다.
- 평균거리법(average distance) 또는 평균결합방식(average-linkage): 어느 한 군집에 속한 모든 개체들과 다른 군집 내에 속해 있는 모든 개체들의 쌍집합에 대한 평균으로 정의한다(노형진, 2007).
- 중심법(centroid clustering): 각 군집의 평균벡터(mean vector) 사이의 거리를 제곱한 값(square of distance)으로 정의한다.
- 워드법(Ward's method): 각 군집을 구성하는 개체의 분산을 기준으로 연결하는 방식으로, 분산이 가장 최소인 쌍(pair)을 결합한다.

2) 비계층적 방식

비계층적 방식은 군집화(clustering)가 순차적으로 이루어지지 않는 군집분석방법으로, 처리할 데이터의 양이 많을 때 사용된다. 비계층적 군집화 방식은 k-평균 군집분석법(k-means clustering methods)으로도 불리는데, 이는 k-평균 군집분석법이 가장 널리 사용되기 때문이다. 여기서 k는 사용자가 원하는 군집의 개수를 의미하며, k-평균 군집분석법을 수행하기 위해서는 군집중심 및 군집 개수(k)를 지정해야 한다(노형진, 2007). 즉, 지정된 k개의 군집을 중심으로 k개 군집이 도출될 때까지 군집화가 진행되며, 그에 따라 군집 중심점은 달라진다.

앞에 기술한 바와 같이 군집분석은 다변량 통계분석기법의 하나로, 유사성에 근거하여 관측대상(observation)을 몇 개의 군집으로 분류한 후 형성된 군집의 특성을 분석하는 방법이다. 군집분석을 수행하는 이유는 많은 양의 데이터 사이에 숨겨진 상관관계를 파악하여 그룹화(군집화)한 뒤, 분산분석 등을 수행하여 군집들 간의 비교가 가능하기 때문이다. 따라서 군집분석은 단독으로 사용되기보다는 주로 다른 통계기법들과 함께 사용되며, 사회과학부터 자연과학 및 공학 분야에 이르기까지 폭넓게 적용할 수 있다. 군집분석의 실제 적용 사례는 다음과 같다.

- 수도권 도시의 유형을 구분하기 위하여 도시 구성요소를 변수로 표현하고 주성분분석(Principal Component Analysis, PCA)을 통해 주요 인자를 추출한 후, 추출된 인자에 대해 군집분석을 통해 도시 유형을 구분하였다(Song & Chang, 2010).
- 도시 기반시설이 수질에 미치는 영향을 파악하기 위해 다변량 분산분석(MANOVA), 계층적 군집분석 및 Kruskal-Wallis test를 이용하였다. 지표세균(bacteria indicator)에 대한 21개 샘플링 지점의 군집분석을 통해 세균에 의한 오염이 수질에 미치는 영향과 위치에 대한 정보를 얻었다(Ki et al., 2009)(그림 14-4).

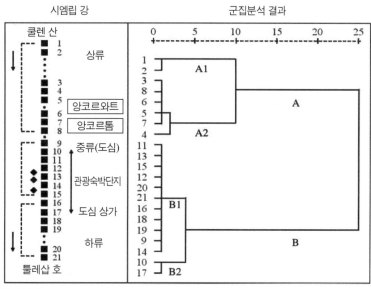

그림 14-4 **군집분석 예시**(Ki et al., 2009)

- 사람이나 가축 등의 숙주(host)가 갖고 있는 대장균 균주(*E. coli* strain)들의 유전적 근친도 (genetic relatedness)를 분석하기 위해 군집분석을 이용할 수 있다(Unno et al., 2009)(그림 14-5).

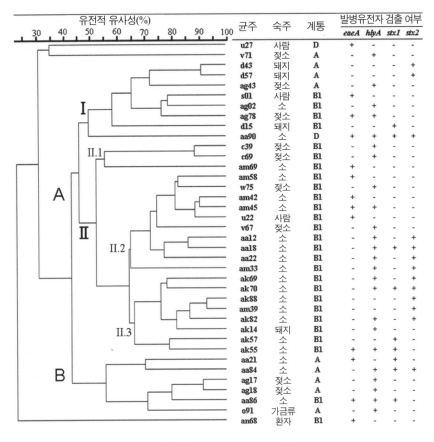

그림 14-5 대장균 오염원을 추적하기 위한 군집분석 적용 예시(Unno et al., 2009)

3 · 어떻게 결과를 얻는가?

군집분석 결과는 여러 상용화된 통계 프로그램 및 통계기능을 지원하는 프로그램을 사용하여 얻을 수 있다. 이 장에서는 SPSS 프로그램과 MATLAB Statistical toolbox 및 function을 사용한다.

3-1 SPSS

1) 계층적 군집분석

(1) 데이터 입력

'Ch 14_Cluster Analysis' 폴더에 있는 예제파일 'testCA.xlsx'를 SPSS Statistics Data Editor 창으로 불러온다(그림 14-6). 본 데이터 세트(data set)는 무작위로 선정된 총 20명에 대하여, 성별을 나타내는 'Gender', 나이 'Age', 흡연 유무 'Smoking', 자아 형성도 'Selfconcept', 결석일 수 'Absence', 금연에 대한 태도 'Nonsmolingpolice' 등을 조사한 측정값을 나타낸다. 성별의 '1'은 남자, '2'는 여자를, 나이 '1'은 10대, '2'는 20대, '3'은 30대를 의미한다. 또한 흡연 유무에서 '1'은 흡연자, '2'는 비흡연자를 나타내며, 자아 형성도와 금연에 대한 태도는 상대적으로 점수화한 값이다.

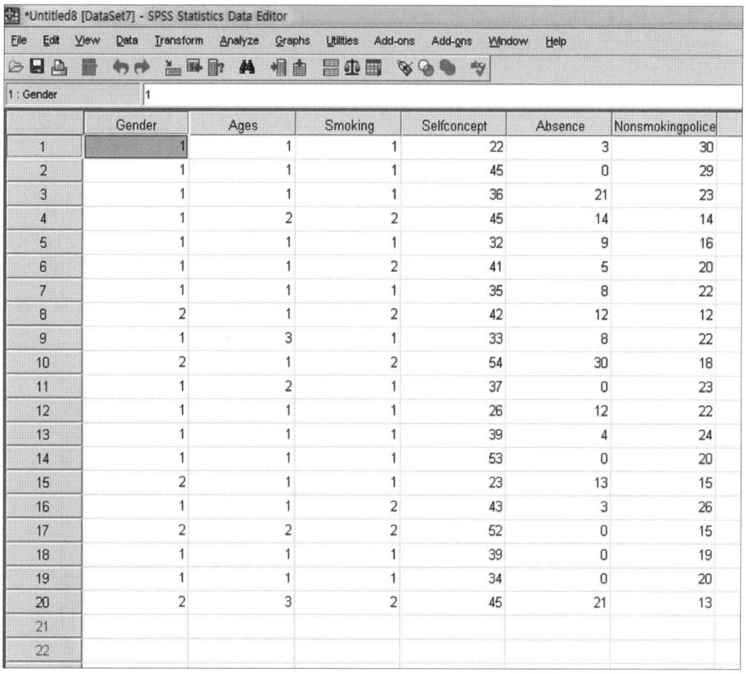

	Gender	Ages	Smoking	Selfconcept	Absence	Nonsmokingpolice
1	1	1	1	22	3	30
2	1	1	1	45	0	29
3	1	1	1	36	21	23
4	1	2	2	45	14	14
5	1	1	1	32	9	16
6	1	1	2	41	5	20
7	1	1	1	35	8	22
8	2	1	2	42	12	12
9	1	3	1	33	8	22
10	2	1	2	54	30	18
11	1	2	1	37	0	23
12	1	1	1	26	12	22
13	1	1	1	39	4	24
14	1	1	1	53	0	20
15	2	1	1	23	13	15
16	1	1	2	43	3	26
17	2	2	2	52	0	15
18	1	1	1	39	0	19
19	1	1	1	34	0	20
20	2	3	2	45	21	13
21						
22						

그림 14-6 데이터가 입력된 SPSS Statistics Data Editor 창의 화면

(2) 계층적 군집분석 수행

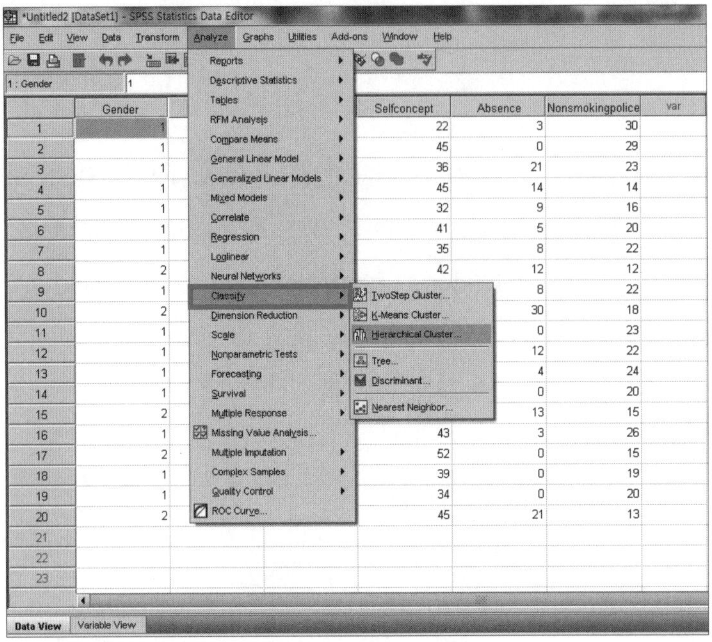

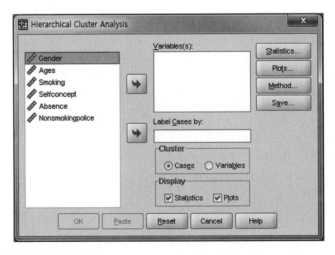

그림 14-7 계층적 군집분석을 수행하기 위한 경로

• 분석 순서

메뉴에서 [Analyze] → [Classify] → [Hierarchical cluster...](단축키 Alt + A, F, H) 순서로 진
행하면 그림 14-8과 같은 창이 열린다.

그림 14-8 계층적 군집분석 실행 시 첫 화면

입력된 데이터의 변수 'Gender', 'Ages', 'Smoking', 'Selfconcept', 'Absence', 'Nonsmokingpolice'를 'Variables(s)' 칸에 입력한다. 계통도(dendrogram)를 그리기 위해 'Plots...' 버튼을 누른 후 새 창에서 'Dendrogram'을 체크하여 선택한다(그림 14-9).

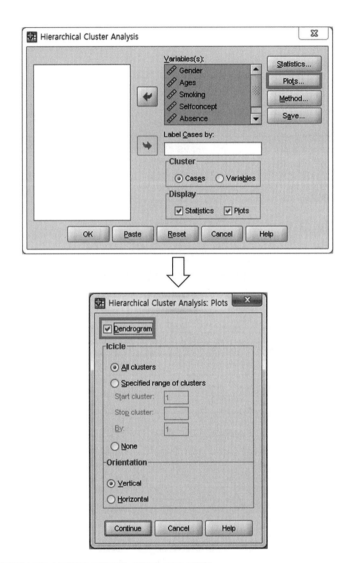

그림 14-9 계층적 군집분석을 실행하기 위한 변수 선택 및 플롯 선택창

‘Plots…’ 버튼 아래에 있는 ‘Method…’ 버튼을 누르면 군집 간의 결합방법을 선택할 수 있는 창이 나타난다. 예제에서는 군집 간 연결방법으로 비교적 널리 사용되는 Ward's method 를 이용한다. 모든 선택을 완료한 후 ‘Continue’ 버튼과 ‘OK’ 버튼을 누르면(그림 14-10) ‘Output’ 창에 군집분석 결과가 나타난다(표 14-1).

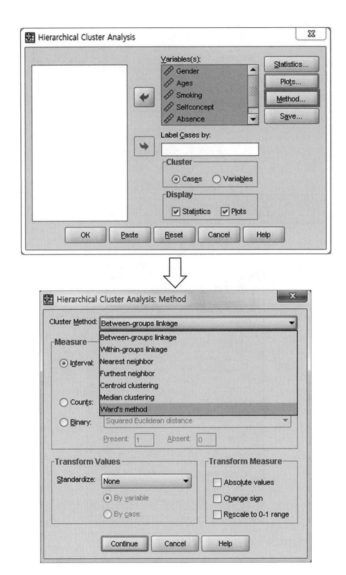

그림 14-10 계층적 군집분석을 실행하기 위한 군집 간 연결방법 선택

⑶ 계층적 군집분석 결과

표 14-1 군집화 일정표(agglomeration schedule)

Stage	Cluster Combined		Coefficients	Stage Cluster First Appears		Next Stage
	Cluster 1	Cluster 2		Cluster 1	Cluster 2	
1	7	9	4.000	0	0	8
2	11	19	13.500	0	0	5
3	4	8	23.000	0	0	10
4	13	16	34.000	0	0	7
5	11	18	46.500	2	0	12
6	14	17	61.000	0	0	17
7	6	13	79.333	0	4	11
8	5	7	107.333	0	1	13
9	12	15	137.333	0	0	13
10	4	20	183.167	3	0	16
11	2	6	231.583	0	7	12
12	2	11	324.976	11	5	17
13	5	12	442.976	8	9	14
14	3	5	586.810	0	13	15
15	1	3	806.405	0	14	18
16	4	10	1055.071	10	0	19
17	2	14	1361.651	12	6	18
18	1	2	2362.438	15	17	19
19	1	4	3453.150	18	16	0

표 14-1은 Ward 결합방식에 의해 20명이 군집화(clustering)되는 과정을 보여준다. 여기서 계수(coefficients)는 각각의 사람들이 속한 군집 사이의 거리를 나타내며, 계수값이 작을수록 군집화가 먼저 일어난다. 따라서 계수값이 가장 작은 7번째와 9번째 사람이 1단계에서 군집화된다. 2단계에서는 11번과 19번이, 3단계에서는 4번과 8번이 차례로 군집화된다. 계수값에 따라 군집화가 순서대로 수행되며, 마지막 단계에서 1번과 4번이 군집화됨을 확인할 수 있다.

위의 군집화 일정표에서 군집의 개수와 계수값들을 따로 정리하면, 군집분석의 최적 군집 개수(optimum number of clusters)를 알 수 있다. 표 14-2에서 마지막 열의 'Change'는 현재 단계와 이전 단계 사이의 계수의 차이를 나타낸다. 군집이 3개일 때 'Change' 값의 변화폭이 가장 크며, 이는 군집 3개가 이 예제에서 최적의 군집 수임을 의미한다.

표 14-2 계수와 군집 수의 관계

Number of clusters	Agglomeration of last step	Coefficients of this step	Change
2	3453.150	2362.438	1090.712
3	2362.438	1361.651	1000.787
4	1361.651	1055.071	306.634
5	1055.071	806.071	248.946
6	806.405	586.810	219.595
⋮	⋮	⋮	⋮

그림 14-11은 Ward 결합방식을 적용하여 군집화한 결과를 나타내는 계통도이다. 수평축은 군집들 간의 상대적인 거리를 나타내며, 수직축은 사람 번호를 의미한다. 상대적인 거리를 고려했을 때 3개의 군집으로 분류되는 것을 확인할 수 있으며(two clear clusters and a minor one), 이는 표 14-2의 결과에 부합한다.

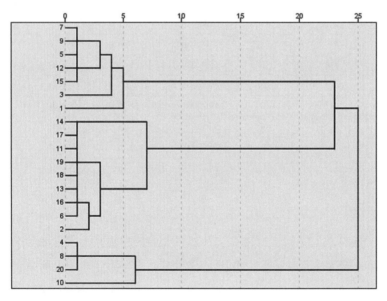

그림 14-11 Ward 결합방식을 적용한 군집화 결과

3개의 군집으로 분류되는 것을 확인하였다면 20명이 어느 군집에 해당하는지에 대해 추가로 통계분석을 하여 보다 명확한 정보를 제공할 필요가 있다. 이는 단일 해법(single solution) 기능을 이용하여 20명이 각각 어느 군집에 해당하는지 간단히 정리할 수 있으며, 'Hierarchical Cluster Analysis' 창에서 'Save' 버튼을 누른 후 군집의 개수로 '3'을 입력하여 계층적 군집분석을 다시 수행하면 된다.

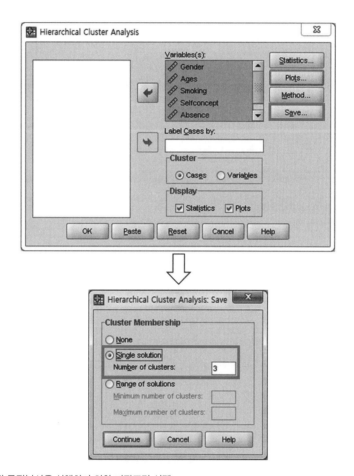

그림 14-12 계층적 군집분석을 실행하기 위한 저장조건 선택

'Continue' 버튼과 'OK' 버튼을 누르면 Data editor 변수 입력창 가장 우측에 새로운 군집변수와 숫자로 표시된 열이 생성된다(그림 14-13). 이 열은 군집이 3개일 때, 1~20번인 사람의 소속군집에 대한 정보를 제공한다.

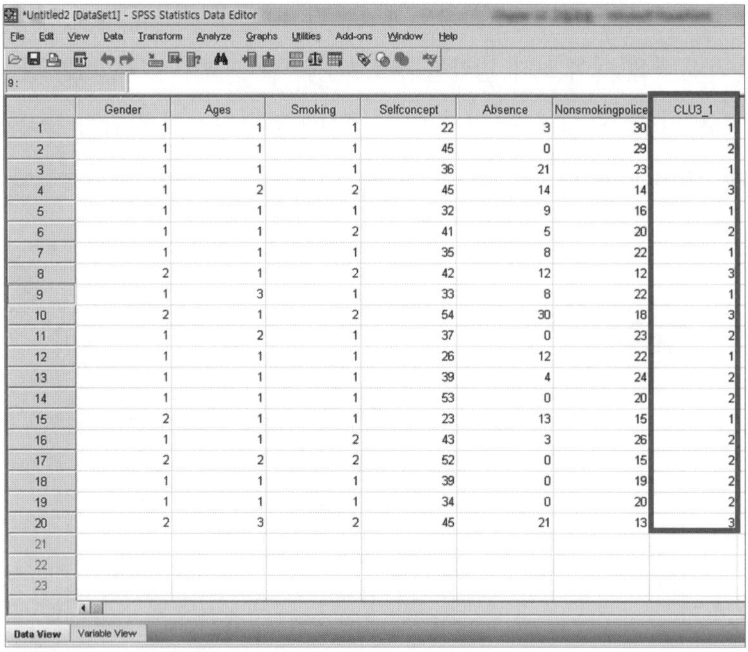

	Gender	Ages	Smoking	Selfconcept	Absence	Nonsmokingpolice	CLU3_1
1	1	1	1	22	3	30	1
2	1	1	1	45	0	29	2
3	1	1	1	36	21	23	1
4	1	2	2	45	14	14	3
5	1	1	1	32	9	16	1
6	1	1	2	41	5	20	2
7	1	1	1	35	8	22	1
8	2	1	2	42	12	12	3
9	1	3	1	33	8	22	1
10	2	1	2	54	30	18	3
11	1	2	1	37	0	23	2
12	1	1	1	26	12	22	1
13	1	1	1	39	4	24	2
14	1	1	1	53	0	20	2
15	2	1	1	23	13	15	1
16	1	1	2	43	3	26	2
17	2	2	2	52	0	15	2
18	1	1	1	39	0	19	2
19	1	1	1	34	0	20	2
20	2	3	2	45	21	13	3

그림 14-13 군집이 3개일 때 각 개체(사람)의 소속군집 정보

(4) 일원분산분석

군집분석의 신뢰성과 타당성을 높이기 위해 본 예제에서는 일원분산분석(one-way ANOVA)과 사후검정(Post hoc analysis)을 이용하여 결과를 분석한다.

• 기본 절차

메뉴에서 [Analyze] → [Compare Means] → [One-Way ANOVA](단축키 Alt + A, M, O) 순서로 진행하면 그림 14-14와 같은 창이 열린다.

'One-Way ANOVA' 대화상자에서 독립변수로 'Ward Method'를 입력하고, 종속변수로 'Selfconcept', 'Absence', 'Nonsmokingpolice'를 입력한다. 독립변수의 어떤 항목이 종속변수에 영향을 주는지 검정하기 위해서는 'Post Hoc...' 버튼을 누른다. 본 예제에서는 가장 일반적으로 사용되는 방법 중 하나인 'Tukey'를 사용한다. 기술 통계치를 포함한 기타 통계치에 대한 확인을 위해서는 'Options' 창에서 'Descriptive'에 체크한다.

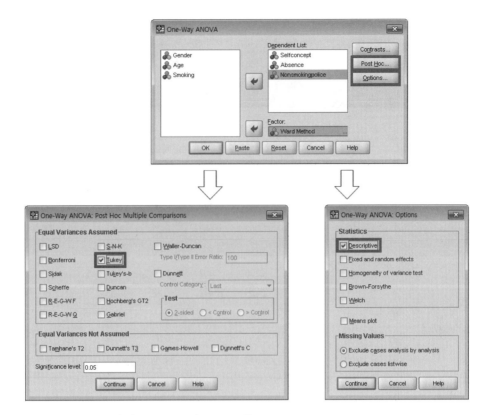

그림 14-14 일원분산분석 실행 시 'Post Hoc...' 및 'Options' 창

'Continue' 버튼과 'OK' 버튼을 누르면 'Output' 창이 활성화되면서 표 14-3, 14-4와 같은 분석 결과값이 나타난다. Descriptives 표는 데이터 수, 평균 및 표준편차에 대한 정보를 나타내며, 표 14-4는 일원분산분석 실행 결과를 나타낸다. 'Selfconcept', 'Absence', 'Nonsmokingpolice'에 대한 p-value는 각각 .000, .000, .022이며, 이는 각 항목에 대해 군집 간에 통계적으로 유의한 수준에서 평균 차이를 보이고 있다는 의미다.

표 14-3 일원분산분석 실행 결과: Descriptives

		N	Mean	Std. Deviation	Std. Error	95% Confidence Interval for Mean		Minimum	Maximum
						Lower Bound	Upper Bound		
Selfconcept	1	7	29.57	5.798	2.192	24.21	34.93	22	36
	2	9	42.56	6.483	2.161	37.57	47.54	34	53
	3	4	46.50	5.196	2.598	38.23	54.77	42	54
	Total	20	38.80	9.117	2.039	34.53	43.07	22	54
Absence	1	7	10.57	5.623	2.125	5.37	15.77	3	21
	2	9	1.33	2.062	0.687	−0.25	2.92	0	5
	3	4	19.25	8.139	4.070	6.30	32.20	12	30
	Total	20	8.15	8.506	1.902	4.17	12.13	0	30
Nonsmokingpolice	1	7	21.43	4.962	1.875	16.84	26.02	15	30
	2	9	21.78	4.177	1.392	18.57	24.99	15	29
	3	4	14.25	2.630	1.315	10.07	18.43	12	18
	Total	20	20.15	5.040	1.127	17.79	22.51	12	30

표 14-4 일원분산분석 실행 결과: ANOVA

		Sum of Squares	df	Mean Square	F	Sig.
Selfconcept	Between Groups	960.263	2	480.132	13.188	.000
	Within Groups	618.937	17	36.408		
	Total	1579.200	19			
Absence	Between Groups	952.086	2	476.043	19.156	.000
	Within Groups	422.464	17	24.851		
	Total	1374.550	19			
Nonsmokingpolice	Between Groups	174.530	2	87.265	4.816	.022
	Within Groups	308.020	17	18.119		
	Total	482.550	19			

‘Selfconcept’, ‘Absence’, ‘Nonsmokingpolice’에 대한 태도 항목의 경우, 통계적으로 유의한 수준에서 군집 간 차이가 있다는 결과로 분석되었기 때문에(p<.05), 실제 어떤 군집들이 차이가 있는지를 확인하기 위하여 사후검정을 진행할 필요가 있다. 표 14-5는 사후검정 결과를 나타낸 것으로, 파란색 음영 부분의 경우, 군집 1과 군집 2, 3 간의 비교 결과에서 p-value가 .001인 반면, 군집 2와 3 간의 비교 결과는 p-value가 .534이다. 이는 군집 2와 3은 통계적으로 유의한 수준에서 다르지 않다고 말할 수 있으며(p>.05), 군집 1과 2, 3은 유의한 수준에서 다르다고 말할 수 있다(p<.05).

표 14-5 일원분산분석의 사후검정 실행 결과

Dependent Variable	(I) Ward Method	(J) Ward Method	Mean Difference(I-J)	Std. Error	Sig.	95% Confidence Interval	
						Lower Bound	Upper Bound
Selfconcept	1	2	−12.984*	3.041	.001	−20.78	−5.18
		3	−16.929*	3.782	.001	−26.63	−7.23
	2	1	12.984*	3.041	.001	5.18	20.78
		3	−3.994	3.626	.534	−13.25	5.36
	3	1	16.929*	3.782	.001	7.23	26.63
		2	3.944	3.626	.534	−5.36	13.25
Absence	1	2	9.238*	2.512	.005	2.79	15.68
		3	−8.679*	3.125	.033	−16.69	−0.66
	2	1	−9.238*	2.512	.005	−15.68	−2.79
		3	−17.917*	2.996	.000	−25.60	−10.23
	3	1	8.679*	3.125	.033	0.66	16.69
		2	17.917*	2.996	.000	10.23	25.60
Nonsmokingpolice	1	2	−0.349	2.145	.986	−5.85	5.15
		3	7.179*	2.668	.039	0.33	14.02
	2	1	0.349	2.145	.986	−5.15	5.85
		3	7.528*	2.558	.023	0.97	14.09
	3	1	−7.179*	2.668	.039	−14.02	−0.33
		2	−7.528	2.558	.023	−14.09	−0.97

2) 비계층적 군집분석

(1) 데이터 입력

'Ch 14_Cluster Analysis' 폴더에 있는 예제파일 'k_means.xlsx'를 SPSS Statistics Data Editor 창으로 불러온다. 'k_means.xlsx' 파일은 영산강의 월별 수질자료이며, 항목으로 'DO', 'BOD', 'COD', 'SS', 'TN', 'TP'가 있다.

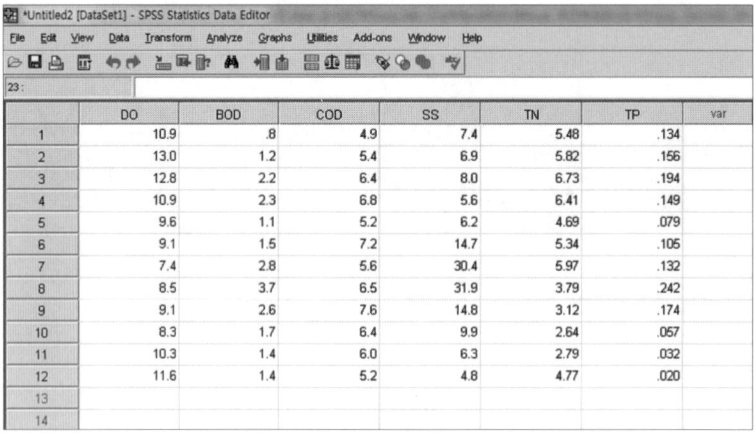

	DO	BOD	COD	SS	TN	TP	var
1	10.9	.8	4.9	7.4	5.48	.134	
2	13.0	1.2	5.4	6.9	5.82	.156	
3	12.8	2.2	6.4	8.0	6.73	.194	
4	10.9	2.3	6.8	5.6	6.41	.149	
5	9.6	1.1	5.2	6.2	4.69	.079	
6	9.1	1.5	7.2	14.7	5.34	.105	
7	7.4	2.8	5.6	30.4	5.97	.132	
8	8.5	3.7	6.5	31.9	3.79	.242	
9	9.1	2.6	7.6	14.8	3.12	.174	
10	8.3	1.7	6.4	9.9	2.64	.057	
11	10.3	1.4	6.0	6.3	2.79	.032	
12	11.6	1.4	5.2	4.8	4.77	.020	
13							
14							

그림 14-15 데이터가 입력된 SPSS Statistics Data Editor 창의 화면

(2) 비계층적 군집분석 수행

• 분석 순서

메뉴에서 [Analyze] → [Classify] → [K-Means Cluster...](단축키 Alt + A, F, K) 순서로 진행하면(그림 14-16) 그림 14-17과 같은 창이 열린다.

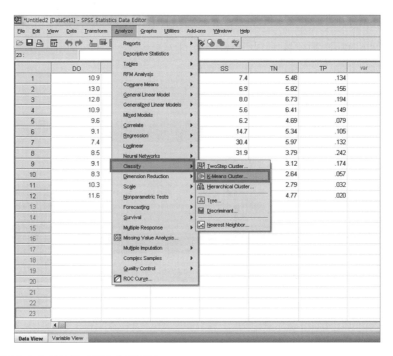

그림 14-16 비계층적 군집분석을 수행하기 위한 경로

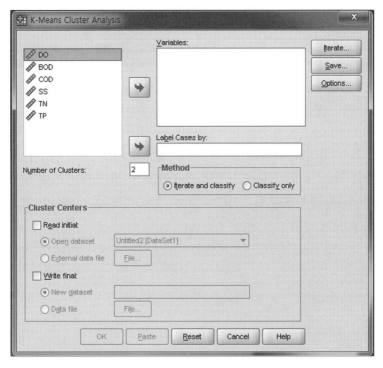

그림 14-17 비계층적 군집분석 실행 시 첫 화면

다음으로 그림 14-18과 같이 'Variables:' 칸에 'DO', 'BOD', 'SS', 'TP'를 입력한 후 'Number of Clusters:'에 '4'를 입력한다(본 데이터 세트로 계층적 군집분석을 실행할 때 최적 군집 수는 4개다).

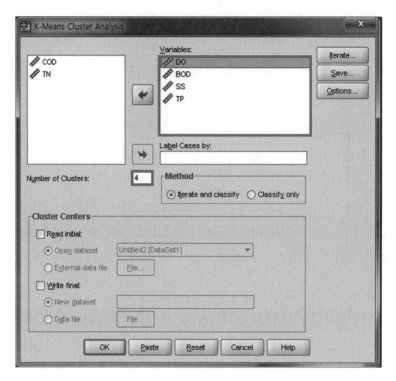

그림 14-18 비계층적 군집분석 실행 시 변수 선택

'K-Means Cluster Analysis' 대화상자에서 'Iterate' 버튼을 누르면 군집 중심(cluster centers) 업데이트에 사용하는 기준인 최대 반복계산 수(Maximum iterations)와 수렴기준 (Convergence Criterion)을 결정할 수 있다(그림 14-19). 'Use running means'에 체크하면 유동계 산 평균을 적용한 결과를 얻을 수 있다.

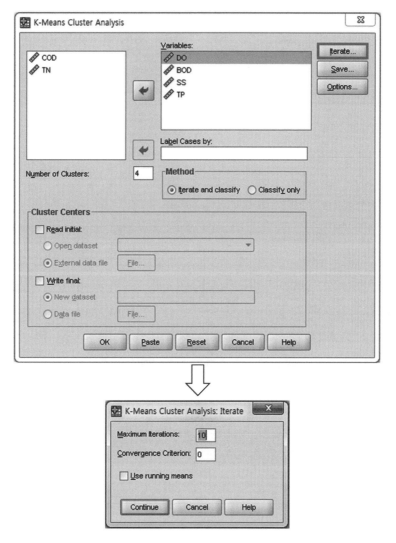

그림 14-19 비계층적 군집분석 실행 시 반복계산 설정

'K-Means Cluster Analysis' 창에서 'Save' 버튼을 누르면 그림 14-20의 좌측과 같은 창이 열린다. 두 항목을 모두 지정하면 소속군집(Cluster membership)과 군집 중심으로부터의 거리(Distance from cluster center)를 새로운 변수로 저장하게 된다. 'Options...' 버튼을 누르면 output으로 원하는 통계량 항목을 지정할 수 있다(그림 14-20, 우측).

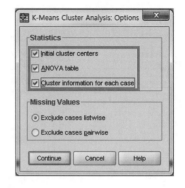

그림 14-20 비계층적 군집분석 실행 시 저장(왼쪽) 및 옵션 설정(오른쪽)

(3) 비계층적 군집분석 결과

모든 항목을 지정하고 'Continue' 버튼과 'OK' 버튼을 누르면 'Output' 활성창을 통해 아래와 같은 결과를 확인할 수 있다. 표 14-6은 초기 군집중심(Initial Cluster Centers) 결과로, 각 변수의 초기 4개 군집에 대한 중심값을 나타낸다. 이 값들은 임시로 할당된 것으로 9월, 8월, 10월 및 12월의 데이터값이 초기 군집 중심값으로 선택되었다.

표 14-6 비계층적 군집분석 결과: Initial Cluster Centers

	Cluster			
	1	2	3	4
DO	9.1	8.5	8.3	11.6
BOD	2.6	3.7	1.7	1.4
SS	14.8	31.9	9.9	4.8
TP	0.714	0.242	0.057	0.020

표 14-7과 14-8은 반복계산 정보(Iteration History)와 소속군집(Cluster Membership) 결과를 보여준다. 반복계산 횟수에 따른 군집 중심의 변화를 알 수 있으며(표 14-7), 각 개체의 소속군집과 각 개체와 군집중심 간의 거리를 확인할 수 있다(표 14-8).

표 14-7 비계층적 군집분석 결과: Iteration History[a]

Iteration	Change in Cluster Centers			
	1	2	3	4
1	0.553	1.035	0.000	1.689
2	0.000	0.000	0.000	0.000

[a] Convergence achieved due to no or small change in cluster centers. The maximum absolute coordinate change for any center is 0.000. The current iteration is 2. The minimum distance between initial centers is 5.047.

표 14-8 비계층적 군집분석 결과: Cluster Membership

Case Number	Cluster	Distance
1	4	1.233
2	4	1.780
3	4	2.269
4	4	1.249
5	4	1.762
6	1	0.553
7	2	1.035
8	2	1.035
9	1	0.553
10	3	0.000
11	4	1.019
12	4	1.689

표 14-9, 14-10은 최종 군집중심(Final Cluster Centers)과 최종 군집중심 간 거리(Distances between Final Cluster Centers)의 결과이다. 최종적으로 각 변수에 대한 4개의 군집중심값과 최종 군집중심 간의 거리를 구할 수 있다.

표 14-9 비계층적 군집분석 결과: Final Cluster Centers

	Cluster			
	1	2	3	4
DO	9.1	8.0	8.3	11.3
BOD	2.1	3.3	1.7	1.5
SS	14.8	31.2	9.9	6.5
TP	0.139	0.187	0.057	0.109

표 14-10 비계층적 군집분석 결과: Distances between Final Cluster Centers

Cluster	1	2	3	4
1		16.484	4.929	8.598
2	16.484		21.310	24.892
3	4.929	21.310		4.572
4	8.598	24.982	4.572	

표 14-11은 일원분산분석(ANOVA) 결과로, 4개의 군집 간에 평균의 차이가 있는가에 대한 일원분산분석을 실시한 결과이다. p-value를 비교해 본 결과, DO, BOD, SS의 세 변수에 대해서는 통계적으로 유의한 수준에서 군집 간 평균에 차이가 있는($p<.05$) 반면, TP에 대해서는 통계적으로 유의한 수준에서 군집 간 평균에 차이가 없음을 알 수 있다($p>.05$).

k-평균 군집분석과 일원분산분석을 함께 수행하는 경우, p-value를 통해 어떤 변수가 군집 형성에 가장 큰 영향을 미치는지 확인할 수 있다. 본 예제에서는 SS의 p-value가 가장 작으므로, 군집 형성에 SS 변수가 가장 큰 영향을 준다는 것을 알 수 있다.

표 14-11 일원분산분석 결과

	Cluster		Error		F	Sig.
	Mean Square	df	Mean Square	df		
DO	8.186	3	1.256	8	6.519	.015
BOD	1.644	3	0.362	8	4.536	.039
SS	322.447	3	1.021	8	315.848	.000
TP	0.005	3	0.004	8	1.105	.042

표 14-12는 군집 수와 그에 포함된 개체 수를 나타내며, 4개의 군집이 형성되었음을 알 수 있다.

표 14-12 비계층적 군집분석 결과: Number of Cases in each Cluster

Cluster	1	2.000
	2	2.000
	3	1.000
	4	7.000
Valid		12.000
Missing		.000

3-2 MATLAB

1) 계층적 군집분석

'Ch 14_Cluster Analysis' 폴더에 있는 예제파일 'testCA.xlsx'에서 분석에 필요한 데이터의 행과 열을 확인한 후 MATLAB으로 데이터를 불러온다. 계층적 군집분석(hierarchical cluster analysis)을 실행하는 데 필요한 기본 코드는 아래와 같으며, 정확한 사용법 및 기능은 MATLAB command window에서 'help cluster' 또는 'doc cluster'를 입력하여 확인할 수 있다.

```
D = pdist(X, distance)
Z = linkage(D, method)
T = cluster(X, 'maxclust', n)
```

이때 X는 엑셀에서 불러온 데이터 Matrix를 의미한다. pdist 함수에서 개체 간 거리 산출방법을 선택할 수 있으며(초기 설정: 유클리드 거리 계산법), linkage 함수는 군집 간 연결방법을 결정한다. 그 결과를 바탕으로 cluster 함수를 사용하여 군집화하며, 이때 'maxclust'는 나누고자 하는 최대 군집의 개수이다. 예제파일을 활용한 계층적 군집분석의 실행 기본 코드는 다음과 같다.

```
%% Hierarchical Clustering Example
close all; clear all; clc;

% Load data set
X=xlsread('testCA.xlsx', 'A:F');

% Do Hierarchical cluster analysis
D=pdist(X);
Z=linkage(D, 'ward');
T=cluster(Z, 'maxclust', 3);
dendrogram(Z)
```

기본 코드를 작성한 후 실행 버튼을 누르면 그림 14-21과 같은 계통도(dendrogram) 결과가 나타나며, 변수 T에 소속군집에 대한 정보가 저장된다.

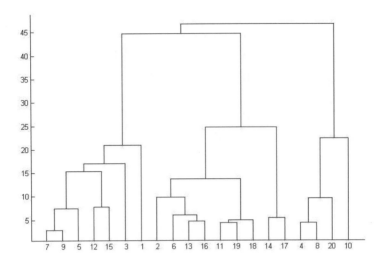

그림 14-21 MATLAB을 이용한 계층적 군집분석 결과

군집분석에 대한 SPSS 결과(그림 14-11)와 MATLAB 결과(그림 14-21)를 비교해보면 비슷한 형태로 군집화되는 것을 알 수 있다. 군집 간 상대적인 거리값은 다르게 나타나지만, 3개의 군집에 각각 속해 있는 소속 개체들은 같음을 확인할 수 있다.

2) 비계층적 군집분석

'Ch 14_Cluster Analysis' 폴더에 있는 예제파일 'k_means.xlsx'에서 분석에 필요한 데이터를 확인한다. 각 행과 열에 어떤 데이터가 있는지 확인되었으면 비계층적 군집분석(non-hierarchical cluster analysis)에 필요한 기본 코드를 확인한다. 정확한 사용법 및 기능을 확인할 경우, MATLAB command window에서 help kmeans 또는 doc kmeans 등을 입력하여 확인한다. 기본적으로 비계층적 군집분석의 기본 코드는 다음과 같다.

```
IDX = kmeans(X, k)
```

X는 엑셀에서 불러온 데이터 Matrix를 의미하며, k는 군집의 개수를 의미한다. 예제파일을 활용한 비계층적 군집분석의 실행 기본 코드는 다음과 같다.

```
%% Non-hierarchical Clustering Example
close all; clear all; clc;


% Load data set
X=xlsread('k_means.xlsx', 'A:F');


% Do Non-hierarchical cluster analysis
k=4;
IDX=kmeans(X,k);
```

기본 코드를 작성한 후 실행 버튼을 누르면 workspace에 IDX 변수가 생성되며, 각 개체들의 소속군집 정보를 담고 있다. 표 14-13은 SPSS와 MATLAB 프로그램을 활용한 비계층적 군집분석의 결과를 비교한 것으로, 군집이 다르게 형성된 것을 알 수 있다. 이러한 차이는 계산 알고리즘에 기인하는 것으로 보인다.

표 14-13 SPSS와 MATLAB 프로그램을 이용한 비계층적 군집분석 결과 비교

Case number	SPSS	MATLAB
1	4	2
2	4	1
3	4	1
4	4	1
5	4	2
6	1	4
7	2	3
8	2	3
9	1	4
10	3	4
11	4	2
12	4	2

4 어떻게 해석하는가?

일반적으로 군집분석을 통해 의미 있는 결과를 얻기 위해서는 분산분석과 같은 통계량 분석이 병행되어야 한다. 군집분석과 분산분석 수행으로 얻어진 결과에 대한 해석은 일반적으로 다음과 같이 설명할 수 있다.

1) 계층적 군집분석 결과 해석

① 계층적 군집분석(hierarchical cluster analysis) 결과, n개의 군집에서 change(단계별 계수값의 차)값이 가장 클 경우, 혹은 계통도에서 n개의 군집을 형성했을 때 이전 단계의 군집들과 상대 거리 차이가 가장 크다면 다음과 같이 결론을 내릴 수 있다.
➡ 본 데이터의 적절한 군집의 수는 n개이다.

② 계층적 군집분석과 사후검정을 시행하였을 때 군집 1과 군집 2의 결과가 p-value > .05일 경우 다음과 같이 결론을 내릴 수 있다.
➡ 군집 1과 군집 2의 평균 사이에는 통계적으로 유의한 수준에서 차이가 없다(p > .05).

③ 계층적 군집분석과 사후검정을 시행하였을 때 군집 1과 군집 2의 결과가 p-value = .05일 경우 다음과 같이 결론을 내릴 수 있다.
➡ 군집 1과 군집 2는 통계적으로 유의한 수준에서 다른 평균을 보이고 있다(p = .05).

2) 비계층적 군집분석 결과의 해석

① 비계층적 군집분석(non-hierarchical cluster analysis)과 분산분석 결과 변수 A의 p-value가 .05보다 클 경우 다음과 같이 결론을 내릴 수 있다.
➡ 변수 A는 군집 형성에 통계적으로 유의한 영향을 주지 않는다(p > .05).

② 비계층적 군집분석과 분산분석 결과 변수 A의 p-value가 .05보다 작을 경우 다음과 같이 결론을 내릴 수 있다.

⇒ 변수 A는 군집 형성에 통계적으로 유의한 영향을 줄 수 있다($p = .05$).

③ 비계층적 군집분석과 분산분석 결과 변수 A의 *p*-value가 가장 작고 변수 B의 *p*-value가 가장 큰 경우 다음과 같이 결론을 내릴 수 있다.

⇒ 군집 형성 시 변수 A의 영향이 가장 크고, 변수 B의 영향이 가장 작다.

■ 참고문헌

1. Antonenko, P. D., Toy, S. & Niederhauser, D. S. (2012). Using cluster analysis for data mining in educational technology research. *Education Tech Research Dev*, 60, 383-398.

2. Berthold, M. & Hand, D. J. (2007). *Intelligent Data Analysis*. Springer.

3. Han, M. S. & Oh, H. U. (2012). Categorization of traffic type according to Seoul-city administrative district using cluster analysis. *International Journal of Highway Engineering*, 14, 133-140.

4. Ki, S. J., Kang, J. H., Lee, Y. G., Lee, Y. S., Sthiannopkao, S. & Kim, J. H. (2009). Statistical assessment for spatio-temporal water quality in Angkor, Cambodia. *Water Science & Technology*, 59(11), 2167-2178.

5. Lattin, J., Carroll, J. D. & Green, P. E. (2003). *Analyzing Multivariate Data*. Thomson.

6. Nisbet, R., Elder, J. & Miner, G. (2009). *Handbook of Statistical Analysis and Data Mining Applications*. London: Academic Press.

7. Song, M. K. & Chang, H. (2010). Characterization of cities in Seoul metropolitan area by cluster analysis. 한국지형공간정보학회지, 18, 83-88.

8. SPSS Statistics Data Editor. Tutorial.

9. Townend, J. (2002). *Practical Statistics for Environmental and Biological Scientists*. Wiley.

10. Unno, T., Han, D., Jang, J., Lee, S. N., Ko, G. P., Choi, H. Y., Kim, J. H., Sadowsky, M. J. & Hur, H. G. (2009). Absence of escherichia coli phylogenetic group B2 strains in humans and domesticated animals from Jeonnam province, Repulic of Korea. *Applied and Environmental Microbiology*, 75(17) 5659-5666.

11. 노형진(2007). SPSS에 의한 다변량 데이터의 통계분석. 효산.

6부에서는 환경변수의 속성에 따라 발생하는 모니터링 데이터의 불확정성, 또는 그 데이터를 해석하는 과정에서 발생하는 불확정성을 정량화하고 해석하는 방법에 대해 알아본다.

- 15장 몬테카를로 시뮬레이션(Monte Carlo simulation)
- 16장 민감도 분석(sensitivity analysis)
- 17장 불확실성 분석(uncertainty analysis)

불확정성 정량화

15장

몬테카를로 시뮬레이션
Monte Carlo simulation

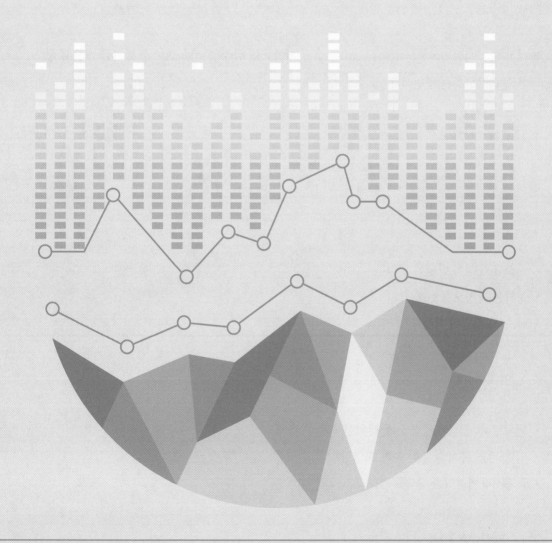

몬테카를로 시뮬레이션이란?

특정 환경 변화를 모의하는 데 있어 관련 변수 간의 관계가 확실한 경우, 확정모형(deterministic model)을 통해 정확한 예측치를 찾을 수 있다. 그러나 환경인자와 같이 다양하고 복잡한 불확정 모수를 가진 비선형 모델의 경우, 확정모형을 통해 값을 얻기 어렵다. 이러한 경우 수치방법(numerical method)을 이용한 확률모형(stochastic model)을 통해 해를 찾아야 한다. 확률모형의 입력 파라미터나 변수에 대해 수치방법을 반복적으로 시도하여 확률변수의 분포를 얻고, 이 분포를 시뮬레이션하기 위하여 이용하는 수치를 난수(random number)로부터 얻을 때, 이를 몬테카를로 시뮬레이션(Monte Carlo simulation)이라고 한다(Todd, 2010; Allen & Tildesley, 1987).

1-1 정의

몬테카를로 시뮬레이션은 확률(probability)을 기반으로 난수를 이용해서 반복적인 계산을 통해 시뮬레이션하는 방법이다.

1-2 제한 및 가정

임의의 모의분석을 수행하기 위해서는 다음과 같은 점에 주의하여 시뮬레이션을 설계해야 한다.

- 시스템 특성이 반영된 입력값
- 정확한 확정모형 설계
- 난수 생성 범위 설정

1-3 이해의 예

- 원자로 내 중성자 충돌 시뮬레이션
- 입자 거동 분석을 통한 분자 모델링
- 금융시장에서의 환율 예측 및 리스크 분석

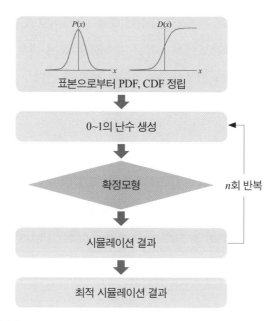

그림 15-1 임의의 모의분석방법

몬테카를로 시뮬레이션을 수행하기 위해서는 먼저 데이터에 대한 확률밀도함수(Probability Density Function, PDF)를 구하고, 이를 다시 누적분포함수(Cumulative Distribution Function, CDF)로 변환한다. 그림 15-1과 같이 0에서 1 사이의 난수를 생성하여 누적분포함수에 대응하는 입력값을 추출한다. 추출한 입력값은 확정모형을 통해 결과값을 예측한다. 난수를 생성하고 확정모형을 통해 계산하는 과정을 반복하여 신뢰구간(confidence interval)과 같은 통계값을 얻을 수 있다.

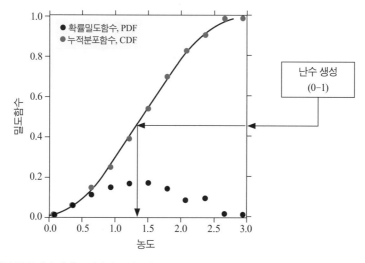

그림 15-2 밀도함수를 통해 수행되는 임의의 모의분석

앞서 설명한 확률밀도함수와 누적분포함수에 대해 더 알아보면, 확률밀도함수는 변수의 확률분포를 나타내며, 특정 구간 a에서 b까지 미소구간 dx에 대해 변수 x에 대한 예상값 $E(x)$는 식 (15.1)과 같다. 이때 확률밀도함수의 면적은 1이어야 한다.

$$E(x) = \int_a^b x f(x)\,dx \tag{15.1}$$

누적분포함수 $F(x)$는 확률밀도함수의 적분값으로, 확률변수 x의 확률적 분포를 표현하는 데 이용된다. 누적분포함수는 특성상 순증가함수 형태를 띠기 때문에 역함수를 통해 확률분포함수를 따르는 샘플링이 가능하다. 특정 구간 a에서 b까지 미소구간 dx에 대한 누적분포함수는 식 (15.2)와 같이 표현된다(Todd, 2010; Kim, 2007).

$$F(x) = \int_a^b f(x)\,dx \tag{15.2}$$

② 어떤 데이터에 왜 사용하는가?

몬테카를로 시뮬레이션은 환경 데이터와 같이 기상 및 지형적 특성 등 고려해야 하는 변수가 많고, 자유도가 높은 시스템을 시뮬레이션하는 데 사용된다. 자유도가 높은 시스템은 확정모형을 통해 결과값을 예측할 수 없는 경우가 많기 때문에, 통계적 확률모델을 이용하여 n개의 결과를 바탕으로 확률분포 및 특정값을 구할 수 있다. 또한 분석하려는 데이터가 부족한 경우, 임의의 모의분석을 통해 가능한 시뮬레이션 결과값을 도출하여 대상 시스템에 적용할 수 있다.

3 어떻게 결과를 얻는가?

몬테카를로 시뮬레이션의 결과는 여러 통계 프로그램(예: SPSS Statistics Base, SAS, R, MATLAB Econometrics toolbox 등)을 활용하여 얻을 수 있다. MATLAB의 경우 다음과 같은 예를 통해 결과를 확인할 수 있다.

3-1 MATLAB

MATLAB Econometrics toolbox를 통해 몬테카를로 시뮬레이션을 수행할 수 있으나, 임의의 모의분석의 경우에는 간단한 코드를 작성하여 결과를 얻을 수 있다. 'Ch 15_Monte-Carlo Simulation' 폴더에 있는 'GaussMCS.m' 파일은 가장 기본적인 가우스 분포(Gaussian distribution)를 이용한 임의의 모의분석으로, 코드는 다음과 같다. 분석은 1,000개의 표본을 이용하여 수행되었다.

```
close all; clear all; clc;

meanvalue=input('Type the mean value for Gaussian distribution: ');
stdvalue=input('Type the standard deviation value for Gaussian distribution: ');
upperlimit=meanvalue+5*stdvalue;
lowerlimit=meanvalue-5*stdvalue;
Xpdf=[lowerlimit:abs((upperlimit-lowerlimit)/99):upperlimit];
n=length(Xpdf);
Ygauss=zeros(n,1);
Ypdf=zeros(n,1);
Ycdf=zeros(n,1);
```

15장 몬테카를로 시뮬레이션(Monte Carlo simulation) 357

```
%% Gaussian Distribution
for i=1:n
Ygauss(i)=exp(-((Xpdf(i)-meanvalue)/stdvalue)^2/2)/
sqrt(2*pi*stdvalue^2);
end
SUMgauss=sum(Ygauss);


for i=2:n
    Ypdf(i)=Ygauss(i)/SUMgauss;
    Ycdf(i)=Ycdf(i-1)+Ypdf(i);
end


%% Monte Carlo Simulation
m=input('How many Monte Carlo Simulations you want: ' );


x=rand(n,m);                % Generate Random numvers
y=Xpdf';
z=Ycdf;
MCStable=zeros(n,n);
MCSresult=zeros(m,n);


for k=1:m
    xx=x(:,k)';
        for j=1:n
            for i=1:n-1
                if xx(j)>z(i) & xx(j)<=z(i+1)
                    MCStable(i+1,j)=y(i+1);
                end
            end
```

```
        end

    for j=1:n

            MCSresult(k,j)=sum(MCStable(:,j));

    end

    MCStable=zeros(n,n);

end

out=length(MCSresult(:,1));

numbersample=[1:1:100];

MCSoutput=MCSresult';


save MCSoutput.dat MCSoutput -ascii

plot(numbersample, MCSoutput);
```

위의 'GaussMCS.m' 파일을 열어 실행버튼을 누르면 command window에 그림 15-3과 같이 평균, 표준편차 및 임의의 모의분석의 횟수를 묻는 입력정보가 출력되고, 분석하고자 하는 데이터의 값들을 입력하게 된다.

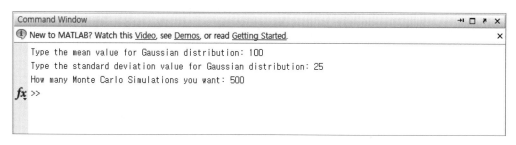

그림 15-3 MATLAB을 활용한 임의의 모의분석 실행 화면

상기에서 구성된 코드에 따라 그림 15-4와 같은 시뮬레이션 결과가 출력되고, 결과값은 'MCSoutput.dat' 파일로 저장된다.

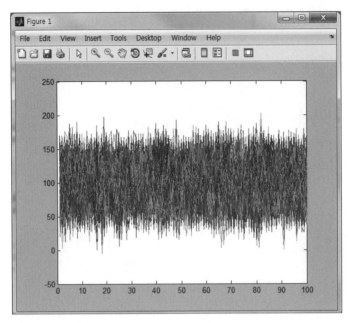

그림 15-4 MATLAB의 임의의 모의분석 결과

본 예제에서 수행된 총 500회의 임의의 모의분석 중 한 건에 대한 분석 결과는 다음과 같다.

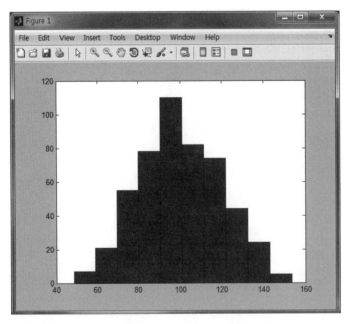

그림 15-5 MATLAB의 임의의 모의분석 결과 일부

4 어떻게 해석하는가?

임의의 모의분석을 통한 결과값들은 분포값으로 표현할 수 있으며, 그 분포는 또 다시 통계분석을 통해 민감도(sensitivity), 불확실성(uncertainty) 등이 시스템에 얼마나 영향을 미치는지 판단하는 데 활용된다. 민감도 및 불확실성은 다음 장에서 자세히 다룬다.

■ 참고문헌

1. Allen, M. P. & Tildesley, D. J. (1987). *Computer Simulation of Liquids*.
2. Kim, Nam-Il. (2007). *Statistical analysis of stochastic systems using Monte-Carlo method and Parallel programming*.
3. Todd, C. H. (2010). *Statistical Simulation – Power Method Polynomials and Other Transformations*.

16장

민감도 분석
sensitivity analysis

민감도 분석이란?

1-1 정의

민감도 분석은 모델을 통한 현상 해석 및 예측 결과값에 대한 불확실성을 정량적으로 판단하기 위한 방법이다(Saltelli et al., 2008). 예를 들어 하천의 수질 예측은 수질 모델 구축을 통해 이루어지는데, 수질 모델을 구성하는 모델 매개변수나 입력 데이터의 변동성에 따라 모델 예측 성능이 좌우된다(Choi et al., 1995). 따라서 합리적인 모델 구축이나 신뢰성 있는 시나리오 분석을 위해, 모델 매개변수나 입력 데이터 특성에 따른 수질 모델의 민감도 분석을 실시하고 그 결과를 반영한 모델 보정이 필수적이라 할 수 있다. 가장 일반적으로 사용되는 민감도 분석에는 매개변수 섭동(parameter perturbation)과 1차 민감도 분석(1st-order sensitivity analysis)이 있으며(Chapra, 1996), 그 외에 추가적으로 몬테카를로 분석 및 LH-OAT와 같은 분석법이 있다.

1-2 민감도 분석의 종류

1) 매개변수 섭동

섭동(perturbation)은 어떤 현상과 관련된 식이 복잡할 때 결과에 큰 영향을 미치지 않는 요소를 배제하여 계산을 단순하게 하는 것을 일컫는다. 호소에서 c 농도를 갖는 어떤 물질의 시간당 변화는 그와 관련된 수많은 매개변수와 관련되어 있다. 이에 대한 간단한 물질 균형식(mass balance equation)을 매개변수 섭동(parameter perturbation)과 1차 민감도 분석을 통해 나타내면 식 (16.1)과 같다(Chapra, 1996).

$$V\frac{dc}{dt} = Qc_{in} - Qc - kVc \tag{16.1}$$

정상상태(steady state)일 때 c는 식 (16.2)와 같이 표현된다.

$$c = \frac{Q}{Q+kV}c_{in} \tag{16.2}$$

식 (16.2)에서 c는 각 모델의 매개변수함수와 하중함수(forcing function, $c=f(Q, k, V, c_{in})$)이다. 따라서 매개변수 중 하나(예를 들어 k)에 대한 해의 종속성을 표현하는 방법으로 c와 k를 적용한 시각적 표현이 가능하다(그림 16-1).

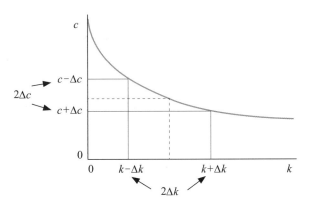

그림 16-1 모델 민감도 분석 평가를 위한 매개변수 섭동

식 (16.2)에 대해 한 개의 매개변수(예를 들어 k)에 대한 민감도 분석을 정량화하기 위해 식 (16.2)에 $k - \Delta k$와 $k + \Delta k$를 대체하여 $c(k - \Delta k)$와 $c(k + \Delta k)$를 계산하며, 예측 오차(error of the prediction)는 식 (16.3)과 같이 계산한다.

$$\Delta c = \frac{c(k + \Delta k) - c(k - \Delta k)}{2} \tag{16.3}$$

2) 1차 민감도 분석

1차 민감도 분석(1st-order sensitivity analysis)에는 민감도 측정 수단으로 매개변수와 관련된 도함수를 사용한다. 도함수를 유도하는 방법 중 하나는 식 (16.2)에 대해 1차 테일러 급수전개(1st-order Taylor-series expansion)를 적용하는 것이다. 예를 들어 forward와 backward 전개는 식 (16.4)와 (16.5)로 표현할 수 있다.

$$c(k + \Delta k) = c(k) + \frac{\partial c(k)}{\partial k} \Delta k \tag{16.4}$$

$$c(k - \Delta k) = c(k) - \frac{\partial c(k)}{\partial k} \Delta k \tag{16.5}$$

식 (16.4)에서 (16.5)를 빼면 식 (16.6)을 얻을 수 있다.

$$\Delta c = \frac{c(k+\Delta k) - c(k-\Delta k)}{2} = \frac{\partial c(k)}{\partial k}\Delta k \tag{16.6}$$

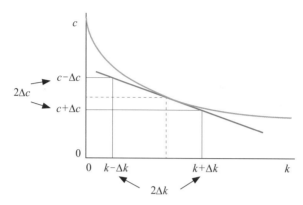

그림 16-2 모델 민감도 분석 평가를 위한 1차 민감도 분석

그림 16-2에서와 같이 직선 근사는 negative이며, k의 증가에 따라 c는 감소하게 된다. 매개변수 섭동과 1차 민감도 분석에 대한 세분할(refinement)은 조건 수(Condition Numbers, CN)와 같은 결과로 표현하기 위한 것이다. 조건 수는 인자의 변화가 함수에 어느 정도 변화를 주는가를 알려준다. 선형관계 $Ax=b$에서 solution 벡터 x에서 오차가 발생했을 때 b의 작은 변화가 x에 큰 변화를 주면 오차가 크다고 할 수 있다. 조건 수를 통한 1차 민감도 분석은 식 (16.6)의 양측을 c로 나누어줌으로써 유도할 수 있다. 우측 항에 $1/k$을 곱하면 식 (16.7)과 같이 표현된다.

$$\frac{\Delta c}{c} = CN_k\frac{\Delta k}{k} \tag{16.7}$$

여기서, CN_k는 매개변수 k에 대한 조건 수이며, 식 (16.8)과 같이 표현된다.

$$CN_k = \frac{k}{c}\frac{\partial c}{\partial k} \tag{16.8}$$

식 (16.7)은 조건 수가 매개변수의 상대오차를 예측 상대오차로 전달하는 전달함수 역할을 하는 것을 의미한다. 이 유도는 1차 민감도 분석에 대한 것이지만, 섭동분석에도 적용할 수 있다. 그러나 이 경우에는 식 (16.9)와 같은 매개변수 k에 대한 이산형 도함수가 사용된다.

$$CN_k = \frac{k}{c} \frac{\Delta c}{\Delta k} \tag{16.9}$$

3) 몬테카를로 분석

몬테카를로 분석(Monte Carlo analysis, MC)은 모델 관련 변수들의 확률로 민감도를 측정하는 방법이다. 각 가용 매개변수들의 값 전체 범위를 고려하는 것이 아니라, 모델 변수 각각의 확률분포로부터 선택된 값을 통하여 민감도를 분석한다. 각각의 매개변수 X_1, X_2, X_n의 확률분포로부터 random sampling을 통해 모델에 적용할 매개변수를 선정하고, 모델의 출력값으로부터 민감도를 계산한다(그림 16-3).

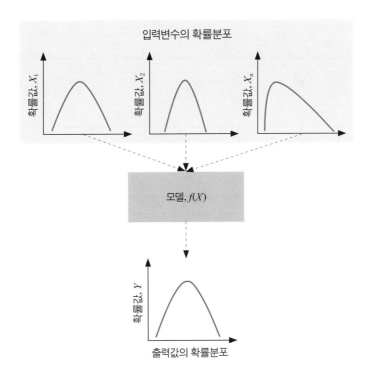

그림 16-3 몬테카를로 분석 예시 그림

4) LH-OAT 분석

LH-OAT(latin-hypercube one factor at a time) 분석은 모델 관련 변수들의 전체 범위에 해당하는 값으로 민감도를 측정하는 방법이다(그림 16-4). LH-OAT는 전역(global) 민감도 분석과 부분(partial) 민감도 분석의 장점을 조합하여 가용 매개변수의 전체적인 민감도를 분석한다. 아래 그림을 살펴보면, 몬테카를로 방법과 달리 각각의 매개변수(X_1, X_2)의 전체적인 영역으로로부터 매개변수값들을 산정한 후 모델에 적용하여 출력값을 통한 민감도를 분석한다.

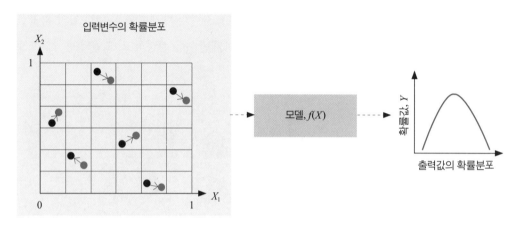

그림 16-4 LH-OAT 분석 예시 그림

② 어떤 데이터에 왜 사용하는가?

민감도 분석은 과학적이고 신빙성 있는 모델을 구축하기 위해 하는 분석이며, 주로 다음 두 가지 목적을 위해 적용된다.

(1) 모델의 보정(calibration)과정에서 필요한 모델 매개변수의 중요성을 결정하는 데 적용

예를 들어 하천의 수질을 예측하기 위해서는 다수의 모델 입력자료와 함께 해당 오염물질의 이동 및 반응을 결정하는 모델 매개변수가 필요하다. 일반적으로 모델의 매개변수는 해당 오염물질의 lab-scale 실험을 통하여 얻어지는데, 분석하고자 하는 시스템이 복잡하고 그에 따른 수질모델이 복잡해질수록 다수의 모델 매개변수가 필요하다. 즉 적용해야 할 매개변수의

수가 많을수록 그 값을 산정하는 데 많은 시간과 노력이 소요된다. 따라서 모델의 매개변수에 대한 민감도 분석을 통하여 불필요한 모델 매개변수 선정 시간을 줄이고, 효율적인 모델 구축 및 신뢰성 있는 모델 예측 성능을 유도해야 한다(Lee, 2006; Muleta & Nicklow, 2005).

이 외에도 모델링을 통해 시스템을 해석할 때 민감도 분석을 이용하여 중요한 결과를 도출할 수 있다. SWAT 모델을 예로 들면, 유역으로부터의 유출량은 모델에서 필요로 하는 다수의 수문 관련 모델 매개변수를 통하여 산정된다. 하지만 유역의 복잡성(다양한 토지 이용 형태, 수치 고도, 토양 특성 등)을 고려해 볼 때 유출량에 영향을 미치는 요소들을 정확하게 해석하기는 쉽지 않다. 따라서 해당 유역을 유출 측면에서 과학적으로 해석하고 특성을 파악하기 위해 유출량에 영향을 주는 주요 모델 매개변수를 분석하는 것이 합리적인 대안이 될 수 있다(Han & Yang, 2009; Kim et al., 2007). Cho et al.(2010a)과 Cho et al.(2010b)의 연구에서는 하천에서의 박테리아 모델 구축과정에서 모델 매개변수의 민감도 분석을 통해 박테리아 거동 현상을 해석하였다.

⑵ 보정 후 모델링을 통해 여러 가지 시나리오 분석에 활용하기 위한 모델 매개변수나 입력자료 영향 분석

모델 예측값은 모델을 구성하는 입력자료들의 변화 정도에 따라 각각 다른 값을 보이게 된다. 앞서 언급한 모델 매개변수에 의한 예측 대상의 특징 분석과 함께 입력자료에 의한 예측값의 변화 특성 분석은 실제 모델의 시나리오 적용이나 영향인자 해석에 중요한 역할을 담당한다. 예를 들어 유역의 수문을 해석하는 데 있어 관련 입력자료들(예: 기온, 강수량 및 증발산량 등)의 변화는 유출량 산정에 결정적인 영향을 미친다. 이런 경우 유출에 영향을 주는 주요 입력자료들을 민감도 분석을 통하여 결정하고, 그 결과를 바탕으로 새로운 입력자료 시나리오를 적용한 후 향후 발생할 수 있는 유역에서의 주요 유출량 변화 현상들을 해석할 수 있게 된다(Jung et al., 2008; Gassman et al., 2007).

한편, 입출력 데이터에 의존하는 통계모델의 경우 입력 데이터와 출력 데이터의 관계에 따라 모델이 결정되는데, 이때 입력 데이터가 출력 데이터 예측에 차지하는 관계 해석이 중요하다. 여러 통계 모델이 적용될 경우, 각각의 모델에서 입력 데이터 항목에 따른 민감도 분석 결과는 모델 성능을 비교할 수 있는 중요한 잣대로 적용될 수 있다. 즉, 모델 간 예측 성능이 비슷할지라도 입력 데이터와 출력 데이터 간에 실제 물리적 관계성을 제대로 반영하고 있는지의 여부는 민감도 분석을 통해서만 분석할 수 있다. Cho et al.(2011)의 연구에서는 비소를 예측하기 위해 6개 입력항목을 이용해 두 가지 통계 모델링을 적용하였으며, 각 모델의 예측 성능과 함께 입력자료의 민감도 분석을 통해 모델 비교 우위를 분석하였다.

 3 어떻게 결과를 얻는가?

민감도 분석을 위해 구축되는 모델의 특성에 따라 다양한 방법을 이용할 수 있다. 16장에서는 다중회귀모델(Multiple Linear Regression, MLR)로부터 입력자료(pH, DO, SS, NO₃-N, 수온, PO₄-P)를 활용하여 클로로필-a 예측 모델을 구축하고, 각각의 입력자료에 따른 모델의 민감도 분석을 MATLAB 프로그램에 적용하였다. MLR 모델의 입력변수 및 출력변수는 인공호수 중앙 지점에서 측정된 월별 수질자료를 활용하였다.

3-1 MATLAB

1) 몬테카를로 분석

'Ch 16_Sensitivity Analysis' 폴더에 있는 예제파일 'YSR1_WQ.xlsx'의 데이터를 불러온 후 모델의 입력변수(input)와 출력변수(output)로 구분하여 정리한다. 입력변수 항목은 'pH', 'DO'(용존산소), 'SS'(부유물질), 'NO3'(질산성 질소), 'Temp'(수온), 'PO4'(인산염) 등 총 6개로 구성되어 있다. 출력변수는 클로로필-a 농도이다.

```
close all; clear all; clc;
[a b c] = xlsread('YSR1_WQ.xlsx');

%% Defining Input and output dataset
Input = a(:,1:6);
Output = a(:,7);

Min_in = min(Input); Max_in = max(Input);
```

다음 과정으로, 입력변수값을 모델에 적용하기 전 −1과 1 사이의 값으로 변환한다. 이는 모델을 구축하는 과정에서 입력변수와 출력변수의 상관성에 의해 입력변수의 절대 크기에 따라 모델 결과가 왜곡되는 것을 방지하기 위함이다.

```
%% Normalization of inpu data
% All values in Normal_input data is range from -1 to 1.
for i = 1:size(Input,2)
    Normal_input(:,i) =
-1+(Input(:,i)-Min_in(i))./(Max_in(i)-Min_in(i))*2;
end
```

준비된 입력변수(Normal _ input)와 출력변수(Output)로부터 다중회귀(regress)를 진행하고 회귀계수(Coeff)를 산정한다.

```
%% Calculating regression coefficient at MLR model
% Eqn: Chl-a = a0+a1*pH+a2*DO+a3*SS+a4*NO3+a5*temp+a6*PO4
Coeff = regress(Output,[ones(size(Input,1),1) Normal_input]);

% Arrangement of coefficient at MLR model
a0 = Coeff(1); a1 = Coeff(2); a2 = Coeff(3); a3 = Coeff(4); a4 =
Coeff(5);
a5 = Coeff(6); a6 = Coeff(7);
```

산정한 회귀계수로부터 클로로필-a 농도를 계산하고, 측정된 클로로필-a 농도와 비교하여 예측 성능을 계산한다. 아래의 NSE는 Nash-Sutcliffe 계수(Nash-Sutcliffe model efficiency coefficient)를 계산하기 위한 부속 코드이다.

```
%% Check predicted and measured chl-a conc
% Calculating predicted chl-a concentration
Pre_chla =
a0+a1*Normal_input(:,1)+a2*Normal_input(:,2)+a3*Normal_
input(:,3)...
    +a4*Normal_input(:,4)+a5*Normal_input(:,5)+a6*Normal_
input(:,6);


% Checking performance based on Nash-Sutcliffe model efficiency
NS_val = NSE(Pre_chla,Output);
```

다음으로 구축된 MLR 모델과 몬테카를로 방법을 활용하여 입력변수의 변화에 따른 모델의 민감도를 분석한다. 첫 번째 과정으로 입력변수 6개 항목에 대한 누적분포함수 (cumulative density function, cdf)를 계산한다.

```
%% Calcuating empirical CDF of input data set
[f1,x1] = ecdf(Input(:,1));              % pH
[f2,x2] = ecdf(Input(:,2));              % DO
[f3,x3] = ecdf(Input(:,3));              % SS
[f4,x4] = ecdf(Input(:,4));              % NO3
[f5,x5] = ecdf(Input(:,5));              % Temp
[f6,x6] = ecdf(Input(:,6));              % PO4
```

계산된 cdf로부터 아래의 코드를 활용하여 무작위 샘플링을 실시한다.

```
%% Picking up input dataset randomly based on each parameter's
CDF
n = 10000;

% pH data set
for i=1:n
    if i == 1
        pick_p = rand(1);
        for k = 1:size(f1,1)-1
            if pick_p > f1(k) && pick_p <= f1(k+1)
            MCS_1(i,1) = x1(k+1);
        end
    end


    for k = 1:size(f2,1)-1
        if pick_p > f2(k) && pick_p <= f2(k+1)
            MCS_1(i,2) = x2(k+1);
        end
    end


    for k = 1:size(f3,1)-1
        if pick_p > f3(k) && pick_p <= f3(k+1)
            MCS_1(i,3) = x3(k+1);
        end
    end


    for k = 1:size(f4,1)-1
        if pick_p > f4(k) && pick_p <= f4(k+1)
            MCS_1(i,4) = x4(k+1);
        end
```

```
        end


        for k = 1:size(f5,1)-1
            if pick_p > f5(k) && pick_p <= f5(k+1)
                MCS_1(i,5) = x5(k+1);
            end
        end


        for k = 1:size(f6,1)-1
            if pick_p > f6(k) && pick_p <= f6(k+1)
                MCS_1(i,6) = x6(k+1);
            end
        end


    else
        pick_p = rand(1);
        for k = 1:size(f1,1)-1
            if pick_p > f1(k) && pick_p <= f1(k+1)
                MCS_1(i,1) = x1(k+1);
            end
        end
        MCS_1(i,2) = MCS_1(1,2);
        MCS_1(i,3) = MCS_1(1,3);
        MCS_1(i,4) = MCS_1(1,4);
        MCS_1(i,5) = MCS_1(1,5);
        MCS_1(i,6) = MCS_1(1,6);
    end
end
```

[※ 'DO', 'SS', 'NO3', 'TEMP', 'PO4'에 대해서도 부록과 실습파일을 참고하여 동일 작업을 수행한다.]

무작위로 추출된 입력 데이터들은 모델로 입력하기 전 –1과 1 사이의 값으로 변환한다.

```
%% Normalization of input data
% pH
for j = 1:size(Input,2)
    Normal_MCS_1(:,j) =
-1+(MCS_1(:,j)-Min_in(j))./(Max_in(j)-Min_in(j))*2;
end
```

[※ 'DO', 'SS', 'NO3', 'TEMP', 'PO4'에 대해서도 부록과 실습파일을 참고하여 동일 작업을 수행한다.]

변환된 입력 데이터는 모델에 적용하고, 각각의 조건으로부터 산정된 클로로필-a 농도값을 산정한다. 각 입력변수의 변화로 인해 산정된 클로로필-a 농도 데이터로 표준편차를 계산한 후 입력변수 종류에 따른 크기 비교를 통해 모델에서의 민감도를 산정한다.

```
%% Simulation of MLR based on MCS input condition
% pH
Pre_chla_MCS_1 =
a0+a1*Normal_MCS_1(:,1)+a2*Normal_MCS_1(:,2)+a3*Normal_
MCS_1(:,3)...
    +a4*Normal_MCS_1(:,4)+a5*Normal_MCS_1(:,5)+a6*Normal_
MCS_1(:,6);

Std_MCS_1 = std(Pre_chla_MCS_1);
```

[※ 'DO', 'SS', 'NO3', 'TEMP', 'PO4'에 대해서도 부록과 실습파일을 참고하여 동일 작업을 수행한다.]

```
%% Check rank(1 pH, 2 DO, 3 SS, 4 NO3, 5 Temp, 6 PO4)
Std_MCS_tot = [Std_MCS_1 Std_MCS_2 Std_MCS_3 Std_MCS_4 Std_MCS_5
Std_MCS_6];
```

2) LH-OAT 분석

몬테카를로 방법과 마찬가지로 데이터를 불러온 후 모델의 입력변수와 출력변수로 구분하여
정리한다. 입력변수 항목은 'pH', 'DO', 'SS', 'NO3', 'Temp', 'PO4' 등 총 6개로 구성되어 있
다. 출력변수는 클로로필-a 농도이다.

```
close all; clear all; clc;
[a b c] = xlsread('YSR1_WQ.xlsx');


%% Defining Input and output dataset
Input = a(:,1:6);
Output = a(:,7);


Min_in = min(Input); Max_in = max(Input);
```

다음으로, 입력변수값을 모델에 적용하기 전에 −1과 1 사이의 값으로 변환한다. 이는 모델
을 구축하는 과정에서 입력변수와 출력변수의 상관성에 의해 입력변수의 절대 크기에 따라
모델 결과가 왜곡되는 것을 방지하기 위함이다.

```
%% Normalization of input data
% All values in Normal_input data is range from -1 to 1.
for i = 1:size(Input,2)
    Normal_input(:,i) =
-1+(Input(:,i)-Min_in(i))./(Max_in(i)-Min_in(i))*2;
end
```

준비된 입력변수(Normal _ input)와 출력변수(Output)로부터 다중회귀(regress)를 진행하고 회귀계수(Coeff)를 산정한다.

```
%% Calculating regression coefficient at MLR model
% Eqn: Chl-a = a0+a1*pH+a2*DO+a3*SS+a4*NO3+a5*temp+a6*PO4
Coeff = regress(Output,[ones(size(Input,1),1) Normal_input]);

% Arrangement of coefficient at MLR model
a0 = Coeff(1); a1 = Coeff(2); a2 = Coeff(3); a3 = Coeff(4); a4 =
Coeff(5);
a5 = Coeff(6); a6 = Coeff(7);
```

산정된 회귀계수로 클로로필-a 농도를 계산하고, 측정 클로로필-a 농도와 비교하여 예측 성능을 계산한다. 아래의 NSE는 Nash-Sutcliffe model efficiency 방법을 나타낸 것이다.

```
%% Check predicted and measured chl a conc
% Calculating predicted chl a concentration
Pre_chla =
a0+a1*Normal_input(:,1)+a2*Normal_input(:,2)+a3*Normal_
input(:,3)...
    +a4*Normal_input(:,4)+a5*Normal_input(:,5)+a6*Normal_
input(:,6);

% Checking performance based on Nash-Sutcliffe model efficiency
NS_val = NSE(Pre_chla,Output);
```

다음으로, 구축된 MLR 모델과 LH-OAT 방법을 활용하여 입력변수의 변화에 따른 모델의 민감도를 분석한다. 첫 번째 과정으로 입력변수 6개 항목에 대한 LH 샘플링을 진행한다.

```
%% Information of LH sampling

n = 10000;

frt = 0.1;                              % fraction


%% Making random input datasets using LH sampling

Range_variable = [Min_in' Max_in'];


pn = size(Range_variable,1);

its =(Range_variable(:,2)-Range_variable(:,1))./n;

Ih = Rptc(Range_variable(:,1),n)+Rptr(1:n,pn).*Rptc(its,n);


for i = 1:pn

    Ih(i,:) = Ih(i,randperm(n));

end


Ih = Ih-rand(pn,n).*Rptc(its,n);
```

샘플링된 입력 데이터들은 MLR 모델에 적용하여 부분 민감도(partial sensitivity)를 계산한다. 부분 민감도는 항목별로 바뀐 입력변수 데이터들을 모델에 적용하여 클로로필-a 농도값을 계산하는데, 각각의 OAT 데이터의 기준 클로로필-a 농도값과 항목별로 바뀐 값이 적용된 클로로필-a 농도값을 활용하여 부분 민감도를 계산하게 된다. 본 예시에서 사용된 부분 민감도 계산방법은 van Griensven et al.(2006)에서 적용된 것을 이용하였다.

```
%% Simulation of MLR by LH input datasets with OAT

for i = 1:n

    % Making OAT input data sets

    oat = Rptc(Ih(:,i),pn+1);

    sgn = 0.5-rand(pn,1);
```

```matlab
    sgn = sgn./abs(sgn);
    for j = 1:pn
        oat(j,j+1) = oat(j,j+1)*(1+sgn(j)*frt);
        oat(j,j+1) = max(oat(j,j+1),Range_variable(j,1));
        oat(j,j+1) = min(oat(j,j+1),Range_variable(j,2));
    end


    % Normalization of input
    for j = 1:size(Input,2)
        Normal_oat(j,:) =
-1+(oat(j,:)-Min_in(j))./(Max_in(j)-Min_in(j))*2;
    end


    % Simulation of model
    for j = 1:pn
        real_f = abs(oat(j,j+1)-oat(j,1))/(its(j)*n);


        Pre_chla_2(i,j) =
a0+a1*Normal_oat(1,j+1)+a2*Normal_oat(2,j+1)+a3*Normal_
oat(3,j+1)...
        +a4*Normal_oat(4,j+1)+a5*Normal_oat(5,j+1)+a6*Normal_
oat(6,j+1);
        if j == 1
            Pre_chla_1(i,j) =
a0+a1*Normal_oat(1,1)+a2*Normal_oat(2,1)+a3*Normal_oat(3,1)...
        +a4*Normal_oat(4,1)+a5*Normal_oat(5,1)+a6*Normal_oat(6,1);
        else
            Pre_chla_1(i,j) = Pre_chla_1(i,1);
        end
```

```
        Partial_sens(i,j) =
100/real_f*abs((Pre_chla_2(i,j)-Pre_chla_1(i,j))/((Pre_
chla_2(i,j)+Pre_chla_1(i,j))/2));

        disp(sprintf('\nLH = %5d, OAT = %5d',i,j));

    end

end


%% Check rank(1 pH, 2 DO, 3 SS, 4 NO3, 5 Temp, 6 PO4)

Ave = mean(Partial_sens); % 2 > 6 > 5 > 1 > 3 > 4

Std_partial_sens = std(Partial_sens);
```

 ## 4 어떻게 해석하는가?

민감도 분석 결과에 대한 해석은 사용자 목적에 따라 다른 기준으로 해석할 수 있다. 일반적
으로 민감도 분석 최종 결과는 분석에 적용된 변수항목의 민감도 순위로 결정된다. 예를 들
어 위의 몬테카를로 방법과 LH-OAT 분석에 의한 결과는 6개 수질항목(pH, DO, SS, NO_3,
Temp, PO_4) 중 클로로필-a 농도 예측에 가장 영향을 많이 주는 항목순으로 정리할 수 있다.

먼저 몬테카를로 방법을 이용한 결과를 살펴보면, 총 10,000가지의 무작위 표본에서 산정
된 입력 데이터로부터 클로로필-a 농도를 계산한 후 6개의 항목별로 클로로필-a 농도 변화 양
상을 기준으로 표준편차를 산정하였다. 결과는 표 16-1과 같이 용존산소가 클로로필-a 농도
에 가장 큰 영향을 미치는 것으로 나타났다. 그에 반해 LH-OAT의 경우 인산염 인이 가장 민
감한 입력변수로 나타났다.

표 16-1 몬테카를로 방법과 LH-OAT를 활용한 MLR 입력변수의 민감도 분석 결과

순위	입력변수 항목		민감도 기준값	
	MC	LH-OAT	MC (표준편차)	LH-OAT (부분 민감도)
1	용존산소	인산염 인	2.93	220.53
2	인산염 인	용존산소	2.82	171.71
3	수온	pH	2.73	119.86
4	pH	수온	1.62	114.32
5	질산성 질소	질산성 질소	0.62	109.95
6	부유물질	부유물질	0.44	52.37

■ 참고문헌

1. Chapra, S. C. (1996). *Surface Water Quality Modeling.*

2. Cho, K. H., Cha, S. M., Kang, J. H., Lee, S. W., Park, Y., Kim, J. W. & Kim, J. H. (2010a). Meteorological effects on the levels of fecal indicator bacteria in an urban stream: A modeling approach. *Water Research*, 44, 2189-2202.

3. Cho, K. H., Pachepsky, Y. A., Kim, J. H., Guber, A. K., Shelton, D. R. & Rowland, R. (2010b). Release of Escherichia coli from the bottom sediment in a first-order creek: Experiment and reach-specific modeling. *Journal of Hydrology*, 391, 322-332.

4. Cho, K. H., Sthiannopkao, S., Pachepsky, Y. A., Kim, K. W. & Kim, J. H. (2011). Prediction of contamination potential of groundwater arsenic in Cambodia, Laos, and Thailand using artificial neural network. *Water Research*, 45, 5535-5544.

5. Choi, H. S., Park, T. J. & Heo, J. S. (1995). Application of QUAL2E model to water quality prediction of the Nam River. *Korean Journal of Environmental Agriculture*, 14(1), 7-14.

6. Gassman, P. W., Reyes, M. R., Green, C. H. & Arnold, J. G. (2007). The soil and water assessment tool: Historical development, applications, and future research directions. *Transactions of the ASABE*, 50(4), 1211-1250.

7. Han, W. K. & Yang, S. K. (2009). A runoff simulation using SWAT model depending on changes to land use in Jeju Island. *Journal of the Environment Sciences*, 18(9), 1057-1063.

8. Jeong, S. M., Seo, H. D., Kim, H. S. & Han, K. H. (2008). Sensitivity assessment on Daecheong dam basin streamflows according to the change of climate components-based on the 4th IPCC report. *Journal of Korea Water Resource Association*, 41(11), 1095-1106.

9. Kim, B. H., Kim, S., Lee, E. T. & Kim, H. S. (2007). Methodology for estimating ranges of SWAT model parameters: Application to Imha lake inflow and suspended sediments. *KSCE Journal of Civil Engineering*, 27(6), 661-668.

10. Muleta, M. K. & Nicklow, J. W. (2005). Sensitivity and uncertainty analysis coupled with automatic calibration for a distributed watershed model. *Journal of Hydrology*, 306(1-4), 127-145.

11. Lee, D. H. (2006). Automatic calibration of SWAT model using LH-OAT sensitivity analysis and SCE-UA optimization method. *Journal of Korea Water Resource Association*, 39(8), 677-690.

12. Saltelli, A., Ratto, M., Andres, T., Campolongo, F., Cariboni, J., Gatelli, D., Saisana, M. & Tarantola, S. (2008). *Global Sensitivity Analysis: The Primer.* John Wiley & Sons.

13. van Griensven, A., Meixner, T., Grunwald, S., Bishop, T., Diluzio, M. & Srinivasan, R. (2006). A global sensitivity analysis tool for the parameters of multi-variable catchment models. *Journal of Hydrology*, 324, 10-23.

17장

불확실성 분석
uncertainty analysis

1 불확실성 분석이란?

일반적으로 측정 결과값이란 특정 물질의 양을 정량화한 측정값 혹은 근사값을 의미한다. 따라서 해당 측정 결과는 측정 과정의 불확실성에 대한 정량적 기술이 함께 설명되어야 완벽한 분석 결과라고 할 수 있다(NIST, 1994). 이러한 측정 결과에 대한 불확실성 분석은 측정 결과에 따른 분석 및 해석에 대한 정확한 결론, 현상에 대한 규명, 모델의 보정 및 적용 등에 필요한 과정이다(Eisenhart, 1963). 특히, 측정 결과의 최종값이 다수의 요인들에 의해 함수의 형태로 결정되며 해당 요인들이 직접적으로 측정되는 것이 아니라 다양한 형태로부터 대체되는 값이라면, 각각의 요인들로부터 발생되는 불확실성은 최종값을 결정하기 위한 함수의 연산과정에서 최종값의 불확실성을 증폭시킬 수 있다. 따라서 불확실성 분석은 측정 결과의 불확실성에 대한 원인 분석, 해당 불확실성을 보정하기 위한 보정계수의 적용 및 보정 결과의 비교 분석 등을 수행하는 일련의 과정을 통칭한다고 할 수 있다. 또, 이러한 불확실성 분석 결과는 서로 다른 개별적인 측정 결과 사이의 비교 분석에 도움을 준다.

1-1 정의

불확실성 분석은 데이터의 유효성 및 정확성을 정량화하기 위한 일련의 과정을 의미한다.

1-2 제한 및 가정

불확실성 분석을 수행하기 위한 기본 전제조건은 다음과 같다.

- 측정기기는 올바르게 설치되었으며, 고정적으로 발생하는 오차를 제거하기 위한 기기 보정이 정상적으로 수행되었다.
- 기기 운용 과정은 적합한 체계 아래 수행되었으며, 측정 결과의 변동 양상은 정해진 범위 안에 존재한다.
- 측정 결과의 생성 및 기록에 대한 관리를 통해 불확실성에 기여하는 오차는 random error 만 남게 한다.

1-3 용어의 정의

1) 오차(error)

실제값과 측정값 사이의 차이. 이상적으로 개념화된 개별값으로 표현되지만 실제 오차는 정확하게 알 수 없다.

2) 불확실성(uncertainty)

미지의 오차에 대한 객관적 가능성에 대한 기술. 오차가 발생할 것으로 예상되는 범위라고 할 수 있다.

3) 정확도(accuracy)

실제값에 대한 측정값의 근접도. 실제값과 측정값 사이의 % 비율로 표현된다.

4) 정밀도(precision)

반복적으로 측정된 측정값 사이의 근접도. 상대적 표준편차(relative standard deviation)로 표현된다.

1-4 이해의 예

- 박테리아 분석 키트(kit)를 활용한 박테리아 계수과정에서 발생할 수 있는 불확실성 분석
- 기기 보정기간에 따른 유량계의 측정 결과에 대한 불확실성 부여
- 기상 측정기기의 기상 측정 항목별 정밀도 및 불확실성 분석

1-5 불확실성 분석 종류

측정과정에서 정밀하고 과학적인 분석과정이 수행되었다 하더라도 모든 측정 결과는 불확실성을 내포하고 있다. 이러한 정량값 Y에 대한 불확실성 $u(Y)$를 식으로 나타내면 다음과 같다.

$$u(Y) \geq \left| \frac{y^*}{y} - 1 \right| \tag{17.1}$$

여기서, y^*: 실제값

y: 측정값

이러한 불확실성은 표준 불확실성(standard uncertainty)과 합성 표준 불확실성(combined standard uncertainty)으로 분류할 수 있다. 표준 불확실성은 개별 측정 결과 X_i에 대한 불확실성 $u(X_i)$라 할 수 있다. 이는 표준편차와 같은 통계적 방법에 의해 평가되거나(Type A) 기존의 측정 결과와 같은 비교 가능한 관련 자료를 이용한 과학적 판단에 의해 평가될(Type B) 수 있다.

1) Type A 표준 불확실성 평가

Type A 표준 불확실성 평가는 데이터를 처리할 때 일련의 독립된 반복 관측값의 평균에 대한 표준편차 계산과 같은 유효한 통계적 방법을 기반으로 한다. 예를 들어, 동일한 측정조건에서 얻어진 n개의 독립적 반복 관측값 $X_{i,k}$로부터 산정된 입력량 X_i에 대해 Type A 표준 불확실성을 계산한다고 하면 input estimate(x_i)는 일반적으로 표본평균이고, x_i와 연관된 표준 불확실성 $u(x_i)$는 평균으로부터 산정된 표준편차이다. 이를 식으로 나타내면 식 (17.2), (17.3)과 같다(NIST, 1994).

$$x_i = \overline{X_i} = \frac{1}{n} \sum_{k=1}^{n} X_{i,k} \tag{17.2}$$

$$u(x_i) = s(\overline{X_i}) = \left(\frac{1}{n(n-1)} \sum_{k=1}^{n} (X_{i,k} - \overline{X_i})^2 \right)^{1/2} \tag{17.3}$$

> **문제 1** 낙동강 A지점에서 TSS가 32, 37, 33, 35, 36, 34, 35, 33, 36, 32, 33, 36, 35, 34 mg/L로 측정되
> 었을 때, Type A의 표준 불확실성을 구하라.

    답 ① 샘플 측정 수: 14

        ② 평균: 34.36

        ③ 자유도: 13

        ④ 분산: 2.5549

        ⑤ $u(x_i) = \left(\dfrac{2.5549}{14} \right)^{0.5} = 0.427 \, \text{mg/L}$ ■

2) Type B 표준 불확실성

Type B 표준 불확실성 평가는 일반적으로 다음의 이용 가능한 정보를 활용한 과학적인 판
단을 기반으로 한다(NIST, 1994).

- 이전 측정 자료
- 대상물질 및 기기의 특성과 일반적 지식 또는 경험
- 제조사의 기술 설명서
- 보정 시 제공된 자료 또는 관련 보고서
- 핸드북에서 제시된 관련 참고자료의 불확실성 정보

    예를 들어, 상극한(upper limit) a_+와 하극한(lower limit) a_- 사이 구간의 장방형 확률분포
(rectangular probability distribution)로부터 산정된 입력량 X_i에 대해 Type B 표준 불확실성을
계산하면, input estimate(x_i)는 일반적으로 분포예측(expectation of the distribution)이고, x_i와
연관된 표준 불확실성 $u(x_i)$는 평균으로부터 산정된 표준편차이며 식 (17.4), (17.5)와 같이 표
현된다.

$$x_i = \frac{(a_+ + a_-)}{2} \tag{17.4}$$

$$u(x_i) = \frac{a}{\sqrt{3}} \tag{17.5}$$

여기서, $a = \dfrac{(a_+ - a_-)}{2}$ 이다.

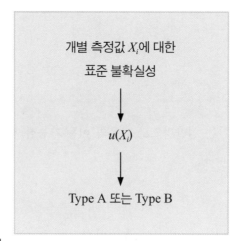

그림 17-1 표준 불확실성의 개념

3) 합성 표준 불확실성

어떤 실험을 통해 얻은 측정 결과에 대한 합성 표준 불확실성(combined standard uncertainty)은 측정 결과로부터 산정된 표준편차로 표현된다(NIST, 1994). 합성 표준 불확실성(u_c)은 Type A 또는 Type B의 불확실성으로부터 개별 표준 불확실성(u_i)과 공분산의 결합에 의해 얻어지며, 이러한 합성 표준 불확실성의 경우 불확실성 증폭의 법칙(Law of Propagation of Uncertainty, LPU)에 의해 평가될 수 있다. 정량적으로 평가된 결과값 Y가 구체적으로 다음과 같은 개별 X_i로 구성된 함수 형태의 계산 결과일 경우 Y는 식 (17.6)과 같이 나타낼 수 있다(NIST, 1994).

$$Y = f(x_1, x_2, \cdots, x_i, \cdots, x_N) \tag{17.6}$$

Y의 합성 표준 불확실성은 식 (17.7)과 같이 LPU에 의해 평가될 수 있다(Badalyan, 2012).

$$u_c^2(Y) = \sum_{i=1}^{N} u^2(X_i)\left(\frac{\partial f}{\partial X_i}\right)^2 + 2\sum_{i=1}^{N-1}\sum_{j=i+1}^{N} u(X_i,\ X_j)\left(\frac{\partial f}{\partial X_i}\right)\left(\frac{\partial f}{\partial X_j}\right) \qquad (17.7)$$

식 (17.7)은 식 (17.6)의 1차 테일러 급수 근사(Taylor-series approximation)를 기반으로 하고 있으며, 앞서 언급한 불확실성 증폭의 법칙(LPU)이라고 부른다.

식 (17.7)에서 $\sum_{i=1}^{N} u^2(X_i)$는 Type A 또는 Type B의 표준 불확실성, $\left(\frac{\partial f}{\partial X_i}\right)^2$은 민감도계수 (변수의 민감도), $2\sum_{i=1}^{N-1}\sum_{j=i+1}^{N} u(X_i, X_j)\left(\frac{\partial f}{\partial X_i}\right)\left(\frac{\partial f}{\partial X_j}\right)$는 X_i 및 X_j와 연관된 공분산(covariance) 관련항 이며, X_i와 X_j가 상호간에 연관이 없다면 무시할 수 있다. 따라서 최종적으로 LPU는 다음과 같이 정리할 수 있다.

$$u_c^2(Y) = \sum_{i=1}^{N} u^2(X_i)\left(\frac{\partial f}{\partial X_i}\right)^2 \qquad (17.8)$$

Bertrand-Krajewski & Bardin은 파이프 내부 유량 Q_c에 대한 합성 표준 불확실성 $u(Q_c)$를 개별 요소별 파이프 반지름, 수심 및 평균유속을 통해 다음과 같이 산정하였다.

파이프 내부를 흐르는 물의 유량 Q_c를 산정하면 다음과 같다.

$$Q_c = \left(R_c^2 \arccos\left(1 - \frac{h}{R_c}\right) - (R_c - h)\sqrt{2hR_c - h^2}\right) U \qquad (17.9)$$

여기서 개별적인 표준 불확실성을 갖는 요인들은 파이프의 반지름 R_c, 수심 h, 평균유속 U라고 할 수 있다. 이러한 조건에 LPU를 적용하면 다음과 같이 합성 표준 불확실성을 평가할 수 있다.

$$u^2(Q_c) = u^2(R_c)\left(\frac{\partial Q_c}{\partial R_c}\right)^2 + u^2(h)\left(\frac{\partial Q_c}{\partial h}\right)^2 + u^2(U)\left(\frac{\partial Q_c}{\partial U}\right)^2 \qquad (17.10)$$

이때 각각의 개별 요인들의 표준 불확실성을 $u(R_c)$=0.002 m, $u(h)$=0.005 m, $u(U)$=0.1 m/s 로 평가하였을 경우, 유량 Q_c에 대한 합성 표준 불확실성 $u(Q_c)$를 평가할 수 있다(Bertrand-Krajewski & Bardin, 2002).

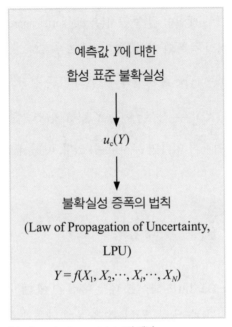

예측값 Y에 대한

합성 표준 불확실성

$u_c(Y)$

불확실성 증폭의 법칙

(Law of Propagation of Uncertainty,

LPU)

$Y = f(X_1, X_2, \cdots, X_i, \cdots, X_N)$

그림 17-2 합성 표준 불확실성(combined standard uncertainty)의 개념

4) 확장 불확실성

확장 불확실성(expanded uncertainty, U)은 합성 표준 불확실성 $u_c(Y)$에 포함인자(coverage factor) k를 곱하여 얻을 수 있으며, 식 (17.11)과 같이 표현할 수 있다(NIST, 1994).

$$U = ku_c(Y) \tag{17.11}$$

포함인자 k값은 확장 불확실성에서 정의된 구간과 관련된 신뢰 적정 수준의 기준에 따라 선택된다(ISO, 1993; Dietrich, 1991). 실험 결과값이 정규분포를 보이고 있고, 합성 표준 불확실성 u_c가 무시할 수 있을 정도로 작은 불확실성을 가질 때, U=$2u_c$는 약 95%의 신뢰구간을, U=$3u_c$는 99% 이상의 신뢰구간을 가진다. 신뢰수준에 기반을 둔 계수 k는 표 17-1과 같다.

표 17-1 포함인자 k에 따른 신뢰수준

$k=1$	신뢰수준: 68.3%
$k=1.645$	신뢰수준: 90.0%
$k=2$	신뢰수준: 95.4%
$k=2.567$	신뢰수준: 99.0%
$k=3$	신뢰수준: 99.7%

95% 신뢰수준($k=2$)에서 시간에 따른 유량 Q_c의 변화에 대한 불확실성 평가 결과는 다음 그림과 같이 나타낼 수 있다(Bertrand-Krajewski & Bardin, 2002).

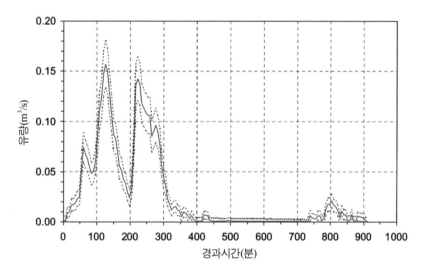

그림 17-3 시간의 변화에 따른 유량 산정값 및 불확실성 분석에 의한 95% 신뢰구간

문제 2 낙동강 논공 지점에 설치된 유량계의 보정 결과가 95%($k=1.96$) 신뢰수준에서 ±0.5 CMS의 확장 불확실성을 가진다면, 유량계에 의한 B Type의 표준 불확실성은 얼마인가?

답 $u_c(Y) = \dfrac{U}{k} = \dfrac{0.5}{1.96} = 0.255\ CMS$ ■

1-6 불확실성 보고

측정 결과와 그에 따른 불확실성 보고(reporting uncertainty)를 할 때 다음의 정보들이 포함되어야 한다.

- 표준 불확실성, 자유도 및 불확실성 결과값과 관련된 모든 구성 항목 리스트
- 모든 항목은 수치값을 산정하기 위해 사용된 방법에 따라 판별되어야 함
- 각 항목의 불확실성이 어떻게 산정되었는지에 대한 상세 설명
- k가 2가 아닐 때 어떻게 k가 결정되었는지에 대한 설명

 2 어떤 데이터에 왜 사용하는가?

표준 불확실성의 경우 두 가지 형태의 방법으로 평가할 수 있다(Type A, Type B). Type A의 경우, 수차례 실시한 단일 측정 결과값들과 실제값 사이의 관계를 통계적으로 분석하는 방법이다. 가령 온도계로 측정한 온도와 실제 온도의 관계를 통해 온도계의 측정 능력을 평가하거나 100회 측정한 결과와 실제값을 비교하는 것인데, 여기에는 주로 표준편차 등의 통계적 분석방법을 활용한다.

한편, Type B의 경우, 활용 가능한 관련 자료들을 통해 과학적으로 불확실성을 평가하는 방법이다. 예를 들어, 기존의 측정 데이터, 측정기기 사용과 관련된 일반적 경험 및 지식, 측정기기 생산자의 주의 및 핸드북 등, 참고문헌에서 차용된 정보 등이 활용 가능한 자료들이다.

다음과 같은 해변 지역에서 조류에 의해 해변으로 유입되는 박테리아의 부하량을 산정할 경우, 다음과 같은 불확실성 분석을 수행할 수 있다.

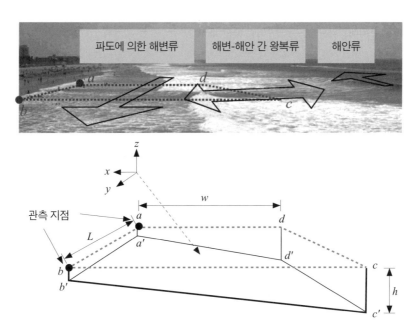

L: 지점 간 거리, w: 왕복류 이송거리, h: 해안 수심

그림 17-4 박테리아 부하량 유입지역 및 부하량 산정을 위한 연구 대상지역 개념도(Kim et al., 2004)

그림 17-4의 오른편 바다로부터 왼편의 해변으로 밀려오는 조류에 의해 해변으로 유입되는 박테리아의 부하량을 산정하기 위해 거리 L만큼 떨어진 a지점과 b지점 사이에서 박테리아 농도 C를 시간의 변화 Δt에 따라 측정하였다. 이때 거리 w만큼 떨어진 바다로부터 해변으로 유입되는 시간에 따른 박테리아의 부하량은 다음과 같이 계산할 수 있다.

$$S(t) = \frac{Lw^2}{100}\left(\frac{C_3 + C_4 - C_1 - C_2}{2\Delta t} + \frac{v(C_2 - C_1)}{L} + \frac{kI(C_1 + C_2)}{2}\right) \tag{17.12}$$

이때 $C_1 = C(0, t)$, $C_2 = C(L, t)$, $C_3 = C(0, t + \Delta t)$, $C_4 = C(L, t + \Delta t)$이며, v, k, I는 각각 시간에 따른 유속, 박테리아의 사멸계수 및 일사량이다. 따라서 박테리아 부하량을 결정하는 함수는 다음과 같다고 할 수 있다.

$$S = f(L, w, \Delta t, v, k, I, C_1, C_2, C_3, C_4) \tag{17.13}$$

이때 박테리아 부하량에 대한 정량적 산정값 S에 대한 불확실성을 식으로 표현하면 다음과 같다.

$$u_c(S) = u^2(L)\left(\frac{\partial f}{\partial L}\right)^2 + u^2(w)\left(\frac{\partial f}{\partial w}\right)^2 + u^2(\Delta t)\left(\frac{\partial f}{\partial \Delta t}\right)^2$$
$$+ u^2(v)\left(\frac{\partial f}{\partial v}\right)^2 + u^2(k)\left(\frac{\partial f}{\partial k}\right)^2 + u^2(I)\left(\frac{\partial f}{\partial I}\right)^2$$
$$+ u^2(C_1)\left(\frac{\partial f}{\partial C_1}\right)^2 + u^2(C_2)\left(\frac{\partial f}{\partial C_2}\right)^2 + u^2(C_3)\left(\frac{\partial f}{\partial C_3}\right)^2 + u^2(C_4)\left(\frac{\partial f}{\partial C_4}\right)^2 \qquad (17.14)$$

개별 요인들에 대한 표준 불확실성은 과학적 판단에 의한 합리적인 가정, 현장 상황 및 참고문헌의 문헌값과 측정기기 생산자의 공지를 통해 다음과 같이 평가할 수 있다.

표 17-2 개별 요인에 따른 불확실성

개별 요인	상대적 불확실성	불확실성 판단 근거
일사량(I)	0.05	기기 생산자의 공지
박테리아 농도(C)	0.05	기기 생산자의 공지
박테리아 사멸계수(k)	0.10	참고문헌
모니터링 구간 내 거리(L)	0.05	현장 상황 판단
부하량 발생 구간 폭(w)	0.10	합리적 가정
모니터링 시간 간격(Δt)	0.10	현장 상황 판단
평균유속(v)	0.10	합리적 가정

결과적으로 매 측정시간별로 박테리아 유입 부하량의 복합적 불확실성 분석 결과를 평가할 수 있으며, 그에 따른 68% 신뢰수준(k=1)에서 시공간의 변화에 따른 박테리아 유입 부하량의 변화에 대한 불확실성 평가 결과를 다음 그림과 같이 나타낼 수 있다(Kim et al., 2004).

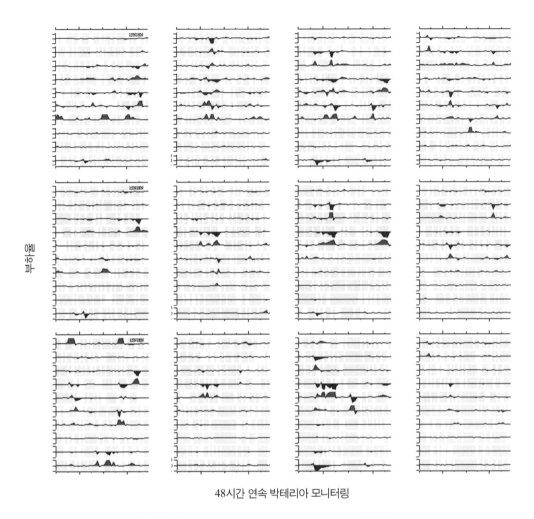

48시간 연속 박테리아 모니터링

TC: 총대장균군(total Coliform), EC: *Escherichia coli*, ENT: Enterococcus

그림 17-5 시공간의 변화에 따른 박테리아 유입 부하량 측정 결과 및 불확실성 분석에 의한 68% 신뢰구간

③ 어떻게 결과를 얻는가?

다음과 같은 함수관계를 갖는 정량적 평가값 Y가 존재할 경우를 예로 들어 설명하도록 한다.

$$Y = ax^2 + b \sin x - x \ln c \tag{17.15}$$

이때 실험을 통해 시간의 변화에 따른 a, b, c, x의 값이 'Ch 17_Uncertainty' 폴더의 예제파일 'Uncertainty Practice.xlsx'에서와 같이 측정되었을 경우, Y에 대한 불확실성 분석을 수행할 수 있다. Y에 대한 불확실성 분석 검정을 위한 불확실성 증폭의 법칙(LPU)은 Y의 함수적 관계를 바탕으로 다음과 같이 적용할 수 있다.

$$u_c^2\left(Y\right)=u^2\left(a\right)\left(\frac{\partial Y}{\partial a}\right)^2+u^2\left(b\right)\left(\frac{\partial Y}{\partial b}\right)^2+u^2\left(c\right)\left(\frac{\partial Y}{\partial c}\right)^2+u^2\left(x\right)\left(\frac{\partial Y}{\partial x}\right)^2$$
$$+2\left(u\left(x,b\right)\left(\frac{\partial Y}{\partial x}\right)\left(\frac{\partial Y}{\partial b}\right)+u\left(a,c\right)\left(\frac{\partial Y}{\partial a}\right)\left(\frac{\partial Y}{\partial c}\right)\right) \quad\quad (17.16)$$

$$u(x,\ b) = u(x)u(b)r(x,\ b)$$
$$u(a,\ c) = u(a)u(c)r(a,\ c) \quad\quad (17.17)$$

각각의 변수 $a,\ b,\ c,\ x$에 대한 개별적인 표준 불확실성 $u(a),\ u(b),\ u(c),\ u(x)$는 통계적 분석 방법을 이용하는 Type A에 따라 표준편차값을 이용할 수 있다. 한편 $u(x,\ b),\ u(a,\ c)$는 각 변수 간의 Pearson's correlation 평가 결과에 따라 유의한 수준의 연관관계를 가진 변수들 사이에서 발생할 수 있는 불확실성을 고려하기 위해 계산된다. 각 변수들 사이의 Pearson's correlation 결과는 다음과 같다.

표 17-3 변수별 상관관계

	x	a	b	c
x		−0.10928	0.997339	0.113512
a			−0.10908	−0.97218
b				0.111438
c				

한편 각각의 변수에 대한 Y의 미분방정식은 다음과 같다.

$$\frac{\partial Y}{\partial a} = x^2$$
$$\frac{\partial Y}{\partial b} = \sin x$$
$$\frac{\partial Y}{\partial c} = \frac{x}{c}$$
$$\frac{\partial Y}{\partial x} = 2ax + b\cos x - \ln c$$

위에서 설명한 바와 같이, 개별적 변수들에 대한 표준 불확실성과 예제파일의 각 변수들에 대한 시간대별 측정값을 바탕으로 시간의 변화에 따른 Y의 산정값과 그에 대한 불확실성 분석을 수행할 수 있다.

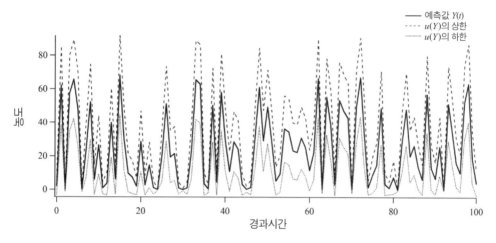

그림 17-6 연산값 Y에 대한 불확실성 분석

분석 결과(그림 17-6) 불확실성 분석 후 시간의 변화에 따른 Y의 산정값과 95% 신뢰구간에 따른 상극한(upper limit) 및 하극한(lower limit)이 구해지면, 이를 통해 측정한 값에 대한 보다 정확한 정보를 제공할 수 있다.

 어떻게 해석하는가?

불확실성 분석은 앞서 설명한 바와 같이, 단순 기기 측정값부터 함수로 연산되는 계산값까지 변수 조건에 의해 발생할 수 있는 불확실성을 분석하여 함께 공지함으로써 원데이터에 대한 신뢰성을 높여준다. 그러므로 단일 개별 측정값에 대한 표준 불확실성의 경우, 측정 결과와 함께 표준편차와 같은 표준 불확실성 산정값을 함께 언급하여야 한다. 예를 들어 여러 차례의 측정에 의해 특정 측정값들이 존재할 경우, 해당 측정 기록에 대한 표준편차를 (±)기호와 함께 표기한다.

한편, 함수적 관계에 의해 연산되는 산정값에 대한 합성 표준 불확실성의 경우, 산정값과 함께 특정 신뢰수준에서의 신뢰구간을 함께 언급하도록 한다. 합성 표준 불확실성 분석 결과를 통한 특정 신뢰수준에서의 신뢰구간 산정은 포함인자(k)와의 연산을 통해 이뤄질 수 있다.

■ 참고문헌

1. Badalyan, A., Carageorgos, T., Bedrikovetsky, P., You, Z. & Zeinijahromi, A. (2012). Critical analysis of uncertainties during particle filtration. *Review of Scientific Instruments*, 83(9) Article No. 095106.

2. Bertrand-Krajewski, J. L. & Bardin, J. P. (2002). Evaluation of uncertainties in urban hydrology: Application to volumes and pollutant loads in a storage and settling tank. *Water Science and Technology*, 45(4-5), 437-444.

3. Dietrich, C. F. (1991). *Uncertainty, Calibration and Probability*(2nd ed.). CRCPrILIc.

4. Eisenhart, C. (1963). Realistic evaluation of the precision and accuracy of instrument calibration systems. *Journal of Research of the National Bureau of Standards*, 67C, 161-187.

5. ISO (1993). *Guide to the Expression of Uncertainty in Measurement*(International Organization for Standardization, Geneva, Switzerland).

6. Kim, J. H., Grant, S. B., Mcgee, C. D., Sanders, B. F. & Largier, J. L. (2004). Locating sources of surf zone pollution: A mass budget analysis of fecal indicator bacteria at Huntington beach, California. *Environmental Science and Technology*, 38, 2626-2636.

7. NIST(National Institute of Standards and Technology) (1994). Guidelines for evaluating and expressing the uncertainty of NIST measurement results. *NIST Technical Note 1297.*

7부에서는 규모와 속도면에서 방대해진 환경 빅데이터를 기계학습을 통해 해석할 수 있는 실습에 중점을
두고 설명한다.

- 18장 기타 분석:
  A. 인공신경망
  B. Support Vector Machine(SVM)
  C. 자기조직화 지도 분석

기계학습

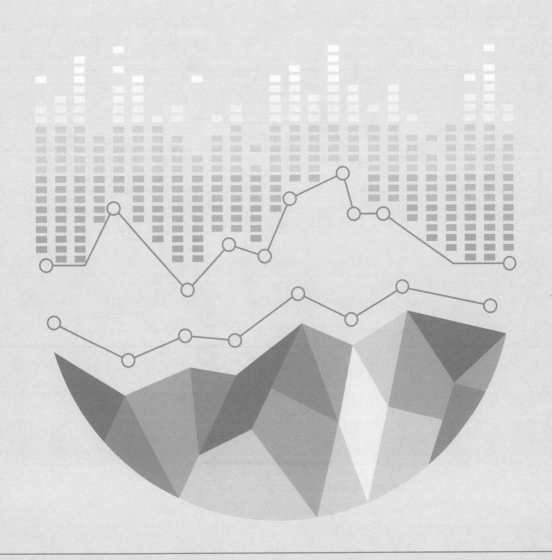

18장

기타 분석

A. 인공신경망

1 인공신경망이란?

인공신경망(Artificial Neural Network, ANN)은 인간의 뇌구조 특성을 컴퓨터 시뮬레이션에 접목하여 표현하는 수학적 모델이다. 인공신경망은 그림 18-1(a)와 같이 실제 뇌세포 내 뉴런의 기능을 모사하는데, 네트워크 내 인공 뉴런(node)이 학습(training)을 통해 시냅스의 결합 세기(weights)를 변화시켜 입력신호와 출력신호의 관계를 최적으로 해석할 수 있는 모델을 구축한다. 인공신경망은 주로 입력변수와 출력변수 간의 복잡한 관계(complex/highly non-linear)를 해석하는 데 이용된다.

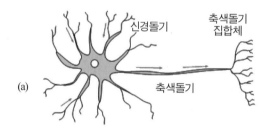

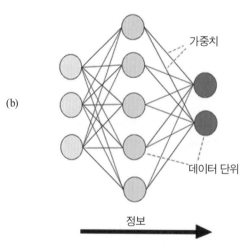

그림 18-1 인공신경망의 개념도. (a) 인간의 뇌신경세포 구조, (b) 인공신경망 모델 구조

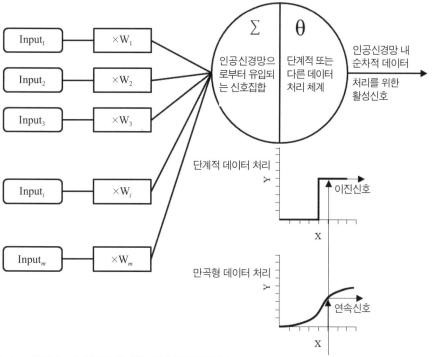

그림 18-2 sigmoid 및 threshold 함수에 대한 인공신경망 프로세스

인공신경망은 그림 18-2에서와 같이 여러 개의 입력변수를 갖고 있으며, 이들 입력변수는 각각의 입력변수에 해당하는 가중치와 곱해져서 하나의 입력 데이터 세트로 전처리된다. 결과는 뉴런의 활성화 z로 표현된다.

$$z = \sum_{i=1}^{p} w_i x_i \tag{18.1}$$

인공신경망의 출력값은 합산된 값 z와 사용되는 함수에 따라 결정되는데, 학습방식에 따라 크게 두 가지로 구분할 수 있다. 입력변수와 출력변수 간의 관계를 학습할 때, 교사신호(정답)에 의해 모델이 최적화되는 교사학습(supervised)과 교사신호에 의한 최적화가 필요하지 않은 비교사학습(unsupervised)으로 구분된다.

인공신경망은 연결강도, 합, 활성화 함수 및 학습 여부 등을 고려한 수학적 기반의 알고리즘으로, 구조뿐만 아니라 처리 순서를 병렬로 처리할 수 있다. 기존 컴퓨터와 달리 특정 메모리에 정보를 저장하지 않고, 네트워크 전체 상태를 저장하는 특징을 가진다. 불완전한 데이터로부터도 학습이 가능하며, 분산 저장을 통해 일부 노드의 고장이 전체 시스템에 영향을 적게 주는 장점을 지니고 있다.

어떤 데이터에 왜 사용하는가?

인공신경망은 경영학(재무, 회계, 마케팅, 생산 등)에서 많이 적용되고 있는데, 특히 재무 분야에서 주가지수 예측, 기업 신용평가 및 환율예측 등 경제적 이익과 직결되는 일들에서 많이 연구되고 있다. 공학 분야에서는 음성인식 및 합성, 문자인식, 안면인식, 이미지 압축, 로봇 및 자동차 컨트롤과 같은 실생활과 관련된 많은 분야에 적용되고 있다.

환경분야에서도 다양하게 이용되고 있는데, 주로 수질 및 수문 예측 모델, 동식물·미생물의 이동 및 사활 예측, 대기 시스템 예측 및 지형 경관 해석 등의 모델링을 위한 작업에 활용되어 왔다(Kim & Park, 2009). 유역에서의 강우에 의한 유출 해석(Hsu, et al., 2005; Minns & Hall, 1996; Tokar & Johnson, 1999) 및 다양한 수질오염물질을 예측하는 연구(Majer & Dandy, 1996; Recknagel et al., 1997; Maier et al., 1998)에 인공신경망이 적용되고 있고, 생태 모델링(Lek & Guegan, 1999; Park et al., 2003) 및 오존농도 예측(Sousa et al., 2007; Abdul-Wahab & Al-Alawi, 2002)에도 이용되고 있다.

3 **어떻게 결과를 얻는가?**

인공신경망의 경우 MATLAB을 사용하여 입력자료에 따른 모델을 구현한다. 클로로필-a 예측 모델 구축을 위한 입력자료는 월(month), pH, DO, SS, NO_3-N, 수온, PO_4-P이다. 모델의 입력변수 및 출력변수는 인공호수 중앙지점에서 측정한 월별 수질자료이다.

3-1 기본 코드(primary syntax)

입출력자료를 활용하여 인공신경망 모델을 구축하기 위해서는 MS Excel 스프레드시트로 정리된 자료('Ch 18_Other Analyses' 폴더에 있는 예제파일 'YSR1_WQ.xlsx')를 MATLAB 작업창으로 로드한다.

```
%%%%%%%%%%%%%%%%%%%%%%%%%%%%%%%%%%%%%%%%%%%%%%%%%%%%%%%%%%%%%%%%%%%%
% Setting up ANN model to predict Chl a concentration            %
% Optimized model parameter: learning rate, momentum, hidden neuron  %
% learning rate(lr), momentum(mo), number of hidden neuron(hl)  %
%%%%%%%%%%%%%%%%%%%%%%%%%%%%%%%%%%%%%%%%%%%%%%%%%%%%%%%%%%%%%%%%%%%%
close all; clear all; clc;
%% Importing original data sets
[a b c] = xlsread('YSR1_WQ.xlsx');


Input = a(:,2:8);
Output = a(:,9);


% Maximum and minimum of input and output data
Min_In = min(Input); Max_In = max(Input);
Min_Out = min(Output); Max_Out = max(Output);
```

다음 과정으로 입력변수값을 모델에 적용하기 전에 –1과 1 사이의 값으로 변환한다. 이는 모델이 구축되는 과정에서 입력변수와 출력변수의 상관성에 의해 입력변수의 절대 크기에 의한 왜곡을 방지하기 위함이다.

```
%% Normalization of input and output data
% All values in Normal_input data is range from -1 to 1.
for i = 1:size(Input,2)
    Normal_Input(:,i) =
-1+(Input(:,i)-Min_In(i))./(Max_In(i)-Min_In(i))*2;
end


Normal_Output = -1+(Output-Min_Out)./(Max_Out-Min_Out)*2;
```

다음은 변환된 입출력자료들을 모델의 학습(2002~2010년)과 검증(2011년)을 위한 데이터로 나누어 모델에 적용한다.

```
%% Arrangement of input and output data
% Traning data set(2002 to 2010)
Tr_In = Normal_Input(1:108,:);
Tr_Out = Normal_Output(1:108,:);


% Validation data set(2011)
Vl_In = Normal_Input(109:end,:);
Vl_Out = Normal_Output(109:end,:);
```

학습을 위해 구분된 데이터들을 활용하여 인공신경망 모델의 매개변수들을 보정한다. 매개변수를 보정하기 위해 patternsearch 코드를 활용한다.

```
%% Optimization model parameters using pattern search
% Setting up range of model parameter values
LB = [0 0 1];
UB = [1 1 21];


Parm0 =(LB+UB)./2;


% Application of pattern search
options = psoptimset('Display','iter');
Parm =
patternsearch(@(Parm)ANN_model(Parm,Tr_In,Tr_Out,Min_Out,Max_
Out),
Parm0,[],[],[],[],LB,UB,options);
```

```
%% Training and validation of the model with optimized model
parameters
% Training
net = newff(minmax(Tr_In'),[floor(Parm(3))
1],{'tansig','tansig'},'traingdm');


net.trainparam.epochs = 2500;

net.trainparam.mc = Parm(2);

net.trainparam.lr = Parm(1);

net = train(net,Tr_In',Tr_Out');


Y_tr = sim(net,Tr_In');

Tr_sim =(postmnmx(Y_tr,Min_Out,Max_Out))';

Tr_obs = postmnmx(Tr_Out,Min_Out,Max_Out);

Tr_NSE = NSE(Tr_sim,Tr_obs);


% Validation
Y_vl = sim(net,Vl_In');

Vl_sim =(postmnmx(Y_vl,Min_Out,Max_Out))';

Vl_obs = postmnmx(Vl_Out,Min_Out,Max_Out);

Vl_NSE = NSE(Vl_sim,Vl_obs);
```

다음은 보정된 인공신경망 모델의 학습 결과와 검증 결과를 그림으로 표현한다.

```
%% Plot the training and validation results
% Measured VS predicted at training step
subplot(2,2,[1 3])
plot(Tr_obs,Tr_sim)
fname1 = sprintf('ANN training step, NSE = %4.2f',Tr_NSE);
```

```
title(fname1)

xlabel('Measured chl-a conc.'); ylabel('Predicted chl-a conc.');


subplot(2,2,[2 4])

plot(Vl_obs,Vl_sim)

fname2 = sprintf('ANN validation step, NSE = %4.2f',Vl_NSE);

title(fname2)

xlabel('Measured chl-a conc.'); ylabel('Predicted chl-a conc.');
```

3-2 부속 모델(syntax for sub-model)

인공신경망 모델을 구축하기 위해 메인 코드에서 생성된 결과를 보정하기 위한 부속 모델은
다음과 같다.

```
%%%%%%%%%%%%%%%%%%%%%%%%%%%%%%%%%%%%%%%%%%%%%%%%%%%%%%%%%%%%%%%%%%%%%%%

% Sub-model for ANN execution to calculate performance value   %

%%%%%%%%%%%%%%%%%%%%%%%%%%%%%%%%%%%%%%%%%%%%%%%%%%%%%%%%%%%%%%%%%%%%%

function [f] = ANN_model(Parm,Tr_In,Tr_Out,Min_Out,Max_Out)

%% Set Parameters

lr = Parm(1); mo = Parm(2); hl = Parm(3);

iteration = 2500;


%% Training

net = newff(minmax(Tr_In'),[floor(hl) 1],{'tansig','tansig'},'tra
ingdm');


net.trainparam.epochs = iteration;

net.trainparam.mc = mo;
```

```
net.trainparam.lr = lr;

net = train(net,Tr_In',Tr_Out');


Y = sim(net,Tr_In');

Tr_sim =(postmnmx(Y,Min_Out,Max_Out))';

Tr_obs = postmnmx(Tr_Out,Min_Out,Max_Out);


%% RMSE

error =(Tr_sim-Tr_obs).^2;

RMSE =(1/size(Tr_sim,1).*sum(error)).^(1/2);

f = RMSE;
```

4 어떻게 해석하는가?

인공신경망은 입력자료와 출력자료를 기반으로 하는 통계모델이다. 따라서 두 모델에 대한 각각의 모델 매개변수 최적화 과정 후, 학습과정과 검정과정을 거치게 된다. 모델 매개변수는 두 모델의 입력 데이터와 출력 데이터의 학습과정에서 가장 높은 예측성능을 보이는 값으로 설정된다. 그 후 최적모델 매개변수로부터 학습을 진행하며, 학습과정에서 예측된 출력값과 실제값의 차이를 오차값으로 정확성을 판단한다. 그리고 최종적으로 학습과정에 전혀 이용되지 않은 별도의 입력자료와 출력자료를 활용한 검정과정을 거친다.

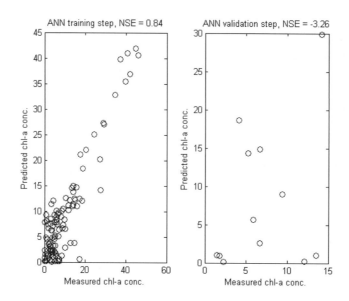

그림 18-3 MATLAB을 이용한 인공신경망 모델의 학습 및 검증 결과

B. Support Vector Machine(SVM)

1 SVM이란?

SVM은 입력 데이터로부터 출력 데이터의 패턴 분류 또는 예측 결과를 도출하는 교사학습 (supervised) 기반의 모델이다(Cortes & Vapnik, 1995). 이러한 SVM 모델은 입력 데이터가 존재하는 공간에 여백이라는 개념을 도입하여 공간상에 흩어진 데이터들을 각각의 패턴별로 가장 잘 분류할 수 있는 최적의 초평면(optimal hyper plane)을 구하는 것을 목적으로 한다. 즉, 그림 18-4에서와 같이 두 데이터(파란색, 회색)를 분류할 수 있는 최적의 평면을 구하는 것이다.

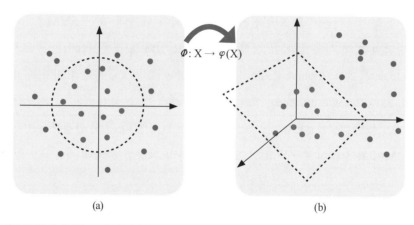

$$\Phi : X \to \varphi(X)$$

(a)   (b)

그림 18-4 SVM 모델의 개념도. (a) 초기 입력데이터 분포, (b) SVM 모델 적용 후 데이터 분포

SVM은 출력 데이터의 특징에 따라 크게 분류(classification) 모델과 예측(prediction) 모델로 나눌 수 있다. 분류의 경우에는 주로 생물정보학(bioinformatics), 문자인식, 필기인식, 안면 및 사물인식 등의 분야에서 사용된다(Kim et al., 2003). 예측의 경우에는 기상(Radhika & Shashi, 2009), 질병(Yu et al., 2010), 주식시장예측(Ou, 2009)과 같은 다양한 분야에 응용되고 있다.

SVM은 데이터의 분류를 위해 최적 평면을 찾는 매우 단순한 아이디어에서 출발한 모델이다. 이 알고리즘은 모델을 구축할 때 설정해야 할 매개변수가 적다는 장점이 있다. 인공신경망이 입력층, 은닉층, 출력층 등의 구조 선택과 학습률 산정, 뉴런의 개수 등 많은 매개변수들을 고려해야 하는 반면, SVM은 커널 함수 관련 매개변수만 설정하면 된다. 학습시간이 타 학습모델에 비해 오래 걸린다는 단점이 있지만, 비선형 데이터의 패턴을 인식할 때 서포트 벡터(support vector)를 활용한 분류 및 예측 성능면에서 타 학습모델보다 뛰어나고, 과적합(overfitting) 관련 문제가 잘 일어나지 않는 장점을 가지고 있다. 인공신경망과 비슷한 수준의 예측력을 나타낼 수 있는 SVM은 인공신경망의 한계점으로 지적되었던 과적합, 국소 최적화와 같은 문제들을 획기적으로 줄일 수 있는 모델링 방법이다(박정민 외, 2003).

 ## 2 어떤 데이터에 왜 사용하는가?

SVM은 인공신경망이 사용되는 거의 모든 분야에 공통으로 적용될 수 있다. 실제로 기존 경영학 및 공학 분야에서는 주로 인공신경망이 적용되어 왔는데, 최근 SVM을 구현하는 알고리즘의 발달과 함께 사용 분야가 점점 다양해지고 있다. 환경분야에서는 주로 유량을 예측하거나(Lin et al., 2006; Khan & Coulibaly, 2006; Gill et al., 2006), 유역의 지형 해석(Kavzoglu & Colkesen, 2009; Huang et al., 2008), 생태 시스템의 예측 및 분석(Guo et al., 2005; Drake et al., 2006), 대기오염물질 예측(Lu & Wang, 2005) 등에 사용되고 있다. 특히 환경분야는 인공신경망에 비해 SVM이 최근 많이 연구되고 있으며, 그에 따라 다양한 분야에 적용되고 있는 실정이다.

 ## 3 어떻게 결과를 얻는가?

SVM의 경우 MATLAB을 사용하여 입력자료에 따른 모델을 구현한다. 클로로필-a 예측모델 구축을 위한 입력자료는 월(month), 수소이온 농도, 용존산소, 부유물질, 질산성 질소, 수온, 인산염 이다. 모델의 입력변수 및 출력변수는 인공호수 중앙지점에서 측정한 월별 수질 자료이다.

3-1 기본 코드(primary syntax)

입출력자료를 활용하여 SVM 모델을 구축하기 위해서는 MS Excel 스프레드시트로 정리된 자료('Ch 18_Other Analyses' 폴더에 있는 예제파일 'YSR1_WQ.xlsx')를 MATLAB 작업창으로 불러온다.

```
%%%%%%%%%%%%%%%%%%%%%%%%%%%%%%%%%%%%%%%%%%%%%%%%%%%%%%%%%%%%%%%%%%%%%
% Setting up SVM model to predict Chl a concentration         %
% Optimized model parameter: C, epsilon, KernelParam         %
%%%%%%%%%%%%%%%%%%%%%%%%%%%%%%%%%%%%%%%%%%%%%%%%%%%%%%%%%%%%%%%%%%%%%
close all; clear all; clc;
%% Importing original data sets
[a b c] = xlsread('YSR1_WQ.xlsx');


Input = a(:,2:8);
Output = a(:,9);


% Maximum and minimum of input and output data
Min_In = min(Input); Max_In = max(Input);
Min_Out = min(Output); Max_Out = max(Output);
```

다음 과정으로 입력변수값을 모델에 적용하기 전에 –1과 1 사이의 값으로 변환한다. 이는 모델을 구축하는 과정에서 입력변수와 출력변수의 상관성에 의해 입력변수의 절대 크기에 따라 모델 결과가 왜곡되는 것을 방지하기 위함이다.

```
%% Normalization of input and output data
% All values in Normal_input data is range from -1 to 1.
for i = 1:size(Input,2)
    Normal_Input(:,i) =
-1+(Input(:,i)-Min_In(i))./(Max_In(i)-Min_In(i))*2;
end


Normal_Output = -1+(Output-Min_Out)./(Max_Out-Min_Out)*2;
```

다음 과정으로 변환된 입출력자료들을 모델의 학습(2002~2010년)과 검증(2011년)을 위한 데이터로 나누어 모델에 적용한다.

```
%% Arrangement of input and output data
% Traning data set(2002 to 2010)
Tr_In = Normal_Input(1:108,:);
Tr_Out = Normal_Output(1:108,:);

% Validation data set(2011)
Vl_In = Normal_Input(109:end,:);
Vl_Out = Normal_Output(109:end,:);
```

학습을 위해 구분된 데이터들을 활용하여 인공신경망 모델의 매개변수들을 보정한다. 매개변수 보정을 위해 patternsearch 코드를 활용한다.

```
%% Optimization model parameters using pattern search
% Setting up range of model parameter values
LB = [0.01 0.001 0.01];
UB = [100 0.5 30];
```

```
Parm0 =(LB+UB)./2;


% Application of pattern search
options = psoptimset('Display','iter');
Parm =
patternsearch(@(Parm)SVM_model(Parm,Tr_In,Tr_Out,Min_Out,Max_
Out),
Parm0,[],[],[],[],LB,UB,options);


%% Training and validation of the model with optimized model
parameters
SVR = OnlineSVR;


% Set parameter
SVR = set(SVR,    'C',                    Parm(1), ...
    'Epsilon',          Parm(2), ...
    'KernelType',       'RBF', ...
    'KernelParam',      Parm(3), ...
    'AutoErrorTollerance',true, ...
    'Verbosity',        1, ...
    'StabilizedLearning', true, ...
    'ShowPlots',        true, ...
    'MakeVideo',        false, ...
    'VideoTitle',         '');


% Training
net_SVR = Train(SVR,Tr_In,Tr_Out);
```

```
Y_tr = Predict(net_SVR,Tr_In);

Tr_sim = postmnmx(Y_tr,Min_Out,Max_Out);

Tr_obs = postmnmx(Tr_Out,Min_Out,Max_Out);

Tr_NSE = NSE(Tr_sim,Tr_obs);


Y_vl = Predict(net_SVR,Vl_In);

Vl_sim = postmnmx(Y_vl,Min_Out,Max_Out);

Vl_obs = postmnmx(Vl_Out,Min_Out,Max_Out);

Vl_NSE = NSE(Vl_sim,Vl_obs);
```

다음은 보정된 SVM 모델의 학습 결과와 검증 결과를 플롯(plot)하는 부분이다.

```
%% Plot the training and validation results
% Measured VS predicted at training step
subplot(2,2,[1 3])
plot(Tr_obs,Tr_sim)
fname1 = sprintf('SVM training step, NSE = %4.2f',Tr_NSE);
title(fname1)
xlabel('Measured chl-a conc.'); ylabel('Predicted chl-a conc.');

subplot(2,2,[2 4])
plot(Vl_obs,Vl_sim)
fname2 = sprintf('SVM validation step, NSE = %4.2f',Vl_NSE);
title(fname2)
xlabel('Measured chl-a conc.'); ylabel('Predicted chl-a conc.');
```

3-2 부속 모델(syntax for sub-model)

SVM 모델을 구축하기 위해 메인 코드에서 생성된 결과를 보정하기 위한 부속 모델은 다음과 같다.

```
%%%%%%%%%%%%%%%%%%%%%%%%%%%%%%%%%%%%%%%%%%%%%%%%%%%%%%%%%%%%%%%%
% Sub-model for SVM execution to calculate performance value  %
%%%%%%%%%%%%%%%%%%%%%%%%%%%%%%%%%%%%%%%%%%%%%%%%%%%%%%%%%%%%%%%%
function [f] = SVM_model(Parm,Tr_In,Tr_Out,Min_Out,Max_Out)
%% Build the OnlineSVR
SVR = OnlineSVR;

%% Set Parameters
SVR = set(SVR,    'C',                   Parm(1), ...
    'Epsilon',            Parm(2), ...
    'KernelType',         'RBF', ...
    'KernelParam',        Parm(3), ...
    'AutoErrorTollerance',true, ...
    'Verbosity',          1, ...
    'StabilizedLearning', true, ...
    'ShowPlots',          true, ...
    'MakeVideo',          false, ...
    'VideoTitle',          '');

%% Training
net_SVR = Train(SVR, Tr_In,Tr_Out);

Y = Predict(net_SVR,Tr_In);

Tr_sim =(postmnmx(Y',Min_Out,Max_Out))';
Tr_obs = postmnmx(Tr_Out,Min_Out,Max_Out);

%% RMSE
error =(Tr_sim-Tr_obs).^2;
RMSE =(1/size(Tr_sim,1).*sum(error)).^(1/2);
f = RMSE;
```

SVM 모델 또한 ANN과 마찬가지로 입력자료와 출력자료를 기반으로 하는 통계모델이다. 따라서 두 모델 모두 각각의 모델 매개변수 최적화 과정을 거친 후 학습과정과 검정과정을 거친다.

모델 매개변수는 두 모델의 입력 데이터와 출력 데이터가 학습과정에서 가장 높은 예측성능을 보이는 값으로 설정된다. 그런 다음 최적모델 매개변수로 학습을 진행하고, 학습과정에서 예측된 출력값과 실제값의 차이를 오차값으로 계산하여 정확성을 판단한다. 그리고 최종적으로는 학습에 전혀 이용되지 않은 입력자료와 출력자료를 활용한 검정과정을 거치게 된다. 여기서 주의할 점은 모델의 과도한 학습이 그림 18-5의 SVM의 검정 결과와 같이 부정확한 모델 성능을 야기할 수도 있다는 것이다. 합리적인 모델은 올바른 매개변수 산정이 수반되어야 하며, 모델의 학습 및 검정과정에서 적절한 모델성능을 보여야 한다.

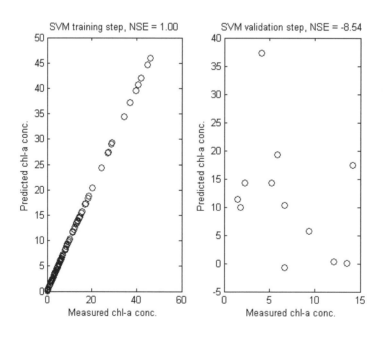

그림 18-5 MATLAB 프로그램을 이용한 SVM 모델 학습 및 검정 결과

C. 자기조직화 지도(SOM) 분석

1 SOM이란?

유역관리에서 유역 내 본류 및 지류에 대한 광범위한 현장 모니터링은 전체 유역관리 방안뿐만 아니라, 소유역별 맞춤형 관리 방안을 수립하는 데 중요한 데이터를 제공해 준다. 특히 다수의 모니터링 항목에 기반한 수질분석 결과와 모니터링 지점에 기반한 소유역의 지형적 특성(소유역 면적 및 토지 이용도 정보) 등의 다양한 정보들에 대한 종합적인 고려는, 보다 효과적인 소유역관리 방안을 제시할 수 있도록 과학적 근거를 제공해 준다. 유사한 시공간적 분포 특성을 보이는 오염물질 정보의 도출 및 특정 오염물질 유출특성을 보이는 특정 소유역 정보에 대한 확인 등은 군집분석 등의 통계적 방법을 통해 유추할 수 있다.

특히 자기조직화 지도(Self-Organizing Map, SOM) 분석은 입력자료상의 오염물질별 유출특성을 효과적으로 시각화하여 확인할 수 있을 뿐만 아니라, 오염물질의 유출특성에 기반하여 소유역의 시공간적 정보를 군집(cluster)으로 분류할 수 있다. 또 입력자료상의 null 값에 대해 군집분석 결과에 의한 집단의 값을 부여함으로써 예측값을 부여할 수 있다.

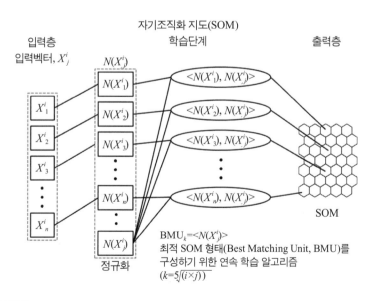

그림 18-6 SOM 원리

SOM은 기본적으로 원자료(raw data)로부터 생성된 입력층과, 학습을 통해 SOM의 결과에 학습값을 할당하는 출력층으로 구성되어 있다(Lin & Wu, 2007). 입력층을 구성하는 각각의 표본벡터는 SOM 학습을 위해 생성된 가상벡터와 비교를 통해 유클리드 거리(Euclidean distance)가 결정되며, 유클리드 거리 결과로 각 표본벡터의 위치가 결정된다. 결과적으로 유사한 유클리드 거리값을 가진 입력벡터는 SOM상의 동일한 셀(cell) 또는 인접한 셀에 위치하게 된다. 이러한 SOM 학습 프로세스를 정리하면 다음 네 가지 요소로 요약된다.

(1) 초기화(initialization)

모든 연결강도(connection weight)는 작은 무작위값으로 초기화된다.

(2) 경쟁과정(competitive process)

각 입력패턴에 대해 뉴런은 판별함수(discriminant function)의 상대값을 계산한다. 만약 입력 space가 D입력 단위(unit)를 갖는 D차원이라 할 때, 입력패턴은 $x=\{x_i: i=1, \cdots, D\}$라 할 수 있으며, 연산층에서 입력단위 i와 뉴런 j 사이의 연결강도는 $w_j = \{w_{ji}: j=1, \cdots, N_{ji}=1, \cdots, D\}$로 표현된다. 여기서 N은 총뉴런의 수이다. 판별함수는 입력벡터 $\mathbf{x}$와 각 뉴런에 대한 가중벡터 $\mathbf{w}_j$ 사이의 제곱 유클리드 거리로 정의되며, 식으로 나타내면 다음과 같다.

$$d_j(x) = \sum_{i=1}^{D} (x_i - w_{ji})^2 \tag{18.2}$$

즉, 뉴런은 입력벡터에 가장 가까운 가중벡터를 갖는 노드를 승자로 본다.

(3) 협력과정(cooperative process)

승자 뉴런은 위상 이웃(topological neighborhood)의 공간적 위치를 결정한다. 위상 이웃은 하나의 뉴런이 작동하면 가장 가까운 이웃은 먼 곳에 있는 이웃보다 더 작동하려는 경향이 있으며 거리에 따라 감소한다. 이웃 뉴런에 미치는 승자 뉴런의 영향은 식 (18.3)과 같이 위상 이웃 함수(topological neighborhood function)를 사용하여 계산할 수 있다.

$$h_{j, i(x)}(t) = \exp\left(-\frac{d_{j,i}^2}{2\sigma^2(t)}\right), \quad (t=0, 1, 2, \cdots) \tag{18.3}$$

여기서, $d_{j,i}$는 승자 뉴런 i와 이웃 뉴런 j 사이의 유클리드 거리이며, $\sigma(t)$ 는 시간 t에서 위상 이웃의 유효폭(effective width), $h_{j,i(x)}$는 시간 t에서의 위상 이웃이다.

(4) 적응과정(adaptive process)

한 위상 지점에서는 승자 뉴런의 가중치가 입력벡터에 더 가까워지도록 가중치가 조정될 뿐만 아니라, 이웃 뉴런의 가중치 또한 조정된다. 이러한 조정은 식 (18.4)와 같이 표현된다.

$$w_j(t+1) = w_j(t) + \eta(t)h_{j,i(x)}(t)[x - w_j(t)] \tag{18.4}$$

여기서, $\eta(t)$는 시간 t에서의 학습률(learning rate)이며, 식 (18.5)로 표현된다. $wj(t+1)$은 시간 $t+1$에서 뉴런 j의 시냅틱(synaptic) 가중벡터이다.

$$\eta(t) = \eta(0)\exp\left(-\frac{t}{1000}\right) \tag{18.5}$$

이때 $\eta(0)$는 초기 학습률이다.

2 어떤 데이터에 왜 사용하는가?

SOM은 기본적으로 군집분석이며, 유역 내 다양한 모니터링 지점으로부터 장기간 축적된 다수의 수질항목별 모니터링 데이터 또는 이와 비슷한 구조 및 차원을 갖는 데이터 세트를 종합적으로 분석 및 평가한다. 예를 들어, 유역 내 본류에 다수의 지류가 합류하는 환경적 조건을 갖추고 있으며, 효과적인 유역관리방안 연구를 위해 본류 및 지류를 포함하는 종합적인 모니터링이 장기간 수행되었을 경우, SOM을 통해 각 수질항목별 시공간적 분포 양상을 시각적으로 확인할 수 있다. 특히 각 모니터링 지점에서의 수질 양상을 기반으로 유사한 수질 양상을 나타내는 지점들끼리 SOM상의 동일 셀, 또는 인접한 셀에 위치함으로써 비슷한 환경조건을 가진 모니터링 지점들끼리 군집화할 수 있다.

한편, SOM은 입력자료를 기반으로 정규화(normalization) 과정과 학습과정을 거쳐 각 셀별로 학습결과값을 할당해 주며, 이를 기반으로 비정규화(denormailization) 과정을 거쳐 입력자료의 원자료와 SOM 학습에 의한 결과값을 상호 비교할 수 있다. 원자료에 null 값이 존재할 경우, 해당 표본벡터 내의 다른 결정요인들을 고려한 SOM 학습에 따른 결과값을 통해 해당 null 값에 대한 역추정이 가능하다. 이러한 SOM 기능을 활용할 경우, 원자료의 null 값에 대한 예측이 가능하다고 할 수 있다.

 ## 3 어떻게 결과를 얻는가?

SOM의 경우 MATLAB 프로그램을 기반으로 한 toolbox가 오픈소스로 공개되어 있어서 이를 활용하여 분석을 수행할 수 있다.

3-1 MATLAB

'Ch_18_Others' 폴더에 있는 예제파일 'som_example.m'을 활용한 SOM 실행 기본 코드는 다음과 같다.

```
close all; clear all; clc;
%% IMPORT DATA INTO MATLAB
datacol=25; % columns % 수질항목 부분 지정
dataraw=56;% raws % 측정지점 및 시간 지정

a1=zeros(dataraw,datacol);
a2=zeros(1,datacol);

b=dataraw*12;

a=xlsread('load input.xlsx','Sheet1');
```

56개 소유역에서 유출되는 25종류의 오염물질 유출량에 대한 월별 산정자료를 정리한 엑셀파일 'load input.xlsx'를 MATLAB 프로그램으로 불러온다.

```
    for kk=1:b;
        for ff=1:25;
            if a(kk,ff)<=0 ;
                a(kk,ff)=NaN;
            end
        end
    end
```

위의 과정은 자료의 전처리과정이다. 월별 산정자료에서 입력자료로 활용할 수 없는 데이터 포인트에 대해 null 값으로 처리하는 과정을 거치게 된다.

```
%% SUMMER, FALL, WINTER, SPRING,
summer=1/3*(a(1:dataraw,:)+a(dataraw+1:dataraw*2,:)+a(dataraw*2+
1:dataraw*3,:));
fall=1/3*(a(dataraw*3+1:dataraw*4,:)+a(dataraw*4+1:dataraw*5,:)+
a(dataraw*5+1:dataraw*6,:));
winter=1/3*(a(dataraw*6+1:dataraw*7,:)+a(dataraw*7+1:dataraw*8,:
)+a(dataraw*8+1:dataraw*9,:));
spring=1/3*(a(dataraw*9+1:dataraw*10,:)+a(dataraw*10+1:dataraw*1
1,:)+a(dataraw*11+1:dataraw*12,:));
```

위의 과정은 12개월에 걸친 월별 유출량 산정자료를 3개월 단위의 계절로 나누어 계절 평균값으로 계산하는 과정이다.

```
%% Labeling
D=[summer; fall; winter; spring];
[L]=textread('L.prn','%s',dataraw*4); % 지점 및 시간 구분 지정
```

위의 과정을 통해 계절별 평균 오염물질의 유출량 평균 정보를 SOM 분석을 위한 변수로 지정한 후, 지점 및 계절정보를 담고 있는 인덱스 역할의 텍스트 파일 'L.prn'을 불러온다.

```
sD=som_data_struct(D, 'comp_names', {'Temperature',
'Enterococcus', 'Escherichia coli', 'Total Coliform', 'Dissolved
Organic Carbon', 'Turbidity', 'Specific Conductivity', 'Dissolved
Oxygen', 'pH', 'Chlorophyll', 'Total Suspended Solid', 'NO3',
'Surfactant', 'Biodchemical Oxygen Demands', 'Al', 'As', 'Cd',
'Co', 'Cr', 'Cu', 'Fe', 'Mn', 'Ni','Pb','Zn'});
```

% 오염물질 항목별 이름 지정

위의 과정을 통해 SOM toolbox 내 sub-function인 som_data_struct를 이용하여 SOM 분석에 이용될 변수(D)를 지정한다. SOM 분석에 이용되는 수질항목들을 'comp_names' 옵션을 이용하여 지정할 수 있다. 옵션을 사용하지 않을 경우에도 SOM 분석은 이루어지지만, 생성되는 개별 수질항목별 SOM 분포도에 해당 수질항목의 종류명은 표기되지 않는다.

```
sD=som_set(sD,'labels',L);
```

위의 명령어는 SOM toolbox 내 sub-function인 som_set를 이용하여 SOM 학습을 준비하는 직접적인 명령을 내리는 부분이다. 이때 생성되는 SOM에 할당할 인덱스 정보가 있는 변수 'L'을 'labels' 옵션을 이용하여 지정해 준다.

```
sD=som_normalize(sD,'var');
```

위의 명령어를 통해 SOM toolbox 내 sub-function인 som_normalize를 이용하여 SOM 분석에 이용되는 입력자료의 전처리과정을 진행한다. 입력자료의 전처리는 입력자료에 대한 정규화(normalization)를 진행하는 것으로, 'var', 'range', 'log' 등의 옵션을 이용하여 정규화 방법을 선택할 수 있다.

```
sM=som_make(sD,'msize', [10 7]);
```

SOM toolbox 내 sub-function인 som_make를 이용하여 SOM 분석 결과로 생성되는 map size를 결정한다. 기본값 조건에서 SOM이 입력자료의 표본벡터(sample vector) 수를 기반으로 map size를 결정하며, 셀의 형태는 육각형이 되게 한다. 사용자는 'msize' 옵션에서 셀의 개수만 조건으로 입력할 수 있으며, map size를 세부적으로 지정할 수 있다. 또한 'shape' 옵션에서 셀의 형태를 육각형 또는 사각형 등으로 선택할 수 있다.

```
figure(1)
som_show(sM, 'comp', 1, 'norm', 'd', 'footnote', '');
som_recolorbar('all',3,'denormalized')
```

각 오염물질별 유출부하량의 분포를 SOM으로 작성하는 과정이다. SOM toolbox 내 sub-function인 som_show를 이용하며, 'comp' 옵션에서 몇 번째 오염물질 항목에 대한 이미지를 생성할 것인지를 지정한다. SOM 이미지는 입력자료의 전처리과정을 통해 진행된 정규화 결과를 바탕으로 생성되며, 각각의 SOM 이미지마다 인덱스 역할의 컬러바가 삽입된다.

som_recolorbar sub-function은 기본값 조건에서 생성된 컬러바를 수정하는 과정이다. 본 예시에서는 컬러바가 실제 오염물질 유출부하량의 양상을 따를 수 있도록 비정규화된 값이 표시되게 하였으며, 최소값, 최대값, 중간값 등 3개의 값만 나타나게 하였다.

SOM 이미지와 컬러바의 colormap은 MATLAB 명령어를 이용하여 사용자가 원하는 대로 변경할 수 있다.

```
figure(27)
som_show(sM,'empty','Labels','norm','d','footnote',''); som_
show_add('label',sM,'textsize',8);
```

SOM 학습과정을 통해 224개의 표본벡터를 가진 입력자료가 70개의 셀을 가진 SOM으로 할당되며, 어떤 표본벡터가 어떤 셀로 할당되었는지 확인할 수 있다. som_show_add function을 이용하여 지점 및 계절 정보('label')를 불러올 수 있으며, 'textsize' 옵션에서 텍스트의 크기를 지정할 수 있다.

```
M=som_normalize(sM.codebook,'range');


A=pdist(M,'euclidean');
B=linkage(A,'ward');


figure(30)
[E,T]=dendrogram(B,0);
```

본 예제파일에서 생성된 SOM 내 70개의 셀을 몇 개의 군집으로 나눌 수 있고, 어떤 셀들이 군집화되었는지를 확인하는 과정이다. 각 셀들이 내포하고 있는 **output layer** 속성을 참조하여 유클리드 거리(Euclidean distance)를 계산한 후 계통도를 통해 군집분석 결과를 제공해 준다.

```
denormcodebook=som_denormalize(sM.codebook, sM.comp_norm);
```

SOM 학습과정에서 정규화된 값들을 입력자료의 초기 조건에 기반하여 비정규화하는 과정이다. 환산된 비정규화값은 MATLAB 메인화면의 workspace를 통해 확인할 수 있다.

MATLAB editor 창의 SOM 분석을 위한 최종 입력은 다음과 같으며, 실행 결과는 그림 18-7과 같다.

```
close all; clear all; clc;
%% IMPORT DATA INTO MATLAB
datacol=25; % columns % 수질항목 부분 지정
dataraw=56;% raws % 측정 지점 및 시간 지정


a1=zeros(dataraw,datacol);
```

```matlab
a2=zeros(1,datacol);

b=dataraw*12;

a=xlsread('load input.xlsx','Sheet1');

for kk=1:b;
    for ff=1:25;
        if a(kk,ff)<=0 ;
            a(kk,ff)=NaN;
        end
    end
end

%% SUMMER, FALL, WINTER, SPRING,
summer=1/3*(a(1:dataraw,:)+a(dataraw+1:dataraw*2,:)+a(dataraw*2+
1:dataraw*3,:));
fall=1/3*(a(dataraw*3+1:dataraw*4,:)+a(dataraw*4+1:dataraw*5,:)+
a(dataraw*5+1:dataraw*6,:));
winter=1/3*(a(dataraw*6+1:dataraw*7,:)+a(dataraw*7+1:dataraw*8,:
)+a(dataraw*8+1:dataraw*9,:));
spring=1/3*(a(dataraw*9+1:dataraw*10,:)+a(dataraw*10+1:dataraw*1
1,:)+a(dataraw*11+1:dataraw*12,:));
%% Labeling
D=[summer; fall; winter; spring];
[L]=textread('L.prn','%s',dataraw*4); % 지점 및 시간 구분 지정

[V]=textread('V.prn','%s',25);
```

```
sD=som_data_struct(D, 'comp_names', {'Temperature',
'Enterococcus', 'Escherichia coli', 'Total Coliform', 'Dissolved
Organic Carbon', 'Turbidity', 'Specific Conductivity', 'Dissolved
Oxygen', 'pH', 'Chlorophyll', 'Total Suspended Solid', 'NO3',
'Surfactant', 'Biodchemical Oxygen Demands', 'Al', 'As', 'Cd',
'Co', 'Cr', 'Cu', 'Fe', 'Mn', 'Ni', 'Pb', 'Zn'});
sD=som_set(sD,'labels',L);
sD=som_normalize(sD,'var');
sM=som_make(sD,'msize', [10 7]);
sM=som_autolabel(sM,sD,'add');

figure(1)
som_show(sM, 'comp',1,'norm','d','footnote','');
som_recolorbar('all',3,'denormalized')
figure(2)
som_show(sM, 'comp',2,'norm','d','footnote','');
som_recolorbar('all',3,'denormalized')
figure(3)
som_show(sM, 'comp',3,'norm','d','footnote','');
som_recolorbar('all',3,'denormalized')

...
figure(25)
som_show(sM, 'comp',25,'norm','d','footnote','');
som_recolorbar('all',3,'denormalized')

figure(27)
som_show(sM,'empty','Labels','norm','d','footnote',''); som_
show_add('label',sM,'textsize',8);
```

```
M=som_normalize(sM.codebook,'range');


A=pdist(M,'euclidean');

B=linkage(A,'ward');


figure(30)

[E,T]=dendrogram(B,0);


denormcodebook=som_denormalize(sM.codebook, sM.comp_norm);
```

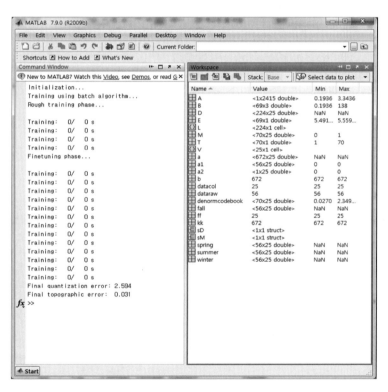

그림 18-7 SOM 구동 이후 MATLAB 메인화면

SOM 학습과정에서 발생하는 final quantization error와 final topographic error를
command window에서 확인할 수 있다. 최적의 map size를 기반으로 SOM 분석이 수행되었
을 때 error 값들은 최저로 나타난다.

SOM 표본벡터에 대한 분류 결과는 그림 18-8과 같이 SOM 형태로 확인할 수 있으며, MATLAB 메인화면의 workspace 창에 생성되는 결과 중 [sM]의 [labels] 부분을 통해 table 형태로 확인할 수 있다(그림 18-9).

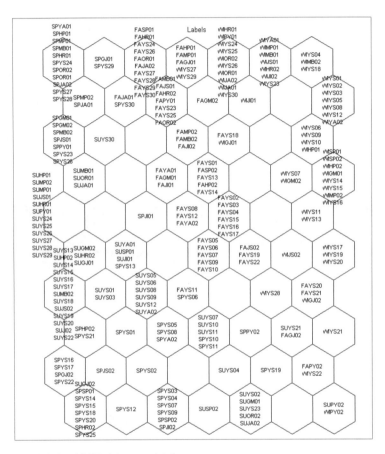

그림 18-8 SOM 시공간적 정보의 분류 결과(SOM 이미지)

Variable Editor - sM.labels

File Edit View Graphics Debug Desktop Window Help

Stack: Base   Select data to plot

sM.labels <70x13 cell>

	1	2	3	4	5	6	7	8	9	10	11	12
1	SPYA01	SPHP01	SPMP01	SPMB01	SPHR01	SPYS24	SPOR02	SPOR01	SPJA02	SPYS27	SPYS28	
2	SPMP02	SPJA01										
3	SPGM01	SPGM02	SPMB02	SPJS01	SPPY01	SPYS23	SPYS26					
4	SUMB01	SUOR01	SUJA01									
5	SUHP01	SUMP02	SUMP01	SUJS01	SUHR01	SUPY01	SUYS24	SUYS25	SUYS26	SUYS27	SUYS28	SUYS2
6	SUGM02	SUHR02	SUGJ01									
7	SUYS13	SUHP02	SUYS14	SUYS15	SUYS16	SUYS17	SUMB02	SUYS18	SUJS02	SUYS19	SUYS20	SUJI0
8	SPHP02	SPYS21										
9	SPYS16	SPYS17	SPGJ02	SPYS22								
10	SUGJ02	SPSP01	SPYS14	SPYS15	SPYS18	SPYS20	SPHR02	SPYS25				
11	SPGJ01	SPYS29										
12	FAJA01	SPYS30										
13	SUYS30											
14												
15												
16	SUYA01	SUSP01	SUJI01	SPYS13								
17	SUYS01	SUYS03										
18	SPYS01											
19	SPJS02											
20	SPYS12											
21	FASP01	FAHR01	FAYS24	FAYS26	FAOR01	FAJA02	FAYS27	FAYS28	FAYS29	FAYS30		
22	FAMB01	FAJS01	FAHR02	FAPY01	FAYS23	FAYS25	FAOR02					
23												
24	FAYA01	FAGM01	FAJI01									

sM   sM.codebook   sM.labels

그림 18-9 SOM 시공간적 정보 분류 결과(MATLAB table)

SOM 학습과정에 의해 분류된 시공간적 정보에 기반하여 오염물질 유출부하량의 시공간적 분포가 각 수질항목별로 SOM 형태로 생성된다.

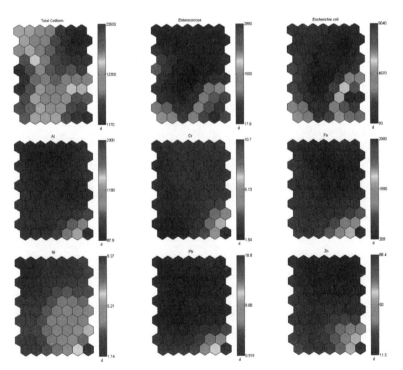

그림 18-10 수질오염물질 종류별 유출부하량의 시공간적 분포

어떻게 해석하는가?

SOM 분석 결과를 해석하기 위해 SOM 분류 경향을 파악한다. SOM 학습과정을 통해 생성된 계통도로 유사한 경향을 갖는 셀 간의 관계를 파악할 수 있다.

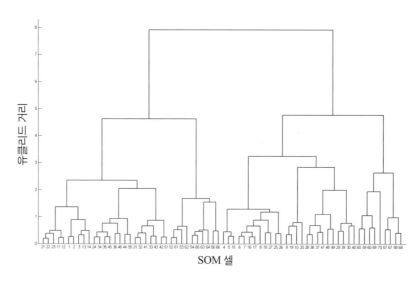

그림 18-11 SOM 셀 간의 관계를 표현하기 위한 계통도

계통도는 2개 또는 그 이상의 클러스터로 SOM 셀들을 군집화할 때, 어떤 셀들이 하나의 클러스터로 묶이는지에 대한 정보를 제공한다. 이를 바탕으로 유역환경 내의 오염물질 유출부하량의 시공간적 변동 양상에 영향을 줄 수 있는 요인들을 유추할 수 있다.

한편, 오염물질 종류별 시공간적인 분포 양상과 입력자료 내 표본벡터들의 분류 결과를 비교하여 특정 계절의 특정 소유역에서 오염물질 유출 양상을 파악할 수 있으며, 이를 바탕으로 세부적인 유역관리 방안의 수립에 기여할 수 있다.

결과 해석 그림 18-8~18-10을 비교하여 수질오염물질의 종류별 시공간 분포를 확인할 수 있으며, 어떤 지역이 어떤 시점에 타 지역과 비교하여 높은 오염물질 유출부하량을 보이는지 확인할 수 있다.
예를 들어, lead의 경우 SOM 하단 우측에 위치한 셀에 모여 있는 지역에서만 많이 유출되기 때문에, 이 지역에 대한 집중적인 lead 관리가 요구된다고 결론을 내릴 수 있다.

참고문헌

1. Abdul-Wahab, S. A. & Al-Alawi, S. M. (2002). Assessment and prediction of tropospheric ozone concentration levels using artificial neural networks. *Environmental Modelling and Software*, 17(3), 219-228.

2. Cortes, C. & Vapnik, V. (1995). Support-Vector Networks. Machine Learning 20.

3. Drake, J. M., Randin, C. & Guisan, A. (2006). Modelling ecological niches with support vector machines. *Journal of Applied Ecology*, 43(3), 424-432.

4. Gill, M. K., Asefa, T., Kemblowski, M. W. & McKee, M. (2006). Soil moisture prediction using support vector machines. *Journal of the American Water Resources Association*, 42(4), 1033-1046.

5. Giraudel, J. L. & Lek, S. (2001). A comparison of self-organizing map algorithm and some conventional statistical methods for ecological community ordination. *Ecological Modeling*, 146, 329–339.

6. Guo, Q., Kelly, M. & Graham, C. H. (2005). Support vector machines for predicting distribution of Sudden Oak Death in California. *Ecological Modelling*, 182(1), 75-90.

7. Hsu, K. L., Gupta, H. V. & Sorooshian, S. (1995). Artificial neural network modeling of the rainfall-runoff process. *Water Resources Research*, 31(10), 2517-2530.

8. Huang, C., Song, K., Kim, S., Townshend, J. R. G., Davis, P., Masek, J. G. & Goward, S. N. (2008). Use of a dark object concept and support vector machines to automate forest cover change analysis. *Remote Sensing of Environment*, 112(3), 970-985.

9. Kavzoglu, T. & Colkesen, I. (2009). A kernel functions analysis for support vector machines for land cover classification. *International Journal of Applied Earth Observation and Geoinformation*, 11(5), 352-359.

10. Khan, M. S. & Coulibaly, P. (2006). Application of support vector machine in lake water level prediction. *Journal of Hydrologic Engineering*, 11(3), 199-205.

11. Kim, H. S., Kwon, Y. & Cha, S. D. (2003). Efficient masquerade detection based on SVM. *Journal of the Korea Institute of Information Security and Cryptology*, 13(5), 91-104.

12. Kim, K. & Park, J. (2009). A survey of applications of artificial intelligence algorithms in eco-environmental modelling. *Environ. Eng. Res.*, 14(2), 102-110.

13. Lek, S. & Guegan, J. F. (1999). Artificial neural networks as a tool in ecological modelling, an introduction. *Ecological Modelling*, 120(2-3), 65-73.

14. Lin, G. F. & Wu, M. C. (2007). A SOM-based approach to estimating design hyetographs of

ungauged sites. *Journal of Hydrology*, 339, 216–226.

15. Lin, J. Y., Cheng, C. T. & Chau, K. W. (2006). Using support vector machines for long-term discharge prediction. *Hydrological Sciences Journal*, 51(4), 599-612.

16. Lu, W. Z. & Wang, W. J. (2005). Potential assessment of the "support vector machine" method in forecasting ambient air pollutant trends. *Chemosphere*, 59(5), 693-701.

17. Majer, H. R. & Dandy, G. C. (1996). The use of artificial networks for the prediction of water quality parameters. *Water Resource Research*, 32(4), 1013-1022.

18. Maier, H. R., Dandy, G. C. & Burch, M. D. (1998). Use of artificial neural networks for modelling cyanobacteria Anabaena spp. in the River Murray, South Australia. *Ecological Modelling*, 105(2-3), 257-272.

19. Minns, A. W. & Hall, M. J. (1996). Artificial neural networks as rainfall-runoff models. *Hydrological Sciences Journal*, 41(3), 399-417.

20. Ou, P. (2009). Prediction of stock market index movement by ten data mining techniques. *Modern Applied Science*, 3(12), 28-42.

21. Park, Y. S., Céréghino, R., Compin, A. & Lek, S. (2003). Applications of artificial neural networks for patterning and predicting aquatic insect species richness in running waters. *Ecological Modelling*, 160(3), 265-280.

22. Radhika, Y. & Shashi, M. (2009). Atmospheric temperature prediction using support vector machines. *International Journal of Computer Theory and Engineering*, 1(1), 55-58.

23. Recknagel, F., French, M., Harkonen, P. & Yabunaka, K. I. (1997). Artificial neural network approach for modelling and prediction of algal blooms. *Ecological Modelling*, 96(1-3), 11-28.

24. Sousa, S. I. V., Martins, F. G., Alvim-Ferraz, M. C. M. & Pereira, M. C. (2007). Multiple linear regression and artificial neural networks based on principal components to predict ozone concentrations. *Environmental Modelling and Software*, 22(1), 97-103.

25. Tokar, A. S. & Johnson, P. A. (1999). Rainfall-runoff modeling using artificial neural networks. *Journal of Hydrologic Engineering*, 4(3), 232-239.

26. Tudesque, L., Gevrey, M., Grenouillet, G. & Lek, S. (2008). Long-term changes in water physicochemistry in the Adour–Garonne hydrographic network during the last three decades. *Water Research*, 42, 732–742.

27. Yu, W., Liu, T., Valdez, B., Gwinn, M. & Khoury, M. J. (2010). Application of support vector machine modeling for prediction of common diseases: The case of diabetes and pre-diabetes. *BMC Medical Informatics and Decision Making*, 10(16), doi:10.1186/1472-6947-10-16.

28. 박정민, 김경재, 한인구(2003). Support Vector Machine을 이용한 기업부도예측. 한국경영정보학

회, 751-759.

29. 조수선(2006). SOM 기반 웹 이미지 분류에서 고수준 텍스트 특징들의 효과. 정보처리학회지, 제 13-B권, 제2호, 통권 제105호, 121-126.

부록

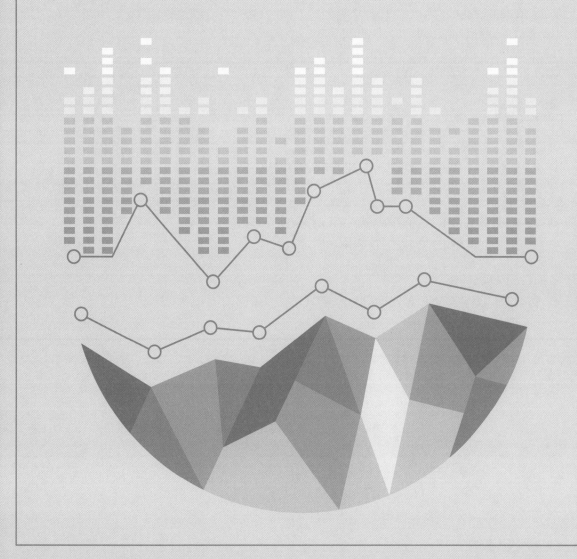

Matlab 예제코드

1. *t*-test

unpaired *t*-test

```
clear all; close all; clc;
[a b c]=xlsread('unpaired-ttest_MATLAB.xlsx');

% data load
A=xlsread('unpaired-ttest_MATLAB.xlsx','A:A');
B=xlsread('unpaired-ttest_MATLAB.xlsx','B:B');

% unpaired ttest
[h,p,ci]=ttest2(A,B,0.05,'both');

CC = {'h' 'p' 'ci'[h] [p] [ci]}
```

paired *t*-test

```
clear all; close all; clc;
[a b c]=xlsread('paired-ttest_MATLAB.xlsx');

% data load
A=xlsread('paired-ttest_MATLAB.xlsx','A:A');
B=xlsread('paired-ttest_MATLAB.xlsx','B:B');

% paired ttest
[h,p,ci]=ttest(A,B,0.05,'both');


CC = {'h' 'p' 'ci'[h] [p] [ci]}
```

2. ANOVA

One-Way ANOVA

```
%% One-Way ANOVA Example
close all; clear all; clc;

% Load variables
CC1=xlsread('ONE_ANOVA.xlsx','A:A');
CC2=xlsread('ONE_ANOVA.xlsx','B:B');

% Do one-way ANOVA
p1=anova1(CC1,CC2,'on')
```

Two or Multi-Way ANOVA

```
%% Two-Way ANOVA Example
close all; clear all; clc;

% Load variables
R=xlsread('TWO_ANOVA.xlsx','B:B');          % Load variable
B=xlsread('TWO_ANOVA.xlsx','C:C');          % Load variable
T=xlsread('TWO_ANOVA.xlsx','A:A');          % Load variable

% Do two-way ANOVA
[p,tbl]=anovan(T,{R,B},'model','full')
```

3. MANOVA

One-Way MANOVA

```
%% One-Way MANOVA Example
close all; clear all; clc;


% Load variables
Site=xlsread('test_MANOVA_01.xlsx','A:A');      % Load variable - site
WT=xlsread('test_MANOVA_01.xlsx','B:B');        % Load variable - temp
pH=xlsread('test_MANOVA_01.xlsx','C:C');        % Load variable - pH
DO=xlsread('test_MANOVA_01.xlsx','D:D');        % Load variable - DO

% Do one-way MANOVA
[d,p,stats]=manova1([WT pH DO], Site, 0.05)
```

4. Kruskal-Wallis test

```
%% Nonparametric test(Kruskal-Wallis test) Example
close all; clear all; clc;

% Load variables
A=xlsread('kwtest.xlsx','A:A');       % Load variable - Group
B=xlsread('kwtest.xlsx','B:B');       % Load variable - Data

% Do Kruskal-Wallis test
[p, table, stats]=kruskalwallis(B,A)
```

5. Correlation

Pearson's Correlation

```
%%%%%%%%%%%%%%%%%%%%%%%%%%%%%%%%%%%%%%%%%%%%%%%%%%%%%%%%%%%%%%%%%%%%%%%%%%
% Pearson correlation in matlab                                        %
% Applied data include flow and TSS                                    %
%%%%%%%%%%%%%%%%%%%%%%%%%%%%%%%%%%%%%%%%%%%%%%%%%%%%%%%%%%%%%%%%%%%%%%%%%%

clear all; close all; clc;

%% Importing original data
[a b c] = xlsread('testcorr.xlsx');

Flow = a(:,1);
TSS = a(:,2);

%% Pearson correlation
[RHO_P, PVAL_P] = corr(Flow, TSS, 'Type','Pearson');
```

Spearman's Correlation

```
%%%%%%%%%%%%%%%%%%%%%%%%%%%%%%%%%%%%%%%%%%%%%%%%%%%%%%%%%%%%%%%%%%%%%%%%%%
% Spearman rank correlation in matlab                                  %
% Applied data include flow and TSS                                    %
%%%%%%%%%%%%%%%%%%%%%%%%%%%%%%%%%%%%%%%%%%%%%%%%%%%%%%%%%%%%%%%%%%%%%%%%%%

clear all; close all; clc;

%% Importing original data
[a b c] = xlsread('testcorr.xlsx');

Flow = a(:,1);
TSS = a(:,2);

%% Spearman rank correlation
[RHO_S, PVAL_S] = corr(Flow, TSS, 'Type','Spearman');
```

Auto Correlation

```
%% Auto Correlation Example
close all; clear all; clc;

% Load variables
A=xlsread('testautocorr.xlsx','A:A');          % Time
B=xlsread('testautocorr.xlsx','B:B');          % Depth
C=xlsread('testautocorr.xlsx','C:C');          % Total Coliform
D=xlsread('testautocorr.xlsx','D:D');          % E.coli
E=xlsread('testautocorr.xlsx','E:E');          % Temperature

[ACF,lags,bounds]=autocorr(E,96,2)
plot(lags,ACF)

xlabel('Lag Number');
ylabel('ACF');
grid 'on'
```

Cross Correlation

```
%% Cross Correlation Example
close all; clear all; clc;

% Load variables
A=xlsread('testcrosscorr.xlsx','A:A');          % Time
B=xlsread('testcrosscorr.xlsx','B:B');          % Depth
C=xlsread('testcrosscorr.xlsx','C:C');          % Total Coliform
D=xlsread('testcrosscorr.xlsx','D:D');          % E.coli
E=xlsread('testcrosscorr.xlsx','E:E');          % Temperature

[XCF,lags,bounds]=crosscorr(C,E,96,2)
plot(lags,XCF)

xlabel('Lag Number');
ylabel('XCF');
grid 'on'
```

6. Regression, Curve Fitting, Time Series Analysis: use 'cftool;'

```
%% Linear Regression Example
close all; clear all; clc;

% Load variables
Time=xlsread('test_regression.xlsx','A:A');                % Time
BOD=xlsread('test_regression.xlsx','B:B');                 % BOD
SS=xlsread('test_regression.xlsx','C:C');                  % SS
TN=xlsread('test_regression.xlsx','D:D');                  % TN
TP=xlsread('test_regression.xlsx','E:E');                  % TP

cftool;
```

7. Spatial & Temporal Data Analysis

3 Dimension Spatial & Temporal Analysis

```
clear all; close all; clc;

X=xlsread('contour3d_site.xlsx'); % read n*m matrix from excel file
Y=xlsread('contour3d_time.xlsx'); % read n*m matrix from excel file
Z=xlsread('contour3d_TP.xlsx'); % read n*m matrix from excel file

% draw 3-D contour plot of matrix x*y*z with n contour level
contour3(X,Y,Z,20)
% create surface object
surface(X,Y,Z,'EdgeColor',[.8 .8 .8],'FaceColor','none')

grid off % remove the major and minor grid line
colormap jet % select the color of map

xlabel('x axis');
ylabel('t axis');
zlabel('con axis');
```

4 Dimension Spatial & Temporal Analysis

```
clear all; close all; clc;

%% read spatio-temporal database
table = xlsread('contour4d.xlsx');
x = table(:,1);
y = table(:,2);
t = table(:,3);
c = table(:,4);

%% set and arrange the database for constructing the contour
xmax = max(x);
ymax = max(y);
tmax = max(t);

xstep = max(diff(x));
ystep = max(diff(y));
tstep = max(diff(t));

xstep_len = 1/xstep;
ystep_len = 1/ystep;
tstep_len = 1/tstep;

inc = 1;
for i = 1:1:xmax*xstep_len
    for j = 1:1:ymax*ystep_len
        for k=1:1:tmax*tstep_len
            col(i,j,k) = c(inc);
            inc=inc+1;
        end
    end
end

x=1:xstep:xmax;
y=1:ystep:ymax;
t=1:tstep:tmax;
[x,y,t] = meshgrid(x,y,t);

%% draw the 4-d contour
hx = slice(x,y,t,col,[],[],[1,2,3,4,5]);
set(hx,'FaceColor','interp','EdgeColor','none')
```

```
view(3);
axis tight

daspect([1 1 1]);

colormap(jet);

camlight;
lighting phong

colorbar;

xlabel('x axis');
ylabel('y axis');
zlabel('t axis');
```

8. Principal Component Analysis

```
%% clear all variables from workspace and clear command window

clear all; close all; clc;

% create data set for PCA
[data,txt,raw] = xlsread('PCA_Example.xlsx');

% Use princoman function to find
%   1. Loadings
%   2. Scores
%   3. Variance accounted for by each PC individually
%   4. Cumulative variance accounted for by each PC

[Loadings,Scores,VI,VT] = princoman(data,1,1,1)
```

9. Cluster Analysis

Hierarchical Cluster Analysis

```
%% Hierarchical Clustering Example
close all; clear all; clc;

% Load data set
X=xlsread('testCA.xlsx', 'A:F');

% Do Hierarchical cluster analysis
D=pdist(X);
Z=linkage(D, 'ward');
T=cluster(Z, 'maxclust', 3);
dendrogram(Z)
```

Non-Hierarchical Cluster Analysis

```
%% Non-hierarchical Clustering Example
 close all; clear all; clc;

% Load data set
X=xlsread('k_means.xlsx', 'A:F');

% Do Non-hierarchical cluster analysis
k=4;
IDX=kmeans(X,k);
```

10. Monte Carlo Simulation

```
clear all; close all; clc;

meanvalue=input('Type the mean value for Gaussian distribution: ' );
stdvalue=input('Type the standard deviation value for Gaussian
distribution: ' );

upperlimit=meanvalue+5*stdvalue;
lowerlimit=meanvalue-5*stdvalue;

Xpdf=[lowerlimit:abs((upperlimit-lowerlimit)/99):upperlimit];
n=length(Xpdf);

Ygauss=zeros(n,1);
Ypdf=zeros(n,1);
Ycdf=zeros(n,1);

%% Gaussian Distribution
for i=1:n

Ygauss(i)=exp(-((Xpdf(i)-meanvalue)/stdvalue)^2/2)/sqrt(2*pi*stdvalue^
2);
end

SUMgauss=sum(Ygauss);

for i=2:n
    Ypdf(i)=Ygauss(i)/SUMgauss;
    Ycdf(i)=Ycdf(i-1)+Ypdf(i);
end


%% Monte Carlo Simulation
m=input('How many Monte Carlo Simulations you want: ' );

x=rand(n,m);              % Generate Random numvers
y=Xpdf';
z=Ycdf;

MCStable=zeros(n,n);
MCSresult=zeros(m,n);
```

```
for k=1:m
    xx=x(:,k)';
        for j=1:n
            for i=1:n-1
                if xx(j)>z(i) & xx(j)<=z(i+1)
                    MCStable(i+1,j)=y(i+1);
                end
            end
        end
    for j=1:n
        MCSresult(k,j)=sum(MCStable(:,j));
    end
    MCStable=zeros(n,n);
end

out=length(MCSresult(:,1));
numbersample=[1:1:100];
MCSoutput=MCSresult';

save MCSoutput.dat MCSoutput -ascii
plot(numbersample, MCSoutput);
```

11. Sensitivity Analysis

Monte Carlo Analysis

```
%%%%%%%%%%%%%%%%%%%%%%%%%%%%%%%%%%%%%%%%%%%%%%%%%%%%%%%%%%%%%%%%%%%%%%%%%%%%
% Development of MLR model to predict chlorophyll a              %
% Sensitivity analysis using MCS with respect to change of input
variable                                                         %
% Input variables include pH, DO, SS, NO3-N, Water temperature, PO4-P   %
%%%%%%%%%%%%%%%%%%%%%%%%%%%%%%%%%%%%%%%%%%%%%%%%%%%%%%%%%%%%%%%%%%%%%%%%%%%%
%%%%%%%%%%%%%%%%%%%%% Development of MLR model %%%%%%%%%%%%%%%%%%%%%%%%%%%%%

clear all; close all; clc;

%% Importing input and output dataset
[a b c] = xlsread('YSR1_WQ.xls');
```

```
%% Defining Input and output dataset
Input = a(:,1:6);
Output = a(:,7);

Min_in = min(Input); Max_in = max(Input);

%% Normalization of inpu data
% All values in Normal_input data is range from -1 to 1.
for i = 1:size(Input,2)
    Normal_input(:,i)                                           =
-1+(Input(:,i)-Min_in(i))./(Max_in(i)-Min_in(i))*2;
end

%% Calculating regression coefficient at MLR model
% Eqn: Chl-a = a0+a1*pH+a2*DO+a3*SS+a4*NO3+a5*temp+a6*PO4
Coeff = regress(Output,[ones(size(Input,1),1) Normal_input]);

% Arrangement of coefficient at MLR model
a0 = Coeff(1); a1 = Coeff(2); a2 = Coeff(3); a3 = Coeff(4); a4 =
Coeff(5);
a5 = Coeff(6); a6 = Coeff(7);

%% Check predicted and measured chl a conc
% Calculating predicted chl a concentration
Pre_chla                                                        =
a0+a1*Normal_input(:,1)+a2*Normal_input(:,2)+a3*Normal_input(:,3)...
    +a4*Normal_input(:,4)+a5*Normal_input(:,5)+a6*Normal_input(:,6);

% Checking performance based on Nash-Sutcliffe model efficiency
NS_val = NSE(Pre_chla,Output);


%%%%%%%%%%%%%%%%%%        Sensitivity     analysis     using     MCS
%%%%%%%%%%%%%%%%%%%%%%%%%%
%% Calcuating empirical CDF of input data set
[f1,x1] = ecdf(Input(:,1));              % pH
[f2,x2] = ecdf(Input(:,2));              % DO
[f3,x3] = ecdf(Input(:,3));              % SS
[f4,x4] = ecdf(Input(:,4));              % NO3
[f5,x5] = ecdf(Input(:,5));              % Temp
[f6,x6] = ecdf(Input(:,6));              % PO4
```

```
%% Picking up input dataset randomly based on each parameter's CDF
n = 10000;

% pH data set
for i=1:n
    if i == 1
        pick_p = rand(1);
        for k = 1:size(f1,1)-1
            if pick_p > f1(k) && pick_p <= f1(k+1)
                MCS_1(i,1) = x1(k+1);
            end
        end

        for k = 1:size(f2,1)-1
            if pick_p > f2(k) && pick_p <= f2(k+1)
                MCS_1(i,2) = x2(k+1);
            end
        end

        for k = 1:size(f3,1)-1
            if pick_p > f3(k) && pick_p <= f3(k+1)
                MCS_1(i,3) = x3(k+1);
            end
        end

        for k = 1:size(f4,1)-1
            if pick_p > f4(k) && pick_p <= f4(k+1)
                MCS_1(i,4) = x4(k+1);
            end
        end

        for k = 1:size(f5,1)-1
            if pick_p > f5(k) && pick_p <= f5(k+1)
                MCS_1(i,5) = x5(k+1);
            end
        end

        for k = 1:size(f6,1)-1
            if pick_p > f6(k) && pick_p <= f6(k+1)
                MCS_1(i,6) = x6(k+1);
```

```
            end
        end


    else
        pick_p = rand(1);
        for k = 1:size(f1,1)-1
            if pick_p > f1(k) && pick_p <= f1(k+1)
                MCS_1(i,1) = x1(k+1);
            end
        end
        MCS_1(i,2) = MCS_1(1,2);
        MCS_1(i,3) = MCS_1(1,3);
        MCS_1(i,4) = MCS_1(1,4);
        MCS_1(i,5) = MCS_1(1,5);
        MCS_1(i,6) = MCS_1(1,6);
    end
end


% DO
for i=1:n
    if i == 1
        pick_p = rand(1);
        for k = 1:size(f1,1)-1
            if pick_p > f1(k) && pick_p <= f1(k+1)
                MCS_2(i,1) = x1(k+1);
            end
        end


        for k = 1:size(f2,1)-1
            if pick_p > f2(k) && pick_p <= f2(k+1)
                MCS_2(i,2) = x2(k+1);
            end
        end


        for k = 1:size(f3,1)-1
            if pick_p > f3(k) && pick_p <= f3(k+1)
                MCS_2(i,3) = x3(k+1);
            end
        end


        for k = 1:size(f4,1)-1
```

```
            if pick_p > f4(k) && pick_p <= f4(k+1)
                MCS_2(i,4) = x4(k+1);
            end
        end

        for k = 1:size(f5,1)-1
            if pick_p > f5(k) && pick_p <= f5(k+1)
                MCS_2(i,5) = x5(k+1);
            end
        end

        for k = 1:size(f6,1)-1
            if pick_p > f6(k) && pick_p <= f6(k+1)
                MCS_2(i,6) = x6(k+1);
            end
        end

    else
        pick_p = rand(1);
        for k = 1:size(f2,1)-1
            if pick_p > f2(k) && pick_p <= f2(k+1)
                MCS_2(i,2) = x2(k+1);
            end
        end
        MCS_2(i,1) = MCS_2(1,1);
        MCS_2(i,3) = MCS_2(1,3);
        MCS_2(i,4) = MCS_2(1,4);
        MCS_2(i,5) = MCS_2(1,5);
        MCS_2(i,6) = MCS_2(1,6);
    end
end

% SS
for i=1:n
    if i == 1
        pick_p = rand(1);
        for k = 1:size(f1,1)-1
            if pick_p > f1(k) && pick_p <= f1(k+1)
                MCS_3(i,1) = x1(k+1);
            end
        end
```

```
    for k = 1:size(f2,1)-1
        if pick_p > f2(k) && pick_p <= f2(k+1)
            MCS_3(i,2) = x2(k+1);
        end
    end

    for k = 1:size(f3,1)-1
        if pick_p > f3(k) && pick_p <= f3(k+1)
            MCS_3(i,3) = x3(k+1);
        end
    end

    for k = 1:size(f4,1)-1
        if pick_p > f4(k) && pick_p <= f4(k+1)
            MCS_3(i,4) = x4(k+1);
        end
    end

    for k = 1:size(f5,1)-1
        if pick_p > f5(k) && pick_p <= f5(k+1)
            MCS_3(i,5) = x5(k+1);
        end
    end

    for k = 1:size(f6,1)-1
        if pick_p > f6(k) && pick_p <= f6(k+1)
            MCS_3(i,6) = x6(k+1);

        end
    end

else
    pick_p = rand(1);
    for k = 1:size(f3,1)-1
        if pick_p > f3(k) && pick_p <= f3(k+1)
            MCS_3(i,3) = x3(k+1);
        end
    end
    MCS_3(i,1) = MCS_3(1,1);
    MCS_3(i,2) = MCS_3(1,2);
    MCS_3(i,4) = MCS_3(1,4);
```

```
            MCS_3(i,5) = MCS_3(1,5);
            MCS_3(i,6) = MCS_3(1,6);
        end
end


% NO3
for i=1:n
    if i == 1
        pick_p = rand(1);
        for k = 1:size(f1,1)-1
            if pick_p > f1(k) && pick_p <= f1(k+1)
                MCS_4(i,1) = x1(k+1);
            end
        end

        for k = 1:size(f2,1)-1
            if pick_p > f2(k) && pick_p <= f2(k+1)
                MCS_4(i,2) = x2(k+1);
            end
        end

        for k = 1:size(f3,1)-1
            if pick_p > f3(k) && pick_p <= f3(k+1)
                MCS_4(i,3) = x3(k+1);
            end
        end

        for k = 1:size(f4,1)-1
            if pick_p > f4(k) && pick_p <= f4(k+1)
                MCS_4(i,4) = x4(k+1);
            end
        end

        for k = 1:size(f5,1)-1
            if pick_p > f5(k) && pick_p <= f5(k+1)
                MCS_4(i,5) = x5(k+1);
            end
        end

        for k = 1:size(f6,1)-1
            if pick_p > f6(k) && pick_p <= f6(k+1)
```

```
                MCS_4(i,6) = x6(k+1);
            end
        end

    else
        pick_p = rand(1);
        for k = 1:size(f4,1)-1
            if pick_p > f4(k) && pick_p <= f4(k+1)
                MCS_4(i,4) = x4(k+1);
            end
        end
        MCS_4(i,1) = MCS_4(1,1);
        MCS_4(i,2) = MCS_4(1,2);
        MCS_4(i,3) = MCS_4(1,3);
        MCS_4(i,5) = MCS_4(1,5);
        MCS_4(i,6) = MCS_4(1,6);
    end
end

% Temp
for i=1:n
    if i == 1
        pick_p = rand(1);
        for k = 1:size(f1,1)-1
            if pick_p > f1(k) && pick_p <= f1(k+1)
                MCS_5(i,1) = x1(k+1);
            end
        end

        for k = 1:size(f2,1)-1
            if pick_p > f2(k) && pick_p <= f2(k+1)
                MCS_5(i,2) = x2(k+1);
            end
        end

        for k = 1:size(f3,1)-1
            if pick_p > f3(k) && pick_p <= f3(k+1)
                MCS_5(i,3) = x3(k+1);
            end
        end
```

```
        for k = 1:size(f4,1)-1
            if pick_p > f4(k) && pick_p <= f4(k+1)
                MCS_5(i,4) = x4(k+1);
            end
        end


        for k = 1:size(f5,1)-1
            if pick_p > f5(k) && pick_p <= f5(k+1)
                MCS_5(i,5) = x5(k+1);
            end
        end


        for k = 1:size(f6,1)-1
            if pick_p > f6(k) && pick_p <= f6(k+1)
                MCS_5(i,6) = x6(k+1);
            end
        end


    else
        pick_p = rand(1);
        for k = 1:size(f5,1)-1
            if pick_p > f5(k) && pick_p <= f5(k+1)
                MCS_5(i,5) = x5(k+1);
            end
        end
        MCS_5(i,1) = MCS_5(1,1);
        MCS_5(i,2) = MCS_5(1,2);
        MCS_5(i,3) = MCS_5(1,3);
        MCS_5(i,4) = MCS_5(1,4);
        MCS_5(i,6) = MCS_5(1,6);
    end
end

% PO4
for i=1:n
    if i == 1
        pick_p = rand(1);
        for k = 1:size(f1,1)-1
            if pick_p > f1(k) && pick_p <= f1(k+1)
                MCS_6(i,1) = x1(k+1);
            end
```

```
        end

        for k = 1:size(f2,1)-1
            if pick_p > f2(k) && pick_p <= f2(k+1)
                MCS_6(i,2) = x2(k+1);
            end
        end

        for k = 1:size(f3,1)-1
            if pick_p > f3(k) && pick_p <= f3(k+1)
                MCS_6(i,3) = x3(k+1);
            end
        end

        for k = 1:size(f4,1)-1
            if pick_p > f4(k) && pick_p <= f4(k+1)
                MCS_6(i,4) = x4(k+1);
            end
        end

        for k = 1:size(f5,1)-1
            if pick_p > f5(k) && pick_p <= f5(k+1)
                MCS_6(i,5) = x5(k+1);
            end
        end

        for k = 1:size(f6,1)-1
            if pick_p > f6(k) && pick_p <= f6(k+1)
                MCS_6(i,6) = x6(k+1);
            end
        end

    else
        pick_p = rand(1);
        for k = 1:size(f6,1)-1
            if pick_p > f6(k) && pick_p <= f6(k+1)
                MCS_6(i,6) = x6(k+1);
            end
        end
        MCS_6(i,1) = MCS_6(1,1);
        MCS_6(i,2) = MCS_6(1,2);
```

```
        MCS_6(i,3) = MCS_6(1,3);
        MCS_6(i,4) = MCS_6(1,4);
        MCS_6(i,5) = MCS_6(1,5);
    end
end

%% Normalization of input data
% pH
for j = 1:size(Input,2)
    Normal_MCS_1(:,j)                                                      =
-1+(MCS_1(:,j)-Min_in(j))./(Max_in(j)-Min_in(j))*2;
end

% DO
for j = 1:size(Input,2)
    Normal_MCS_2(:,j)                                                      =
-1+(MCS_2(:,j)-Min_in(j))./(Max_in(j)-Min_in(j))*2;
end

% SS
for j = 1:size(Input,2)
    Normal_MCS_3(:,j)                                                      =
-1+(MCS_3(:,j)-Min_in(j))./(Max_in(j)-Min_in(j))*2;
end

% NO3
for j = 1:size(Input,2)
    Normal_MCS_4(:,j)                                                      =

-1+(MCS_4(:,j)-Min_in(j))./(Max_in(j)-Min_in(j))*2;
end

% Temp
for j = 1:size(Input,2)
    Normal_MCS_5(:,j)                                                      =
-1+(MCS_5(:,j)-Min_in(j))./(Max_in(j)-Min_in(j))*2;
end

% PO4
for j = 1:size(Input,2)
    Normal_MCS_6(:,j)                                                      =
-1+(MCS_6(:,j)-Min_in(j))./(Max_in(j)-Min_in(j))*2;
```

```
end

%% Simulation of MLR based on MCS input condition
% pH
Pre_chla_MCS_1                                              =
a0+a1*Normal_MCS_1(:,1)+a2*Normal_MCS_1(:,2)+a3*Normal_MCS_1(:,3)...
    +a4*Normal_MCS_1(:,4)+a5*Normal_MCS_1(:,5)+a6*Normal_MCS_1(:,6);

Std_MCS_1 = std(Pre_chla_MCS_1);

% DO
Pre_chla_MCS_2                                              =
a0+a1*Normal_MCS_2(:,1)+a2*Normal_MCS_2(:,2)+a3*Normal_MCS_2(:,3)...
    +a4*Normal_MCS_2(:,4)+a5*Normal_MCS_2(:,5)+a6*Normal_MCS_2(:,6);

Std_MCS_2 = std(Pre_chla_MCS_2);

% SS
Pre_chla_MCS_3                                              =
a0+a1*Normal_MCS_3(:,1)+a2*Normal_MCS_3(:,2)+a3*Normal_MCS_3(:,3)...
    +a4*Normal_MCS_3(:,4)+a5*Normal_MCS_3(:,5)+a6*Normal_MCS_3(:,6);

Std_MCS_3 = std(Pre_chla_MCS_3);

% NO3
Pre_chla_MCS_4                                              =
a0+a1*Normal_MCS_4(:,1)+a2*Normal_MCS_4(:,2)+a3*Normal_MCS_4(:,3)...
    +a4*Normal_MCS_4(:,4)+a5*Normal_MCS_4(:,5)+a6*Normal_MCS_4(:,6);

Std_MCS_4 = std(Pre_chla_MCS_4);

% Temp
Pre_chla_MCS_5                                              =
a0+a1*Normal_MCS_5(:,1)+a2*Normal_MCS_5(:,2)+a3*Normal_MCS_5(:,3)...
    +a4*Normal_MCS_5(:,4)+a5*Normal_MCS_5(:,5)+a6*Normal_MCS_5(:,6);

Std_MCS_5 = std(Pre_chla_MCS_5);

% PO4
Pre_chla_MCS_6                                              =
a0+a1*Normal_MCS_6(:,1)+a2*Normal_MCS_6(:,2)+a3*Normal_MCS_6(:,3)...
```

```
      +a4*Normal_MCS_6(:,4)+a5*Normal_MCS_6(:,5)+a6*Normal_MCS_6(:,6);

Std_MCS_6 = std(Pre_chla_MCS_6);

%% Check rank (1 pH, 2 DO, 3 SS, 4 NO3, 5 Temp, 6 PO4)
Std_MCS_tot  =  [Std_MCS_1  Std_MCS_2  Std_MCS_3  Std_MCS_4  Std_MCS_5
Std_MCS_6]; % 2 > 6 > 5 > 1 > 4 > 3
```

LH-OAT Analysis

```
%%%%%%%%%%%%%%%%%%%%%%%%%%%%%%%%%%%%%%%%%%%%%%%%%%%%%%%%%%%%%%%%%%%%%%%%%%%
% Development of MLR model to predict chlorophyll a                    %
% Sensitivity analysis using LH-OAT method with change of input variable
% Input variables include pH, DO, SS, NO3-N, Water temperature, PO4-P  %
%%%%%%%%%%%%%%%%%%%%%%%%%%%%%%%%%%%%%%%%%%%%%%%%%%%%%%%%%%%%%%%%%%%%%%%%%%%
%%%%%%%%%%%%%%%%%%%%%%%% Development of MLR model %%%%%%%%%%%%%%%%%%%%%%%%%

clear all; close all; clc;

%% Importing input and output dataset
[a b c] = xlsread('YSR1_WQ.xls');

%% Defining Input and output dataset
Input = a(:,1:6);
Output = a(:,7);

Min_in = min(Input); Max_in = max(Input);

%% Normalization of input and output data
% All values in Normal_input and _output data is range from -1 to 1.
for i = 1:size(Input,2)
   Normal_input(:,i)                                                  =
-1+(Input(:,i)-Min_in(i))./(Max_in(i)-Min_in(i))*2;
end

%% Calculating regression coefficient at MLR model
% Eqn: Chl-a = a0+a1*pH+a2*DO+a3*SS+a4*NO3+a5*temp+a6*PO4
Coeff = regress(Output,[ones(size(Input,1),1) Normal_input]);

% Arrangement of coefficient at MLR model
a0 = Coeff(1); a1 = Coeff(2); a2 = Coeff(3); a3 = Coeff(4); a4 =
```

```
Coeff(5);
a5 = Coeff(6); a6 = Coeff(7);

%% Check predicted and measured chl a conc
% Calculating predicted chl a concentration
Pre_chla                                                              =
a0+a1*Normal_input(:,1)+a2*Normal_input(:,2)+a3*Normal_input(:,3)...
    +a4*Normal_input(:,4)+a5*Normal_input(:,5)+a6*Normal_input(:,6);

% Checking performance based on Nash-Sutcliffe model efficiency
NS_val = NSE(Pre_chla,Output);


%%%%%%%%%%%%%%%%%% Sensitivity analysis using LH-OAT %%%%%%%%%%%%%%%%%%%
%% Information of LH sampling
n = 10000;
frt = 0.1;                               % fraction

%% Making random input datasets using LH sampling
Range_variable = [Min_in' Max_in'];

pn = size(Range_variable,1);
its = (Range_variable(:,2)-Range_variable(:,1))./n;
Ih = Rptc(Range_variable(:,1),n)+Rptr(1:n,pn).*Rptc(its,n);

for i = 1:pn
    Ih(i,:) = Ih(i,randperm(n));
end

Ih = Ih-rand(pn,n).*Rptc(its,n);

%% Simulation of MLR by LH input datasets with OAT
for i = 1:n
    % Making OAT input data sets
    oat = Rptc(Ih(:,i),pn+1);
    sgn = 0.5-rand(pn,1);
    sgn = sgn./abs(sgn);
    for j = 1:pn
        oat(j,j+1) = oat(j,j+1)*(1+sgn(j)*frt);
        oat(j,j+1) = max(oat(j,j+1),Range_variable(j,1));
        oat(j,j+1) = min(oat(j,j+1),Range_variable(j,2));
```

```
    end

    % Normalization of input
    for j = 1:size(Input,2)
        Normal_oat(j,:)                                              =
-1+(oat(j,:)-Min_in(j))./(Max_in(j)-Min_in(j))*2;
    end

    % Simulation of model
    for j = 1:pn

        real_f = abs(oat(j,j+1)-oat(j,1))/(its(j)*n);

        Pre_chla_2(i,j)                                              =
a0+a1*Normal_oat(1,j+1)+a2*Normal_oat(2,j+1)+a3*Normal_oat(3,j+1)...
    +a4*Normal_oat(4,j+1)+a5*Normal_oat(5,j+1)+a6*Normal_oat(6,j+1);
        if j == 1
            Pre_chla_1(i,j)                                          =
a0+a1*Normal_oat(1,1)+a2*Normal_oat(2,1)+a3*Normal_oat(3,1)...
    +a4*Normal_oat(4,1)+a5*Normal_oat(5,1)+a6*Normal_oat(6,1);
        else
            Pre_chla_1(i,j) = Pre_chla_1(i,1);
        end

        Partial_sens(i,j)                                            =
100/real_f*abs((Pre_chla_2(i,j)-Pre_chla_1(i,j))/((Pre_chla_2(i,j)+Pre
_chla_1(i,j))/2));
        disp(sprintf('\nLH = %5d, OAT = %5d',i,j));
    end
end

%% Check rank (1 pH, 2 DO, 3 SS, 4 NO3, 5 Temp, 6 PO4)
Ave_partial_sens = mean(Partial_sens); % 2 > 6 > 5 > 1 > 3 > 4
Std_partial_sens = std(Partial_sens);
```

12. Artificial Neural Network(ANN)

Main Code

```
%%%%%%%%%%%%%%%%%%%%%%%%%%%%%%%%%%%%%%%%%%%%%%%%%%%%%%%%%%%%%%%%%%%%%%%%%%%%%
% Setting up ANN model to predict Chl a concentration                    %
% Optimized model parameter: learning rate, momentum, # of hidden neuron
% learning rate(lr), momentum(mo), number of hidden neuron(hl)           %
%%%%%%%%%%%%%%%%%%%%%%%%%%%%%%%%%%%%%%%%%%%%%%%%%%%%%%%%%%%%%%%%%%%%%%%%%%%%%

clear all; close all; clc;

%% Importing original data sets
[a b c] = xlsread('YSR1_WQ.xls');

Input = a(:,2:8);
Output = a(:,9);

% Maximum and minimum of input and output data
Min_In = min(Input); Max_In = max(Input);
Min_Out = min(Output); Max_Out = max(Output);

%% Normalization of input and output data
% All values in Normal_input data is range from -1 to 1.
for i = 1:size(Input,2)
    Normal_Input(:,i)                                                   =
-1+(Input(:,i)-Min_In(i))./(Max_In(i)-Min_In(i))*2;
end

Normal_Output = -1+(Output-Min_Out)./(Max_Out-Min_Out)*2;

%% Arrangement of input and output data
% Traning data set (2002 to 2010)
Tr_In = Normal_Input(1:108,:);
Tr_Out = Normal_Output(1:108,:);

% Validation data set (2011)
Vl_In = Normal_Input(109:end,:);
Vl_Out = Normal_Output(109:end,:);
```

```
%% Optimization model parameters using pattern search
% Setting up range of model parameter values
LB = [0 0 1];
UB = [1 1 21];
Parm0 = (LB+UB)./2;

% Application of pattern search
options = psoptimset('Display','iter');
Parm =
patternsearch(@(Parm)ANN_model(Parm,Tr_In,Tr_Out,Min_Out,Max_Out),Parm
0,[],[],[],[],LB,UB,options);

%% Training and validation of the model with optimized model parameters
% Training
net = newff(minmax(Tr_In'),[floor(Parm(3))
1],{'tansig','tansig'},'traingdm');

net.trainparam.epochs = 2500;
net.trainparam.mc = Parm(2);
net.trainparam.lr = Parm(1);
net = train(net,Tr_In',Tr_Out');

Y_tr = sim(net,Tr_In');
Tr_sim = (postmnmx(Y_tr,Min_Out,Max_Out))';
Tr_obs = postmnmx(Tr_Out,Min_Out,Max_Out);
Tr_NSE = NSE(Tr_sim,Tr_obs);

% Validation
Y_vl = sim(net,Vl_In');
Vl_sim = (postmnmx(Y_vl,Min_Out,Max_Out))';
Vl_obs = postmnmx(Vl_Out,Min_Out,Max_Out);
Vl_NSE = NSE(Vl_sim,Vl_obs);

%% Plot the training and validation results
% Measured VS predicted at training step
subplot(2,2,[1 3])
plot(Tr_obs,Tr_sim,'o')
fname1 = sprintf('ANN training step, NSE = %4.2f',Tr_NSE);
title(fname1)
xlabel('Measured chl-a conc.'); ylabel('Predicted chl-a conc.');
```

```
subplot(2,2,[2 4])
plot(Vl_obs,Vl_sim,'o')
fname2 = sprintf('ANN validation step, NSE = %4.2f',Vl_NSE);
title(fname2)
xlabel('Measured chl-a conc.'); ylabel('Predicted chl-a conc.');
```

Sub-Model Code

```
%%%%%%%%%%%%%%%%%%%%%%%%%%%%%%%%%%%%%%%%%%%%%%%%%%%%%%%%%%%%%%%%%%%%%%%%%%%
% Sub-model for ANN execution to calculate performance value            %
%%%%%%%%%%%%%%%%%%%%%%%%%%%%%%%%%%%%%%%%%%%%%%%%%%%%%%%%%%%%%%%%%%%%%%%%%%%

function [f] = ANN_model(Parm,Tr_In,Tr_Out,Min_Out,Max_Out)

%% Set Parameters
lr = Parm(1); mo = Parm(2); hl = Parm(3);
iteration = 2500;

%% Training
net = newff(minmax(Tr_In'),[floor(hl)
1],{'tansig','tansig'},'traingdm');

net.trainparam.epochs = iteration;
net.trainparam.mc = mo;
net.trainparam.lr = lr;
net = train(net,Tr_In',Tr_Out');

Y = sim(net,Tr_In');
Tr_sim = (postmnmx(Y,Min_Out,Max_Out))';
Tr_obs = postmnmx(Tr_Out,Min_Out,Max_Out);

%% RMSE
error = (Tr_sim-Tr_obs).^2;
RMSE = (1/size(Tr_sim,1).*sum(error)).^(1/2);
f = RMSE;
```

13. Support Vector Machine(SVM)

Main Code

```
%%%%%%%%%%%%%%%%%%%%%%%%%%%%%%%%%%%%%%%%%%%%%%%%%%%%%%%%%%%%%%%%%%%%%%%%
% Setting up SVM model to predict Chl a concentration               %
% Optimized model parameter: C, epsilon, KernelParam                %
%%%%%%%%%%%%%%%%%%%%%%%%%%%%%%%%%%%%%%%%%%%%%%%%%%%%%%%%%%%%%%%%%%%%%%%%

clear all; close all; clc;

%% Importing original data sets
[a b c] = xlsread('YSR1_WQ.xls');

Input = a(:,2:8);
Output = a(:,9);

% Maximum and minimum of input and output data
Min_In = min(Input); Max_In = max(Input);
Min_Out = min(Output); Max_Out = max(Output);

%% Normalization of input and output data
% All values in Normal_input data is range from -1 to 1.
for i = 1:size(Input,2)
    Normal_Input(:,i)                                              =
-1+(Input(:,i)-Min_In(i))./(Max_In(i)-Min_In(i))*2;
end

Normal_Output = -1+(Output-Min_Out)./(Max_Out-Min_Out)*2;

%% Arrangement of input and output data
% Traning data set (2002 to 2010)
Tr_In = Normal_Input(1:108,:);
Tr_Out = Normal_Output(1:108,:);

% Validation data set (2011)
Vl_In = Normal_Input(109:end,:);
Vl_Out = Normal_Output(109:end,:);

%% Optimization model parameters using pattern search
% Setting up range of model parameter values
```

```
LB = [0.01 0.001 0.01];
UB = [100 0.5 30];

Parm0 = (LB+UB)./2;

% Application of pattern search
options = psoptimset('Display','iter');
Parm =
patternsearch(@(Parm)SVM_model(Parm,Tr_In,Tr_Out,Min_Out,Max_Out),Parm
0,[],[],[],[],LB,UB,options);

%% Training and validation of the model with optimized model parameters
SVR = OnlineSVR;

% Set parameter
SVR = set(SVR,      'C',                    Parm(1), ...
    'Epsilon',              Parm(2), ...
    'KernelType',           'RBF', ...
    'KernelParam',          Parm(3), ...
    'AutoErrorTollerance',  true, ...
    'Verbosity',            1, ...
    'StabilizedLearning',   true, ...
    'ShowPlots',            true, ...
    'MakeVideo',            false, ...
    'VideoTitle',           '');

% Training
net_SVR = Train(SVR,Tr_In,Tr_Out);

Y_tr = Predict(net_SVR,Tr_In);
Tr_sim = postmnmx(Y_tr,Min_Out,Max_Out);
Tr_obs = postmnmx(Tr_Out,Min_Out,Max_Out);
Tr_NSE = NSE(Tr_sim,Tr_obs);

Y_vl = Predict(net_SVR,Vl_In);
Vl_sim = postmnmx(Y_vl,Min_Out,Max_Out);
Vl_obs = postmnmx(Vl_Out,Min_Out,Max_Out);
Vl_NSE = NSE(Vl_sim,Vl_obs);

%% Plot the training and validation results
% Measured VS predicted at training step
```

```
subplot(2,2,[1 3])
plot(Tr_obs,Tr_sim)
fname1 = sprintf('SVM training step, NSE = %4.2f',Tr_NSE);
title(fname1)
xlabel('Measured chl-a conc.'); ylabel('Predicted chl-a conc.');

subplot(2,2,[2 4])
plot(Vl_obs,Vl_sim)
fname2 = sprintf('SVM validation step, NSE = %4.2f',Vl_NSE);
title(fname2)
xlabel('Measured chl-a conc.'); ylabel('Predicted chl-a conc.');
```

Sub-Model Code

```
%%%%%%%%%%%%%%%%%%%%%%%%%%%%%%%%%%%%%%%%%%%%%%%%%%%%%%%%%%%%%%%%%%%%%%%%%%
% Sub-model for SVR execution to calculate performance value           %
%%%%%%%%%%%%%%%%%%%%%%%%%%%%%%%%%%%%%%%%%%%%%%%%%%%%%%%%%%%%%%%%%%%%%%%%%%

function [f] = SVM_model(Parm,Tr_In,Tr_Out,Min_Out,Max_Out)

%% Build the OnlineSVR
SVR = OnlineSVR;

%% Set Parameters
SVR = set(SVR,      'C',                    Parm(1), ...
    'Epsilon',             Parm(2), ...
    'KernelType',          'RBF', ...
    'KernelParam',         Parm(3), ...
    'AutoErrorTollerance', true, ...
    'Verbosity',           1, ...
    'StabilizedLearning',  true, ...
    'ShowPlots',           true, ...
    'MakeVideo',           false, ...
    'VideoTitle',          '');

%% Training
net_SVR = Train(SVR, Tr_In,Tr_Out);

Y = Predict(net_SVR,Tr_In);
Tr_sim = (postmnmx(Y',Min_Out,Max_Out))';
Tr_obs = postmnmx(Tr_Out,Min_Out,Max_Out);
```

```
%% RMSE
error = (Tr_sim-Tr_obs).^2;
RMSE = (1/size(Tr_sim,1).*sum(error)).^(1/2);
f = RMSE;
```

14. Self-Organizing Map(SOM)

```
clear all; close all; clc;

%% IMPORT DATA INTO MATLAB
datacol=25;
dataraw=56;

a1=zeros(dataraw,datacol);
a2=zeros(1,datacol);

b=dataraw*12;

a=xlsread('load input.xlsx','Sheet1');

for kk=1:b;
    for ff=1:25;
        if a(kk,ff)<=0 ;
            a(kk,ff)=NaN;
        end
    end
end

%% SUMMER, FALL, WINTER, SPRING,
summer=1/3*(a(1:dataraw,:)+a(dataraw+1:dataraw*2,:)+a(dataraw*2+1:data
raw*3,:));
fall=1/3*(a(dataraw*3+1:dataraw*4,:)+a(dataraw*4+1:dataraw*5,:)+a(data
raw*5+1:dataraw*6,:));
winter=1/3*(a(dataraw*6+1:dataraw*7,:)+a(dataraw*7+1:dataraw*8,:)+a(da
taraw*8+1:dataraw*9,:));
spring=1/3*(a(dataraw*9+1:dataraw*10,:)+a(dataraw*10+1:dataraw*11,:)+a
(dataraw*11+1:dataraw*12,:));
```

```
%% Labeling
D=[summer; fall; winter; spring];
[L]=textread('L.prn','%s',dataraw*4);

[V]=textread('V.prn','%s',25);

sD=som_data_struct(D, 'comp_names',
{'Temperature','Enterococcus','Escherichia coli','Total
Coliform','Dissolved Organic Carbon','Turbidity','Specific
Conductivity','Dissolved Oxygen','pH','Chlorophyll','Total Suspended
Solid','NO3','Surfactant','Biodchemical Oxygen
Demands','Al','As','Cd','Co','Cr','Cu','Fe','Mn','Ni','Pb','Zn'});

sD=som_set(sD,'labels',L);
sD=som_normalize(sD,'var');
sM=som_make(sD,'msize', [10 7]);
sM=som_autolabel(sM,sD,'add');

figure(1)
som_show(sM, 'comp',1,'norm','d','footnote','');
som_recolorbar('all',3,'denormalized')
figure(2)
som_show(sM, 'comp',2,'norm','d','footnote','');
som_recolorbar('all',3,'denormalized')
figure(3)
som_show(sM, 'comp',3,'norm','d','footnote','');
som_recolorbar('all',3,'denormalized')
figure(4)
som_show(sM, 'comp',4,'norm','d','footnote','');
som_recolorbar('all',3,'denormalized')
figure(5)
som_show(sM, 'comp',5,'norm','d','footnote','');
som_recolorbar('all',3,'denormalized')
figure(6)
som_show(sM, 'comp',6,'norm','d','footnote','');
som_recolorbar('all',3,'denormalized')
figure(7)
som_show(sM, 'comp',7,'norm','d','footnote','');
som_recolorbar('all',3,'denormalized')
figure(8)
```

```
som_show(sM, 'comp',8,'norm','d','footnote','');
som_recolorbar('all',3,'denormalized')
figure(9)
som_show(sM, 'comp',9,'norm','d','footnote','');
som_recolorbar('all',3,'denormalized')
figure(10)
som_show(sM, 'comp',10,'norm','d','footnote','');
som_recolorbar('all',3,'denormalized')
figure(11)
som_show(sM, 'comp',11,'norm','d','footnote','');
som_recolorbar('all',3,'denormalized')
figure(12)
som_show(sM, 'comp',12,'norm','d','footnote','');
som_recolorbar('all',3,'denormalized')
figure(13)
som_show(sM, 'comp',13,'norm','d','footnote','');
som_recolorbar('all',3,'denormalized')
figure(14)
som_show(sM, 'comp',14,'norm','d','footnote','');
som_recolorbar('all',3,'denormalized')
figure(15)
som_show(sM, 'comp',15,'norm','d','footnote','');
som_recolorbar('all',3,'denormalized')
figure(16)
som_show(sM, 'comp',16,'norm','d','footnote','');
som_recolorbar('all',3,'denormalized')
figure(17)
som_show(sM, 'comp',17,'norm','d','footnote','');
som_recolorbar('all',3,'denormalized')
figure(18)
som_show(sM, 'comp',18,'norm','d','footnote','');
som_recolorbar('all',3,'denormalized')
figure(19)
som_show(sM, 'comp',19,'norm','d','footnote','');
som_recolorbar('all',3,'denormalized')
figure(20)
som_show(sM, 'comp',20,'norm','d','footnote','');
som_recolorbar('all',3,'denormalized')
figure(21)
som_show(sM, 'comp',21,'norm','d','footnote','');
som_recolorbar('all',3,'denormalized')
```

```
figure(22)
som_show(sM, 'comp',22,'norm','d','footnote','');
som_recolorbar('all',3,'denormalized')
figure(23)
som_show(sM, 'comp',23,'norm','d','footnote','');
som_recolorbar('all',3,'denormalized')
figure(24)
som_show(sM, 'comp',24,'norm','d','footnote','');
som_recolorbar('all',3,'denormalized')
figure(25)
som_show(sM, 'comp',25,'norm','d','footnote','');
som_recolorbar('all',3,'denormalized')

figure(26)
som_show(sM,'empty','Labels','norm','d','footnote','');
som_show_add('label',sM,'textsize',8);

M=som_normalize(sM.codebook,'range');

A=pdist(M,'euclidean');
B=linkage(A,'ward');

figure(27)
[E,T]=dendrogram(B,0);

denormcodebook=som_denormalize(sM.codebook, sM.comp_norm);
```

IBM SPSS Statistics

Package 구성

Premium

IBM SPSS Statistics를 이용하여 할 수 있는 모든 분석을 지원하고 Amos가 포함된 패키지입니다. 데이터 준비부터 분석, 전개까지 분석의 전 과정을 수행할 수 있으며 기초통계분석에서 고급분석으로 심층적이고 정교화된 분석을 수행할 수 있습니다.

Professional

Standard의 기능과 더불어 예측분석과 관련한 고급통계분석을 지원합니다. 또한 시계열 분석과 의사결정나무모형분석을 통하여 예측과 분류의 의사 결정에 필요한 정보를 위한 분석을 지원합니다.

Standard

SPSS Statistics의 기본 패키지로 기술통계, T-Test, ANOVA, 요인분석 등 기본적인 통계분석 외에 고급회귀분석과 다변량분석, 고급 선형모형분석 등 필수통계분석을 지원합니다.

소프트웨어 구매 문의

㈜데이타솔루션 소프트웨어사업부

대표전화:02.3467.7200   이메일:sales@datasolution.kr
홈페이지:http://www.datasolution.kr

데이타솔루션
Formerly SPSS Korea